DAS SEHEN IN DER DÄMMERUNG

PHYSIOLOGIE UND KLINIK

VON

F. A. HAMBURGER
WIEN

MIT 42 TEXTABBILDUNGEN

WIEN
SPRINGER-VERLAG
1949

ISBN-13: 978-3-211-80093-5 e-ISBN-13: 978-3-7091-7727-3
DOI: 10.1007/978-3-7091-7727-3

DEN HERREN

DR. KARL LINDNER

PROFESSOR DER OPHTHALMOLOGIE IN WIEN

UND

HOFRAT DR. ARMIN V. TSCHERMAK-SEYSENEGG

PROFESSOR DER PHYSIOLOGIE IN REGENSBURG
EHEMALS PRAG

IN DANKBARER VEREHRUNG GEWIDMET

Vorwort.

Kenntnisse auf dem Gebiete der Physiologie gehören zum Bildungsgut des Arztes, ja jedes Naturforschers. Das hier behandelte Thema ist sogar oft Gegenstand von Fragen, die der Laie an den Arzt richtet und die der Arzt manchmal nicht befriedigend beantworten kann. Der Verfasser hat sich deshalb bemüht, bei aller Knappheit der Darstellung auch dem fachlich Uneingeweihten verständlich zu bleiben. Dies um so mehr, als das Thema einen Ausschnitt aus der Sinnesphysiologie betrifft, der die Augenheilkunde, die innere Medizin und die Neurologie, ja selbst die Physik und die Philosophie miteinander vereinigt. Es ist der Ehrgeiz des Verfassers, auch bei den Anhängern dieser Disziplinen auf Interesse zu stoßen.

Die Studie stellt die Zusammenfassung von Arbeiten dar, die der Verfasser im Dienste der Deutschen Kriegsmarine in den Jahren 1942 bis 1945 ausgeführt hat. Sie gingen zu einem Teile auf Veranlassung und Anregung des Herrn Doz. Dr. E. Heinsius zurück, der mit Herrn Hofrat Prof. Dr. A. v. Tschermak-Seysenegg eine eigene sinnesmedizinische Abteilung eingerichtet hatte. Die Versuche dienten praktischen Gesichtspunkten, führten aber zu Ergebnissen, die die Theorie des Lichtsinns nicht unwesentlich beeinflussen. In den drei Jahren entstanden etwa zehn Berichte, die bisher nicht veröffentlicht werden konnten. Da die einzelnen Berichte zum Teil ineinander griffen, ihre Urteile auch je nach dem augenblicklichen Stande der Kenntnisse wechselten, scheint es heute zweckmäßig zu sein, ihre Ergebnisse monographisch zusammenzufassen. Dadurch können allgemeine Gesichtspunkte geschlossen behandelt werden.

Die Berichte enthielten eine Anzahl neuartiger Beobachtungen, auf welche seither von vielen Autoren Bezug genommen worden ist. Schon dies dürfte ihre endliche Publikation rechtfertigen. Freilich konnten nicht alle Einzelheiten, vor allem auch nicht alle Diagramme hier aufgenommen werden, um den Rahmen der Schrift und ihre Tendenz nicht zu sprengen. Wenn die einzelnen Arbeiten viele Teilgebiete der Lehre vom Lichtsinn berühren, so möchte sich der Verfasser doch nicht anmaßen, diese Lehre erschöpfend zu behandeln. Auch sind in jüngster Zeit zwei Darstellungen aus berufenster Feder, in ihrer Betrachtungsweise einander glücklich ergänzend, erschienen. Am besten könnte man die Studie eine klinische Physiologie des Lichtsinns nennen. Denn sie betrifft physiologische Untersuchungen in großen und geschlossenen Personengruppen. Sie lassen das, was man bisher im einzelnen gewonnen hat, nun in der individuellen Variation erkennen.

Die optische Physiologie hat seit vielen Generationen, man denke an Newton, Goethe, Joh. Müller, Helmholtz, Interesse gefunden und ist heute Gegenstand der Bearbeitung seitens der ganzen Welt. Da die vorliegende Studie in erster Linie neue Daten und deren Deutung liefern soll, kann die ungemein reiche Literatur des Gebietes nicht annähernd gewürdigt werden. Darüber gibt bis 1930 das Handbuch von Bethe und Bergmann Auskunft. Über die jüngste Literatur findet man viel in dem Buche Trendelenburgs. Weit entfernt von einer guten Bibliothek und abgeschnitten von der Literatur des Auslandes, wurde versucht, wenigstens die Literatur bis zum Kriege heranzuziehen. Die Sichtung der internationalen Literatur aus der Kriegszeit dürfte erst in einigen Jahren möglich werden.

Wien, im März 1949.

Der Verfasser.

Inhaltsverzeichnis.

Einführung.

Die Orientierung im Raume auf Grund der Empfindlichkeit für Licht und Dunkel und auf Grund der Lokalisation von Licht und Dunkel ist die Grundleistung jedes, ja des primitivsten Auges. Der Netzhaut des Menschen kommen daher auch zwei Grundfunktionen, nämlich der Lichtsinn und der Ortsinn, zu. Der Farbensinn ist eine dem Lichtsinn untergeordnete, ihn nur vervollkommnende Funktion. Er ist damit für die Tätigkeit des Ortsinnes nicht mehr und nicht weniger entscheidend als der Lichtsinn selbst. Lichtsinn und Farbensinn aber erfahren im Wechsel der Beleuchtung vom Tage zur Nacht eine so bedeutsame Wandlung, daß davon auch der Ortsinn betroffen wird.

Die Abhängigkeit dieser Funktionen näher darzustellen, ist Aufgabe der vorliegenden Studie. Allerdings müssen wir uns dabei auf den Lichtsinn im engeren Sinne, also auf die Wahrnehmung von Licht und Dunkel, Weiß und Schwarz beschränken. Die Wandlung des Farbensinnes mit Abnahme der Beleuchtung bleibt im wesentlichen unbehandelt. Sie ist nicht Gegenstand eigener Untersuchungen mit neuartigen Ergebnissen gewesen und verliert hier an Interesse, weil es ein farbiges Sehen in der Dämmerung nicht gibt.

Nur ein Charakteristikum sei des Verständnisses halber erwähnt. Es ist die Wanderung, welche der Ort stärkster Helligkeit im Spektrum mit Absinken der Lichtstärke nach der kurzwelligen Seite hin vollzieht, also von etwa Gelb nach Grün. Dieses Purkinje-Phänomen bringt es mit sich, daß rote und orangegelbe Blumen in der Dämmerung dunkler und blaue Blumen heller werden, als sie uns im Tageslicht erscheinen. Daß das Farbensehen in der Dämmerung erlischt, bedeutet nicht, daß das Auge nun für monochromatische Lichter unempfindlich würde. Die monochromatische Strahlung hat nur eine charakteristische Wirkung eingebüßt, sie wird noch als hell oder dunkel, aber nicht mehr als blau oder rot wahrgenommen. Freilich ist das Spektrum für den Dämmerungsapparat an seinem langwelligen Ende stark verkürzt. Das bringt es mit sich, daß extrem langwellige Lichter farbig über die Schwelle treten; sie werden bei ungenügender Stärke überhaupt nicht und bei genügender gleich als rot gesehen. Kurzwellige Lichter werden schon bei minimalen Stärken sichtbar; sie erscheinen zuerst grau, also farblos hell, und werden bei Erreichen von Stärken, wie sie das Tageslicht bietet, zunehmend blau oder violett, je nach der Wellenlänge des Lichtes (s. Abb. 4).

Schon diese Eigenheiten des Farbensehens weisen darauf hin, daß die durch Strahlungsenergie vermittelte Lichtempfindung etwas Subjektives ist. Sie ist von jener inauguriert, aber nicht mit ihr identisch. Darauf hat mit besonderem Nachdruck Hering hingewiesen. Er hat eine neue Betrachtungsweise optisch-physiologischer Erscheinungen, nämlich den exakten Subjektivismus, begründet, den heute besonders v. Tschermak (2) vertritt. Auch wir wollen uns bemühen, zwischen dem objektiv Wirkenden und dem subjektiv Empfundenen zu unterscheiden, wenn wir damit in unseren Definitionen auch nicht zu weit gehen können. Denn seit Berkeley, Hume und Kant sind wir der Meinung, daß selbst das, was wir leichthin objektiv nennen, erst durch Beziehung auf uns als Subjekt Realität erhält. Wenn ich daher statt „Licht" „Welle" oder „Schwingung" sage, so ersetze ich im Grunde nur den einen Erfahrungsinhalt durch einen anderen, ich ersetze ein Bild durch ein anderes. Unsere Symbolik, nämlich die Sprache, drückt im Grunde Subjektives aus. Ob z. B. alles, was man heute über ein monochromatisches Licht aussagen kann, nämlich über seine Wirkung auf das Auge im Sinne bestimmter Helligkeit und Farbe, auf die photographische Platte im Sinne von Schwärzung, auf das Thermometer im Sinne von Wärme, auf die Selenzelle im Sinne einer Potentialschwankung usw. auch wirklich alles und damit das „Objektive" ist, beantworten wir heute von vornherein mit Nein. Täglich kommen neue Erfahrungen auf allen Wissensgebieten hinzu, die das Gesamtbild von dem, was wir ein monochromatisches Licht nennen, ändern und ausgestalten. Im Sprachgebrauch des Physiologen und Arztes heißen daher objektiv die Qualitäten einer Einflußnahme, die der Untersucher definiert, subjektiv die, welche der Untersuchte ihnen zumißt. Eine Strahlung ist durch Wellenlänge, Temperatur usw. physikalisch definiert, der Untersuchte benennt sie mit einer Farbe von bestimmter Helligkeit, von einem bestimmten Farbtone usw. Stärkerer und schwächerer Strahlung stehen die subjektiv physiologischen Qualitäten Licht und Finsternis, Hell und Dunkel, Weiß und Schwarz gegenüber.

Im Wechsel vom Tage zur Nacht wandeln sich die Strahlungsquantitäten in enormem Maße; wie sehr, geht aus Tab. 1 hervor. Schon der Sonnenstand läßt die Strahlung um viele Dezimalen des Ausgangswertes bei Mittagsbeleuchtung differieren und nach Sonnenuntergang sinkt die Strahlung bis auf das Verhältnis 1 : 10 Milliarden ab. Erst dann hört jede Lichtempfindung auf. Daß das Auge seine Aufgabe in einem so großen Bereiche erfüllen kann, verdankt es seinem Anpassungsvermögen, der sogenannten Adaptation. Jedermann weiß, daß mit Sonnenuntergang die Farben verlöschen und die Deutlichkeit der Gegenstände abnimmt. Damit ist das Sehen im Tageslicht als farbig und in voller Deutlichkeit, das bei Nacht als farblos und mit verminderter Deutlichkeit charakterisiert. In der Physiologie ist es üblich, nicht vom Sehen bei Nacht, sondern vom Sehen in der Dämmerung zu sprechen. Dämmerung ist der Vorgang der Strahlungsverminderung, welche das Farblos- und Undeutlichwerden der Gegenstände zur Folge hat, sie ist gleichzeitig dieser geminderte Zustand selbst. Wir können

Tab. 1. Gebräuchliche Beleuchtungsbedingungen und die hier zu erwartenden Sehschärfen des Normalen, unter Heranziehung von Angaben A. Königs.

Natürliche und künstliche Beleuchtungsbedingungen (Leuchtdichte auf weißer Fläche)	Stilb	lux	Bedingungen gegeben durch	Sehschärfe
Sonnenlicht (Mittags, Sommer)	3,17	100 000		40" bis 1'
Sonne — Aufgang, Untergang	$9{,}5 \cdot 10^{-3}$	300	Sehprobentafel des Augenarztes	40" bis 1'
Künstliche Mindestbeleuchtung (Lesen)	$6{,}3 \cdot 10^{-4}$	über 20		ca. 1'
Vollmond	$6{,}3 \cdot 10^{-6}$	0,2	Nyktometer ($i = 1/4$)	ca. 3'
Mittlere Helligkeit des Nachthimmels	um 10^{-7}	0,003	Nyktoskop	ca. 10'
Neumond	$1{,}3 \cdot 10^{-8}$	0,0004		ca. 20'
Neumond (bewölkt, eigene Messung)	$1{,}3 \cdot 10^{-9}$	0,00004	N. W. G. und E. H. A.	ca. 40'
Absolute Reizschwelle (volle Dunkeladaptation, eigene Messung)	$8 \cdot 10^{-11}$	0,0000025		

ihn bei Tage im Dunkelzimmer künstlich erzeugen, er herrscht bei Nacht ohne künstliche Beleuchtung, bei Vollmond im Schatten oder am bedeckten Nachthimmel. Künstliche Beleuchtung bieten dagegen auch bei Nacht die Strahlungsenergien des Tages, dasselbe gilt für die Sterne. Vor und nach Sonnenuntergang, im Lichte des Vollmondes und bei stark verminderter künstlicher Beleuchtung, etwa in größerer Entfernung einer Kerze, reicht die Strahlung nicht mehr zum vollen Tagessehen aus, die Farben ändern Ton und Helligkeit im Sinne des Purkinje-Phänomens. Da das Wort Dämmerung schon für das Sehen bei schwächeren Strahlungen und völliger Farblosigkeit reserviert ist, hat Trendelenburg für die vermittelnde Zone den Ausdruck Zwielicht gebraucht. Der Laie versteht freilich darunter die Beleuchtung von zwei Seiten, also vom Fenster und von der Tischlampe her, der Physiologe aber meint, daß im Bereiche des Zwielichtes zwei verschiedene Funktionen, nämlich der Tagesapparat und der Dämmerungsapparat des Auges, in Anspruch genommen werden. Der Ausdruck sei daher im Sinne Trendelenburgs beibehalten, so wie wir an den Bezeichnungen Tages- und Dämmerungssehen festhalten wollen.

M. Schultze und besonders v. Kries (1) haben an die Tatsache, daß die Netzhaut von Nachttieren, wie etwa der Eulen, vorwiegend Stäbchen und die mancher Tagestiere, wie etwa der Hühnervögel, ausschließlich Zapfen enthält, die Vorstellung geknüpft, daß die Stäbchen die Empfindungsorgane des Dämmerungssehens und die Zapfen die Empfindungsorgane des Tagessehens seien. Dazu kommt die Verteilung von Zapfen und Stäbchen in der Netzhaut bei „Tag- und Nachttieren", zu denen wir auch den Menschen zählen können.

Wie bekannt, stellen die Zapfen und Stäbchen das Sinnesepithel dar und liegen in der äußersten Netzhautschichte, in unmittelbarer Nachbarschaft des Pigmentepithels. Die Lichtstrahlen müssen die allerdings fast durchsichtigen Netzhautschichten erst durchdringen, bis sie die lichtempfindliche Schicht der Stäbchen und Zapfen erreichen. Diese sind senkrecht auf den Strahleneinfall gestellt, so daß man sie mit den Haaren einer Bürste vergleicht. Jedes Haar funktioniert wie eine Taste. So wie der Druck des Fingers auf der Klaviatur den Ton anschlägt, so reizt ein Lichtstrahl einen Zapfen oder ein Stäbchen; es können natürlich auch mehrere zugleich angeschlagen werden. Die Fovea zentralis enthält ausschließlich Zapfen in einem Umkreis, der von den einzelnen Autoren zwischen 1,2 und 1,8 Grad Bogenmaß angegeben wird (Guillery, v. Kries 2). Nach der Peripherie hin mischen sich die Zapfen rasch zunehmend mit Stäbchen, unter welchen sie sich immer mehr vereinzelnen. Dennoch sind sie fast bis in die äußerste Peripherie hinein nachweisbar.

Da nun das Tagessehen vorzüglich auf die Netzhautmitte, das Dämmerungssehen auf die Netzhautperipherie konzentriert ist, hat man in dem Nebeneinander und Ineinander zweier verschieden empfindlicher und verschieden reagierender Sinneselemente die Grundlage zur Fähigkeit der Adaptation und für andere Charakteristika des Tages- und des Dämmerungssehens sehen wollen. Die Duplizitätstheorie besagt also, daß die Netzhaut aus zwei ineinander verwobenen Apparaten bestehe, etwa wie ein Antennennetz, in welchem das eine Maschenwerk auf eine andere Wellenlänge und Amplitude abgestimmt wäre wie das andere. Der Zapfenapparat als Tagesapparat diene dem Sehen unter Tageslichtbedingungen, der Stäbchenapparat als Dämmerungsapparat diene dem Sehen in der Dämmerung. Manche Autoren, besonders v. Tschermak (4) und Granit (2), erkennen die Duplizitätstheorie im anatomischen Sinne nicht an. Offenbar spielt die Peripherie als Träger der Stäbchen auch im Tagessehen eine wichtige Rolle, andererseits dürfte die Netzhautmitte als Zapfenträger noch ein Stück in den Bereich des Dämmerungssehens hinein ihre Funktion bewahren, also adaptationsfähig sein. Die Duplizitätstheorie wird damit keineswegs fallengelassen, sie wird nur lieber funktionell verstanden. Wenn man vom Stäbchenapparat spricht, meint man weniger die Summe der anatomischen Einheiten, sondern die Funktion des Dämmerungssehens. Dasselbe gilt für den Zapfenapparat. Im folgenden sind die Begriffe Zapfen und Stäbchen ebenfalls funktionell und weniger anatomisch zu verstehen.

I. Prinzipien der Prüfung von Lichtsinn und Ortsinn.

Der Lichtsinn findet sich rein und vom Ortsinn isoliert nur bei Augen, denen die Optik fehlt, also z. B. bei staräugigen Menschen. Die Linse wirkt hier wie eine Scheibe trüben Glases. Darum kann der Ortsinn auch nur mehr so weit wirken, daß die grobe Lokalisation des Lichtscheines in den vier Hauptrichtungen möglich ist. Stellen wir vor dem Staräugigen im Dunkeln eine Kerzenflamme auf, dann bestrahlt die aufleuchtende Linse gleichmäßig die ganze Netzhaut. Unter Verdecken und Freilassen der Flamme bestimmt der Untersucher, ob das Auge Hell und Dunkel unterscheiden kann. Dabei muß freilich auf eine sehr wichtige Leistung des Lichtsinnes, nämlich auf die Kontrastfunktion, verzichtet werden. Denn nicht etwa Schwarz ist die Grundempfindung, die uns die unbelichtete Netzhaut im normalen Stoffwechsel vermittelt, sondern Grau. Mit dem Eigengrau der Netzhaut also muß der Staräugige den Lichtschein vergleichen, den er von der Flamme erhält. Wenn diese erlischt, tritt zwar der Sukzessivkontrast und damit Schwarzempfindung ein, doch hat diese nicht die Eindringlichkeit des Simultankontrastes. Dieser ist an sichtbare Grenzen zwischen Hell und Dunkel und damit an die Abbildung solcher auf der Netzhaut gebunden.

Prüfen wir nun bei Menschen mit normaler Optik des Auges, also bei Emmetropen, den Lichtsinn und suchen mit der geringsten Strahlung, welche Lichtempfindung vermittelt, die absolute Reizschwelle auf, so ist die Schwelle niedriger, wenn die Prüffläche nicht das ganze Gesichtsfeld, sondern nur einen Teil davon ausfüllt. Dann entsteht an ihren scharfen Grenzen der Simultankontrast und läßt den Rand der Prüffläche heller und den der unbeleuchteten Nachbarschaft dunkler erscheinen. Schwarz ist also eine positive Empfindung, wie Hering (2) uns gelehrt hat, und nicht etwa das subjektive Äquivalent fehlender Strahlung (s. Abb. 1).

Wir verstehen die eigenartige Leistung des Lichtsinnes, Helligkeitsunterschiede größer zu machen, als sie es objektiv sind, wenn wir uns an ihr Analogon im Temperatursinn erinnern. Hält man die Hand in heißes Wasser oder steigt man in ein heißes Bad, dann verspürt man an der Grenze der verschieden temperierten Hautflächen ein deutliches Frösteln. Wir aggravieren gleichsam den Unterschied zwischen kalt und warm. Ja, der subjektive Kontrast kehrt sogar in höheren Sphären des Seelenlebens wieder. Man denke an die

Polarität von Gefühlen, wie Schmerz und Lust, Sorge und Hoffnung; von Verstandesurteilen wie schön und häßlich, krumm und gerade, rauh und glatt.

Der Kontrastfunktion bedienen sich vorteilhaft die Geräte der Lichtmessung. Die Photometer bieten zwei verschieden helle, aber gleich große Flächen dar, deren Helligkeit vom Untersucher gleichgemacht werden soll. Schon bei minimalen Helligkeitsunterschieden bildet sich an den Grenzen der Kontrast und verschwindet erst bei völliger Gleichheit der Felder. Die Leistung des Lichtsinnes, zwei verschieden stark strahlende Flächen als verschieden hell zu erkennen, nennen wir die Unterschieds- oder Kontrastempfindlichkeit, ihr Maß die Unterschieds- oder Kontrastschwelle. Wir prüfen sie an zwei verschieden stark strahlenden Flächen. Je geringer die objektive Leuchtdichtendifferenz, von den Physikern vielfach als physikalischer Kontrast bezeichnet,

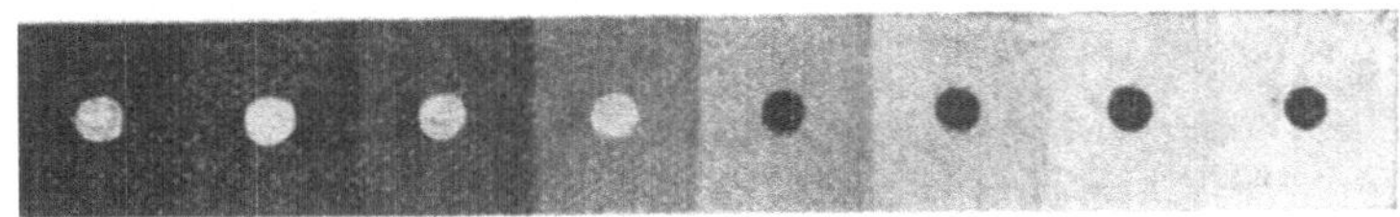

Abb. 1. Ein Beispiel vom Simultankontrast. Der in den schwarzen bis weißen Feldern eingeschriebene Kreis hat objektiv überall die gleiche Leuchtdichte. Man beachte auch die Aufhellung bzw. Verdunklung der Grauleiter an den Grenzen zwischen den verschieden hellen Feldern (nach E. Hering: Lehre vom Lichtsinn. Tafel II, S. 161).

um so niedriger die Kontrastschwelle, um so höher die Kontrastempfindlichkeit. Die Kontrastempfindlichkeit wirkt natürlich auch bei der Darbietung einer strahlenden Fläche gegenüber strahlungslosem Grunde, also bei der Bestimmung der absoluten Reizschwelle. Wir können diese als Sonderfall ansehen und sagen: Die absolute Reizschwelle ist die Kontrastschwelle gegenüber dem Eigengrau der Netzhaut (M a t t h e y). Ja, schon A u b e r t, später B l a n c h a r d und K ü h l (2) haben gezeigt, daß bei Adaptation auf eine bestimmte mittlere Leuchtdichte die Kontrastschwelle den gleichen meßbaren Wert hat wie die absolute Reizschwelle in dem gleichen Adaptationszustand.

K ü h l (2) geht folgendermaßen vor. Auf einem großen, von einem Projektor (I) gleichmäßig weiß beleuchteten Wandschirm wird von einem zweiten Projektor (II) her ein scharf umschriebener Kreis von 5^0 Sehwinkel zusätzlich beleuchtet. Dabei wird die Lichtstärke von II so gewählt, daß sich der Kreis von seiner weniger hellen Umgebung eben noch sichtbar abhebt. Wir bestimmen also die Kontrastschwelle zwischen Feld I und Feld II, wobei Feld I die Beleuchtung I und Feld II die Beleuchtung I + II erhält. Die Kontrastschwelle wäre II. Man wählt, um dies auszudrücken, gerne die Proportion $B^u : B_i — B_u$ und nennt sie den Leuchtdichtenunterschied oder den physikalischen Kontrast. Da in unserem Felde $B_u = I$ und $B_i = I + II$, so betrüge die Kontrastschwelle: $k = I/II$. Setzen wir $I = 100$ und $II = 2$, so wäre die Leuchtdichte des Kreises um 2% heller als die Umgebung und die Kontrastschwelle mit 2% bestimmt. Nehmen wir für die Leuchtdichte I den Wert $3 \cdot 10^{-3}$ sb an, dann wäre der absolute Wert von $II = 6 \cdot 10^{-5}$ sb. Und nun löschen wir Projektor I, so daß das Umfeld unbeleuchtet ist und der Kreis nur mehr $6 . 10^{-5}$ sb ausstrahlt. Der Kreis leuchtet dann im Augenblicke der Verdunkelung als matthelle Scheibe auf. Freilich setzt sofort die Adaptation ein, so daß seine Helligkeit rasch zunimmt. Im Augenblicke des Löschens von I haben wir jedoch die Helligkeit des Kreises an der Grenze der Sichtbarkeit gefunden und damit die absolute Reizschwelle für den Adaptationszustand auf $3 . 10^{-3}$ sb gemessen. Sie beträgt $6 . 10^{-5}$ sb, also 2 % der Adaptationsleuchtdichte.

Dieses Beispiel, in dem die Werte willkürlich gewählt sind und von den wirklichen Verhältnissen abweichen mögen, veranschaulicht, daß die absolute und die relative Reizschwelle Ausdruck der gleichen Funktion, nämlich des Lichtsinnes, sind. Offenbar geht das Erkennen von verschieden stark beleuchteten Flächen, somit die Kontrastempfindung, darauf zurück, daß die eine Gruppe von Sinneselementen stärker und die andere weniger stark oder gar nicht gereizt wird.

Haben wir nun die Unterschieds- oder Kontrastschwelle, wie eben für den Kreis von 5^0 Sehwinkel, in unserem Falle mit $6 . 10^{-5}$ sb oder 2 % bestimmt, dann gilt dies nur für diese Flächengröße. Denn wenn wir den Kreis kleiner werden lassen, nimmt die Unterschiedsschwelle zu. Die zusätzliche Bestrahlung muß wachsen, wenn sich der immer kleiner werdende Kreis noch von der Umgebung abheben soll. Piper (2) hat angegeben, daß der nötige Leuchtdichtenzuwachs umgekehrt proportional sei dem Sehwinkel, Ricco, daß er dem Quadrate des Sehwinkels proportional sei. Graham (2) und Löhle (1) meinen, daß das Pipersche Gesetz für 10' bis 7^0 Sehwinkel gelte, das Riccosche jedoch für Felder unter 10' Sehwinkel; die Angaben der einzelnen Autoren differieren ein wenig. Nach eigenen Beobachtungen dürfte das Pipersche Gesetz noch über den Sehwinkel von 7^0 hinaus gelten. Ricco und Piper besagen jedenfalls, daß die Wirkung der Strahlung erhöht wird, wenn die Zahl der getroffenen Sinneselemente wächst. Für kleine Flächen (Ricco) ist die Wirkung sogar direkt proportional der Zahl der getroffenen Sinneselemente. Zwei Flächen sind dann subjektiv gleich hell, wenn die eine Fläche mit der Größe 1 zwei Strahlungseinheiten und die andere mit der Größe 2 eine Strahlungseinheit aussendet. Offenbar können die Sinneselemente als anatomische Einheiten zu größeren Funktionseinheiten verschmelzen. Der für ein anatomisches Element noch unterschwellige Reiz ist für zwei oder mehrere überschwellig. Darauf gründet sich die Vorstellung vom Empfindungskreise, einer als Einheit reagierenden Gruppe von Elementen (Stäbchen oder Zapfen). Der Empfindungskreis ist je nach den Beleuchtungsbedingungen größer oder kleiner und kann sich im günstigsten Falle auf ein einziges Element konzentrieren (Guillery [2]).

Lassen wir nun das bisher beobachtete Feld von 5^0 Sehwinkel zum ausdehnungslosen Punkte schrumpfen, seine Strahlung jedoch genügend zunehmen, dann hängt die scheinbare Größe des Punktes von der Strahlungsintensität ab. Die Sterne sind für das Auge ohne optische Hilfen ausdehnungslos, sind also im optischen Sinne Punkte. Dennoch finden wir sie nicht nur verschieden hell, sondern auch verschieden groß. Dieser Eindruck geht auf eine Überstrahlung, auf die sogenannte Irradiation, zurück.

Bekanntlich vermittelt die Optik des Auges auch bei Darbietung von Objektpunkten keine punktförmige Abbildung auf der Netzhaut. Immer entstehen Zerstreuungskreise. Ein solcher besitzt einen kräftigeren Kern und einen schwächeren Hof oder Halo, je nach den individuell verschiedenen Fehlern der Optik des Auges. In ein und demselben Auge aber bleibt die Abstufung der Leuchtdichten im Zerstreuungskreise gleich, ob nun die Bildhelligkeit zu- oder abnimmt; von dem Einflusse von Pupille und Akkomodation freilich abgesehen. Nimmt die Strahlung des Punktes, z. B. eines Sternes, zu, dann vergrößert sich der Zerstreuungskreis also nicht, aber seine Leuchtdichte nimmt zu; und während bisher nur der Kern imstande war, das Element überschwellig zu reizen, ist nun auch der Halo überschwellig geworden und reizt die umliegenden Elemente mit. Es handelt sich um eine Überstrahlung im physikalischen Sinne, ähnlich der Lichthofbildung auf der photographischen Platte. Die so starke Reizung eines Elementes läßt sich aber nun wohl auch nicht mehr im physiologischen Sinne von der Nachbarschaft isolieren und teilt sich den unbelichteten Elementen mit. Das Übergreifen des Reizes und nicht der Strahlung auf die Nachbarschaft ist physiologische Irradiation.

Die physikalische und die physiologische Irradiation sind experimentell nicht leicht zu trennen. Neuerdings hat Tonner (1—5) die Begriffe Erregungsfläche, also Zerstreuungskreis, und Empfindungsfläche eingehend diskutiert, ebenso Rößler (2). Im Grunde ist die physiologische Irradiation eine genaue Kontradiktion gegen den Kontrast, weshalb v. Tschermak ihre Möglichkeit leugnet. Wir werden auf das Problem noch kommen.

Von der physikalischen Irradiation im Sinne von Lichthofbildung ist auch die Sekundärstrahlung zu trennen, die bei übermäßiger Bestrahlung eines Netzhautareals entsteht. Das sehr hell strahlende Netzhautbild wird dann selbst zur Lichtquelle, die nach allen Seiten des Augeninneren Licht aussendet und die Netzhaut gleichmäßig erhellt. Sie bewirkt eine schwache Erregung aller Sinneselemente und setzt notgedrungen den physikalischen und den physiologischen Kontrast herab.

Wir sind damit unversehends von leuchtenden Flächen zu leuchtenden Punkten gelangt, die nun nicht mehr den Lichtsinn allein, sondern auch den Ortsinn in Funktion setzen. Solange nur ein Punkt leuchtet, nur ein einziger Stern am Nachthimmel sichtbar ist, kommt nur dessen absolute Lokalisation (oben, unten, rechts, links) in Frage. Erst zwei Punkte erregen den Ortsinn im eigentlichen Sinne. Die Nebeneinanderordnung von Zapfen und Stäbchen oder von Gruppen solcher, wie wir sie als Empfindungskreise kennen gelernt haben, ermöglicht die Perzeption von Netzhautbildern. Ortsinn, Formensinn, Auflösungsvermögen und Sehschärfe sind letztlich dasselbe und nur verschiedene Worte für die Fähigkeit, verschieden stark strahlende Objekte der Außenwelt als voneinander getrennt zu erkennen und zu lokalisieren. Diese Funktion aber ist abhängig von der Güte der Bilderzeugung, von der Feinheit des Zapfen- und Stäbchenmosaiks und von dessen Lichtsinn.

Wie erwähnt, ist die Reizung eines einzelnen Sinneselementes infolge der optischen Fehler des Auges nicht möglich. Immer bedeckt der Zerstreuungskreis mehrere Zapfen oder Stäbchen. Wenn wir dennoch Punkte und nicht nur Kreise sehen, dann verdanken wir das wieder der Kontrastfunktion. Neben dem im Kerne des Zerstreuungskreises befindlichen und von ihm gereizten Zapfen, der uns die Empfindung Licht vermittelt, vermitteln uns die unterschwellig gereizten Nachbarn das Gegenteil, also Dunkel. Objektiv gesehen gibt es somit keine Punkte als Netzhautbilder, aber infolge des der physikalischen Irradiation entgegenwirkenden Kontrastes werden Zerstreuungskreise von bestimmter Größe und Lichtstärke als Punkte empfunden. Wir sprechen von Punkten dann, wenn die Objektflächen so klein geworden sind, daß ihre Form nicht mehr erkannt wird. Ihr Bild erregt dann offenbar nur mehr einen Zapfen, also den kleinsten Empfindungskreis.

Aubert hat die Größe von Quadraten und Kreisen bestimmt, welche ihr formgerechtes Erkennen gerade noch zuläßt. Er nennt die Fläche, bei welcher die Unterscheidung zwischen Kreis und Quadrat nicht mehr möglich ist, den physiologischen Punkt. Sein Durchmesser beträgt nach Aubert unter Tageslichtbedingungen 2' Sehwinkel. Läßt man den Sehwinkel des physiologischen Punktes noch weiter abnehmen, dann wird der Punkt schließlich unsichtbar. Wie aber Aubert weiter gezeigt hat, hängt die Sichtbarkeit des physiologischen Punktes nicht nur vom Sehwinkel, sondern von dem Leuchtdichtenverhältnis zwischen Punkt und Umgebung ab. So gibt A. König die Sichtbarkeitsgrenze für einen schwarzen Punkt unter mittlerer Tagesbeleuchtung im Zimmer mit 35" an, während sie im Sonnenlicht für Weiß auf Schwarz bis auf 0,43", ja am Nachthimmel für Sterne bis auf 0,02" (!) sinken kann. Auch Hofmann gibt eine schöne Darstellung von der Wirkung der Irradiation auf die Sehschärfe, ebenso Roeloffs und B. de Haan. Die Grenze im Leuchtdichtenunterschied, bei welchem die Irradiation eben wirksam wird, zeigt Tab. 2. Beim Überschreiten des Leuchtdichtenverhältnisses 1 : 50 wird die Sehschärfe für helle Punkte auf dunklem Grunde deutlich besser, während sie umgekehrt schlechter wird. Man könnte dieses Leuchtdichtenverhältnis als Irradiationsschwelle bezeichnen, wenngleich der Ausdruck bisher nicht üblich war.

Mit Absinken der Beleuchtung von Infeld und Umfeld auf Dämmerungswerte nimmt der Durchmesser des physiologischen Punktes zu, die Sehschärfe also ab. Wir können dann mit einigem Rechte auch größere Flächen als physiologische Punkte bezeichnen. Erinnern wir uns an die Abhängigkeit von Reizschwelle und Flächengröße nach Piper (1, 2) und Ricco, so dürfen wir sagen: Bei der Reizschwellenbestimmung wird jeweils zu einer konstanten Leuchtdichte von Infeld und Umfeld die Größe jener Fläche gesucht, mit welcher sie überschwellig wird, oder: wir suchen

Tab. 2. Die Abhängigkeit der Sehschärfe vom physikalischen Kontrast (Leuchtdichtenverhältnis zwischen Infeld und Umfeld). Normale Tagesbeleuchtung im Zimmer. Wirksamwerden der Irradiation bei K = 57. (A. König.)

Sichtbarkeitsgrenze für Punkte nach Aubert	
Grund dunkler als Objekt	Grund heller als Objekt
57 × 15" bis 18"	57 × 25" bis 29"
17 × 32" bis 34"	43 × 33" bis 35"
10 × 34" bis 37"	29 × 35" bis 37"
7 × 36" bis 39"	15 × 37" bis 38"
3,8 × 39" bis 44"	8 × 37" bis 38"
2 × 46" bis 50"	5,7 × 38" bis 42"
	3,3 × 39" bis 45"

zu einer gegebenen Fläche die gerade überschwellige Leuchtdichte. Das Ergebnis muß prinzipiell das gleiche sein. Innerhalb des Bereiches von Piper und Ricco bestimmen wir mit der Reizschwelle auch die Größe des physiologischen Punktes.

Damit dürfte genügend deutlich dargestellt sein, daß es eine isolierte Prüfung des Lichtsinnes kaum gibt. Auch bei der sogenannten Reizschwellenprüfung setzen wir immer den Ortsinn mit ins Spiel, und zwar umso stärker, je kleiner wir das Prüffeld wählen. Umgekehrt ist aber auch die Prüfung der sogenannten Sehschärfe niemals eine Prüfung des Ortsinnes allein, sondern immer auch eine des Lichtsinnes. Das gilt für die Bedingungen des Tagessehens genau so wie für das Dämmerungssehen.

Wenn wir die Sehschärfe mit Aufsuchen des physiologischen Punktes prüfen, dann suchen wir mit anderen Worten für einen bestimmten Leuchtdichtenunterschied die Schwelle des Ortsinnes auf. Von einem bestimmten Sehwinkel an wird diese überschritten und die Prüffläche als eben sichtbarer Punkt erkannt. Eine Sehschärfeprüfung dieser Art wäre begreiflicherweise schwierig und für den klinischen Gebrauch ungeeignet. Wir ziehen der Bestimmung des physiologischen Punktes als „Minimum visibile“ die Prüfung der Trennbarkeit zweier nebeneinander stehender Linien oder Balken als „Minimum separabile“ vor. Dazu eignet sich in exakter Weise der Pflügersche Haken, dessen schwarze Balken das weiße Minimum separabile einschließen oder umgekehrt. Der Landoltsche Ring nimmt seiner Gestalt nach eine Mittelstellung zwischen der Darbietung des Minimum visibile und des Minimum separabile ein (Abb. 2). Denn der Ringausschnitt würde dem physiologischen Punkte (Hell gegen Dunkel), der Ring selbst dem Minimum separabile (Dunkel gegen Hell) entsprechen. Andere und physiologisch weniger einfache Bedingungen liefern Buchstaben und Ziffern, woher ihre verschieden gute Erkennbarkeit rührt.

E C

Abb. 2. Pflügerscher Haken und Landoltscher Ring. Die Balkenbreite ist $^1/_5$ der Seitenlänge bzw. des Durchmessers.

Immer ist es dennoch ein und dieselbe Funktion, die wir prüfen, nämlich der Ortsinn der Netzhaut. Daß unter Tageslichtbedingungen die Größe des physiologischen Punktes 35”, die des Minimum separabile (Pflügerscher Haken) ca. 40”, die Balkenbreite einer eben erkannten Ziffer 1’ oder bei anderen Ziffern 1,5’ beträgt oder daß mit der Heringschen Noniusmethode wieder andere, nämlich viel kleinere Werte gefunden werden, beruht nur auf den den Methoden eigentümlichen Bedingungen von Irradiation und Kontrast, nicht aber darauf, daß hier jeweils andere Netzhautfunktionen beansprucht würden. Deshalb ist auch das Auflösungsvermögen mit einem einzigen Kriterium, also z. B. mit dem Minimum separabile, allerdings immer nur für einen bestimmten physikalischen Kontrast geltend, definiert. Es ist weder denkbar noch je bewiesen worden, daß bei ein und demselben Menschen das Minimum visibile relativ groß und das Minimum separabile relativ klein sein könne. Damit ist freilich nicht gesagt, daß die Methoden in dem Sinne vertauschbar seien, daß man einmal mit der einen den Wert von z. B. 35” und das andere Mal mit der anderen den Wert von 45” als kleinsten Sehwinkel finden und daraus eine Abnahme der Sehschärfe um 10” feststellen dürfe. Die Methoden prüfen zwar die gleiche Funktion, liefern aber doch differente Bedingungen.

Der Vollständigkeit halber sei der Begriff des Sehwinkels noch definiert. Denken wir uns vom Knotenpunkt des Auges Richtstrahlen auf die Ränder eines Objektes, also z. B. eines Kreises, geworfen, so schließen diese den Sehwinkel ein. Als Gegenwinkel ist er gleich jenem, welcher vom Knotenpunkte her die Ränder des entsprechenden Netzhautbildes einschließt. Der Sehwinkel ist damit durch den Tangens bestimmt, welcher gleich ist dem Verhältnis der Seitenlänge des Objektes zu der Entfernung des Beobachters, genau genommen der Knotenpunktsentfernung. So gibt der kleinste erkennbare Sehwinkel als Minimum visibile oder separabile die Sehschärfe an. Wir finden ihn durch Messung der Seitenlänge des Objektes (Balkenbreite oder Punktgröße) und dessen Entfernung. Es ist dann gleichgültig, ob wir bei fixer Entfernung die Prüfzeichengröße oder bei fixer Prüfzeichengröße die Entfernung variieren. Allerdings ist kürzlich durch Kühl gezeigt worden, daß der Sehwinkel bei dieser Variation zwar immer gleich bleiben muß, daß sich die Sehschärfe damit aber doch ändern kann. Sie nimmt bei Annäherung der Objekte ab. Offenbar geht das auf die bei Akkomodation eintretende Mikropsie und unabhängig davon auf eine Änderung in der Bilderzeugung zurück.

In physiologischen Arbeiten wird die Größe der Prüfzeichen durchwegs im Winkelmaß angegeben, ebenso die Sehschärfe. Da in der augenärztlichen Praxis die Sehschärfe des Normalen mit Vis. 1,0 oder $^6/_6$ bezeichnet wird und dies einem Sehwinkel von 1' entspricht, sind andere Werte leicht anschaulich zu machen. 2' bedeutet eine Sehschärfe von 0,5 oder $^6/_{12}$, 40" eine von 1,5 oder $^6/_4$ u. s. w.

Schließlich seien einige Bemerkungen über die photometrischen Maße erlaubt. Die Einheitslichtquelle war in Deutschland und Österreich bis vor kurzem die Hefner-Kerze. Stellen wir sie uns als punktförmige Lichtquelle vor, was sie ja nicht ist, dann sendet sie 4 π Strahlungseinheiten (4 π H.K.) im Sinne von Kugelwellen aus. Strahlt die Kerze auf eine in 100 cm Abstand befindliche Fläche senkrecht auf, so erhält diese die Beleuchtung 1 lux. Die Fläche wird damit selbst zur Lichtquelle. Ihre sogenannte Leuchtdichte ist, wenn wir ein Rückstrahlungsvermögen (Albedo) von 100 % voraussetzen, ein Apostilb (1 asb). Greifen wir aus der Fläche einen cm^2 heraus, dann strahlt dieser natürlich nicht die Intensität der Hefner-Kerze ab, sondern nur $\pi \cdot \frac{\text{H. K.}}{10\,000}$. Denn die Strahlungsdichte, der sogenannte Lichtstrom, sinkt mit dem Quadrat der Entfernung. Strahlt eine Fläche so viel Licht ab, daß die von 1 cm^2 ausgehende Strahlung der einer Hefner-Kerze gleichkommt, dann besitzt sie die Leuchtdichte von einem Stilb (1 sb). Man hat früher die Leuchtdichte auch von Flächen gern in lux angegeben, da man eben nur die Lichtstärke der Beleuchtungskörper kannte. Ungefähr kann man aber diese Werte in asb rechnen, da die Albedo einer weißen Papierfläche mit etwa 90 % anzunehmen ist. Statt des „asb“ ist heute das „sb“ sehr gebräuchlich, weil diese Leuchtdichte als die eines Papierblattes im Sonnenlicht ein sehr anschaulicher Wert ist (s. Tab. 1 und 3 sowie Reeb).

1940 ist die internationale Kerze (= 1,11 H. K.) auch in Deutschland eingeführt worden. Die moderne Einheitslichtquelle ist auch nicht mehr eine Kerzenflamme, sondern der bei bestimmter Temperatur und anderen Konstanten glühende schwarze Platinkörper. Die bisherigen lichttechnischen Einheiten sind dadurch allerdings nicht berührt. Sie sind nur um den Faktor 1,11 zu erhöhen. Inwieweit dies für meine Werte schon gilt, ist mir leider unbekannt und kann nicht mehr festgestellt werden.

Während die Strahlung der Einheitslichtquelle, aber auch der meisten künstlichen Beleuchtungskörper physikalisch definiert werden kann, muß die Strahlung von Flächen durch Photometrie bestimmt werden. Bei der klinischen Lichtsinnprüfung hat man sich bis vor nicht langer Zeit mit der Photometrie nur relativer Werte begnügt. Man bestimmte in exakter Weise, um wieviel mehr oder weniger hell eine Fläche war als die andere, man war aber weniger an dem absoluten Strahlungswerte der Prüfflächen interessiert. Erst die Bemühungen H. K. Müllers und Mattheys um eine Standardkurve der Adaptation haben zur Einführung der absoluten Photometrie auch in die klinische Untersuchung des Dämmerungssehens geführt.

Die Photometrie basiert, ob wir nun relative oder absolute Werte suchen, immer auf dem Helligkeitsvergleich zweier gleichgroßer Flächen. Die Leuchtdichte der einen Fläche ist als Vergleichsfläche durch die physikalischen Eigenschaften der Licht-

Tab. 3. Deutsche und internationale photometrische Maße. Nach W. Trendelenburg.

Photometrische Bezeichnungen	Deutsche Maße	Amerikanisch-englische Maße
Lichtstärke	Hefnerkerze = H. K.	= 0,9 candle
Beleuchtungsstärke	Meterkerze = 1 lux	= 0,085 footcandle
Lichtstrom	H. K. × Raumwinkel = 1 lumen	
Leuchtdichte	Lichtstärke pro 1 cm² = 1 Stilb (sb)	= 2,86 lambert
	1 sb = 3,14 . 10⁴ asb	= 2,9 . 10³ foot-lambert
	1 Apostilb (asb) = 3,18 . 10⁻⁵ sb	= 0,093 footlambert

quelle, Einfallswinkel, Optik, Albedo usw. definiert, die andere als Prüffläche wird mit ihr durch Bedienung von Filtern, Blenden usw. gleichgemacht. Sehr gebräuchlich und für physiologische Zwecke hinreichend ist das Pulfrich-Photometer, dessen genaue Eigenschaften aus den Prospekten der Herstellerfirma C. Zeiss ersichtlich sind. Bei seinem Gebrauche erinnere man sich daran, daß das Optimum der Kontrastempfindlichkeit im Bereiche mittlerer Tageshelligkeit liegt. Sie nimmt bei übermäßiger Strahlung, also schon im grellen Sonnenlichte, ab, besonders jedoch bei verminderter Strahlung im Bereiche des Dämmerungssehens. Als Optimum gilt etwa 2 %, als Minimum im Bereiche voller Dunkeladaptation 30 %. Angaben über die Unterscheidschwelle im gesamten Adaptationsbereiche stammen nach Schober (1) von Weber. Sie wird bis $3 . 10^{-3}$ sb mit 2 %, bis $3 . 10^{-4}$ sb mit 4 %, bis $3 \cdot 10^{-6}$ sb mit 12 % und bis $3 \cdot 10^{-8}$ sb mit 30 % angegeben. Neuerdings wurden für optimale Tageslichtbedingungen Schwellen bis zu 1 % gefunden (s. z. B. Siedentopf [2] und Hecht [6]).

Die Photometrie dämmerungswertiger Leuchtdichten ist somit nicht genau möglich. Dennoch können wir sie z. B. am Nachthimmel oder bei schwach fluoreszierenden Leuchtfarben nicht entbehren. Man kann dazu sehr gut das E. H. A. oder das N. W. G. (s. unten) verwenden. Die Kardinalbedingung ist die Kongruenz der verglichenen Flächen.

Für einfache Tests genügt auch das von Frieser angegebene Nachthimmelphotometer. In einer einfachen Drehscheibe ist als Vergleichsfläche ein ca. 2,5 mal 4 cm großes Flächenstück aus radiumhältiger, also praktisch konstanter Leuchtfarbe eingelassen. Die Leuchtdichte derselben ist durch Graufilter zu variieren und wird mit der Prüffläche verglichen, die man durch einen Ausschnitt der Drehscheibe betrachtet. Er grenzt an die Vergleichsfläche an und ist mit ihr kongruent. Die Filter sind so gewählt, daß die Leuchtdichte mit jeder Stufe um 50 % zunimmt. Die Stufen sind hinreichend, wenn man die im Dämmerungssehen hohe Kontrastschwelle berücksichtigt. Man macht also bei der Photometrie dämmerwertiger Leuchtdichten grundsätzlich Fehler von 30 % und mit dem Frieserschen Geräte solche von 50 %, wobei man die Leuchtdichten zwischen den Stufen noch gut schätzen kann. Man wird unten sehen, daß solche Fehler gegenüber den großen individuellen Unterschieden nicht ins Gewicht fallen.

Da die Photometrie auf dem Helligkeitsvergleich basiert, gibt sie keine Auskunft über die objektiven Eigenschaften der Strahlung. Die von zwei verglichenen Flächen stammenden Energien können quantitativ wie qualitativ voneinander verschieden sein und dennoch den gleichen Photometerwert ergeben. Fragen nach den objektiven Eigenschaften der Strahlung gehören zu dem speziellen Aufgabenkreis der Physik. Es liegen aber zahlreiche Studien über die Helligkeitswerte der einzelnen Wellenlängen für Tageslicht und Dämmerungslicht vor (s. Abb. 3). Die entsprechenden Kurven geben uns an, um wieviel die eine Wellenlänge stärker gemacht werden muß als die andere, um mit ihr gleich hell zu erscheinen. Wir können daher aus der Photometrie eines bestimmten Lichtes doch Rückschlüsse auf die objektiven Bedingungen ziehen, wenn wir die physikalischen Eigenschaften kennen.

Aus der Elektivität der menschlichen Netzhaut, also aus ihrer Unempfindlichkeit gegenüber der Strahlung jenseits des sichtbaren Spektrums, könnte man die Forderung ableiten, auch objektive Methoden zur Photometrie heranzuziehen. Dies geschieht heute vielfach z. B. in der Photographie, für welche das ständig adaptierende Auge unzureichend ist, aber auch bei sinnesphysiologischen Studien. Man vergesse nur nicht, daß die objektiven und ohne Hilfe des Auges arbeitenden Methoden nicht weniger elektiv sind als die Netzhaut. Auch sie schließen nicht das ganze Energiespektrum ein und sind nicht für alle Wellenlängen gleich empfindlich. Zudem reagiert das Auge auf minimale Energieunterschiede immer noch am empfindlichsten, ebenso bei der Wahrnehmung geringster Energiemengen. Das Auge ist z. B. empfindlicher als die Selenzelle. Man erinnere sich, daß es zum Erkennen irgend eines

Konturs am Nachthimmel nur des Blicks mit dem voll adaptierten Auge bedarf, während zur photographischen Aufnahme desselben Konturs manchmal Stunden nötig sind.

II. Die Methoden für die Prüfung der Dämmerungssehleistung und deren Fehlerquellen.

1. Das Adaptometer von Engelking und Hartung (E. H. A.).

Das Gerät ist ähnlich dem von Piper und dem von Nagel ein schwarzer Kasten, der vorne eine Milchglasscheibe von 10 cm Durchmesser trägt. Sie wird von innen her beleuchtet. Dort befindet sich eine Glühbirne als Lichtquelle, vor welche in einigem Abstande ein Filter und zwei Blenden durch Schubstangen vorgeschaltet werden können. Überdies ist eine Aubertsche Blende in den Strahlengang eingebaut, die mit einem Drehknopf bedient wird. Die höchste Leuchtdichte der Prüfscheibe ist bei herausgezogenen Schiebern und bei offener Aubert-Blende gegeben. Bei Abschwächung mit Hilfe der Aubert-Blende gibt eine mitlaufende Skala die Seitenlänge der quadratischen Blende an. Die Schieber vermindern, jeder für sich, die Leuchtdichte der Scheibe auf ca. 0,01 des Ausgangswertes. Ihre Wirkung vervielfältigt sich, wenn man gleichzeitig mehrere einschaltet. Gehen wir von der vollen Leuchtdichte aus, dann haben wir bei Einschub von Nr. 1 0,01, bei Hinzufügen von Nr. 2 0,0001 und bei Hinzufügen von Nr. 3 0,000001 des Ausgangswertes.

Engelking und Hartung haben die Leuchtdichtenwerte des Prüffeldes als Verhältniszahlen gegenüber dem Ausgangswert berechnet und als Empfindungswerte nach Piper (3) und Nagel (2) angegeben. Wir nennen die Netzhaut um so viel empfindlicher, je geringer die Strahlung ist, welche gerade noch Lichtempfindung vermittelt. Der Empfindungswert ist daher reziprok der jeweiligen Leuchtdichte des Prüffeldes. Wenn man die Reizschwelle in verschiedenen Adaptationszuständen (s. später) prüft, dann sucht man die jeweilige Netzhautempfindlichkeit durch Bestimmung des Empfindungswertes auf.

Die Adaptationskurven, welche dermaßen entstehen, hat man seit langem vergleichbar zu machen versucht. Die erste Voraussetzung hiefür ist die photometrische Eichung der Geräte. Ich habe gemeinsam mit Heinsius gezeigt, daß die einzelnen E. H. A.-Geräte schon in den absoluten Werten nicht miteinander vergleichbar sind, denn die vom allgemeinen Lichtstrom gespeisten Glühbirnen vermitteln wegen der wechselnden Stromspannung verschiedene Strahlung, selbst bei gleicher Watt-Zahl. Überdies geschieht die Abschwächung, welche durch die Schieber (Filter und Blenden) und durch die Aubert-Blende erfolgt, nicht bei jedem Geräte auf die exakt gleiche Weise. Jedes Gerät hat seine besonderen Eigenschaften. Aus diesem Grunde wurde bei meinem eigenen E. H. A. die Leuchtdichte der Prüfscheibe für jede Schieber- und Blendenstellung bestimmt. Ich bin damit in der Lage, bei jeder Reizschwellenbestimmung nicht allein den Empfindungswert anzugeben, der nur das Verhältnis gegenüber dem Beginne der Untersuchung darstellen kann, sondern den absoluten Strahlungswert des Reizlichtes (s. Tab. 4).

Die Gewinnung der photometrischen Grundlagen dieser Zahlen ist einfach. Mit dem Pulfrich-Photometer wird zunächst die Leuchtdichte der Prüfscheibe bei offener Blende und herausgezogenen Schiebern bestimmt. Dies kann recht genau erfolgen, weil wir uns noch im Bereich des Zapfensehens befinden. Nun wird bei herausgezogenen Schiebern die Blende bedient und die Leucht-

Tab. 4. **Eichtabelle eines Adaptometers nach Engelking und Hartung.**

Schieberwirkung (ermittelt aus je 3 Einzelmessungen)		
	a	100 %
	b	0,934 %
	c	0,876 %
	d	0,809 %
beide obere Schieber	e = b + c	0,00818 %

Mittlere Leuchtdichte der Prüfscheibe an 11 verschiedenen Tagen in Apostilb

14 Uhr	17 Uhr	Gesamtmittel
1,275	0,6756	0,966
± 11 %	± 27,5 %	± 32 %

Wirkung der Aubert-Blende (ermittelt aus Messungen an sieben einzelnen Tagen, für Glühbirne Osram centra „M“, 40 Watt)	(offene Blende)		
	99	1,35 asb	± 19 %
	90	1,09 asb	± 17 %
	80	0,969 asb	± 21 %
	70	0,800 asb	± 12 %
	60	0,679 asb	± 18 %
	50	0,519 asb	± 17,5 %
	40	0,365 asb	± 26 %
	30	0,277 asb	± 23 %
	20	0,117 asb	± 16,3 %
	10	0,0516 asb	± 23 %

Blendenwirkung nach 5 anderen Einzelmessungen und deren Fehlern.

	Blende	Wirkung	Fehler	Meßfehler
Die Fehler entstehen durch Stromschwankungen, durch Gerätefehler und durch die sinkende Kontrastschwelle des Prüfers, diese bedingt den echten Meßfehler der letzten Kolonne	90	85,4	± 4,87	± 5,7 %
	80	72,3	± 4,9	± 6,8 %
	70	60,6	± 5,1	± 8,9 %
	60	51,6	± 6,1	± 12 %
	50	36,1	± 4,9	± 13,6 %
	40	25,8	± 3,9	± 15 %
	30	17,3	± 2,5	± 14,7 %
	20	8,6	± 1,3	± 15,2 %
	10	4,1	± 0,77	± 19 %

Die gebräuchlichen Blenden- und Schieberwirkungen nach den obigen Messungen in Stilb. Die Leuchtdichten von b und e sind aus den gemessenen Werten von a errechnet. Die Fehler gelten daher für alle drei Kolonnen gleichermaßen (für Osram centra „M“, 40 Watt).

Blende	Gerätefehler + Meßfehler	reiner Meßfehler	a	b	e
99	± 19 %		$4{,}3 \cdot 10^{-5}$	$4{,}1 \cdot 10^{-7}$	$3{,}5 \cdot 10^{-9}$
90	± 17 %	± 5,7 %	$3{,}5 \cdot 10^{-5}$	$3{,}2 \cdot 10^{-7}$	$2{,}8 \cdot 10^{-9}$
80	± 21 %	± 6,8 %	$3{,}1 \cdot 10^{-5}$	$2{,}9 \cdot 10^{-7}$	$2{,}5 \cdot 10^{-9}$
70	± 12 %	± 8,9 %	$2{,}5 \cdot 10^{-5}$	$2{,}3 \cdot 10^{-7}$	$2{,}1 \cdot 10^{-9}$
60	± 18 %	± 12,0 %	$2{,}1 \cdot 10^{-5}$	$2{,}0 \cdot 10^{-7}$	$1{,}8 \cdot 10^{-9}$
50	± 17,5 %	± 13,6 %	$1{,}6 \cdot 10^{-5}$	$1{,}5 \cdot 10^{-7}$	$1{,}3 \cdot 10^{-9}$
40	± 26 %	± 15,0 %	$1{,}2 \cdot 10^{-5}$	$1{,}1 \cdot 10^{-7}$	$9{,}6 \cdot 10^{-9}$
30	± 23 %	± 14,7 %	$7{,}6 \cdot 10^{-6}$	$7{,}2 \cdot 10^{-8}$	$7{,}3 \cdot 10^{-10}$
20	± 16 %	± 15,2 %	$3{,}8 \cdot 10^{-6}$	$3{,}5 \cdot 10^{-8}$	$3{,}0 \cdot 10^{-10}$
10	± 23 %	± 19,0 %	$1{,}7 \cdot 10^{-6}$	$1{,}5 \cdot 10^{-8}$	$1{,}3 \cdot 10^{-10}$

dichte für jede zehnte Skalenziffer festgestellt. Man erkennt aus der Tabelle, wie die Leuchtdichte mit dem Quadrate des Blendendurchmessers abnimmt; daher wird beim Aufdrehen der Blende der Leuchtdichtenzuwachs laufend geringer. Im Bereiche enger Blenden (unter 12 mm) ist dagegen der Zuwachs bei der geringsten Schraubendrehung so groß, daß die Reizschwellenbestimmung ungenau werden muß. Da andererseits die Schieber immer Stufen von ca. 1 % des Ausgangswertes darstellen, kommt man mit der Blende in manchen Schwellenlagen leicht zu Blocks. Man kann sich damit helfen, daß man eine Scheibe aus neutralgrauem Glase von 10 % Lichtabsorption in Fällen vorsetzt, wo die Blendenstellung sich dem Werte 12 mm nähert. Leider habe ich ein solches Glas zu spät erhalten und zu den wichtigsten Untersuchungen nicht mehr verwenden können. Mit meinem Geräte war die Bestimmung der Reizschwelle am Ende der Dunkeladaptation nicht mehr auf 100 % genau möglich.

Ist nun die Photometrie der Blendenwirkung beendet, dann wird die Blende wieder geöffnet und die Wirkung der Schieber gesondert geprüft. Damit sind alle übrigen Leuchtdichten zu finden, wie wir sie durch Kombination von Schiebern und Blenden erhalten. Tab. 4 gibt die Werte für mein Gerät an. Wir sehen, daß man auch sehr niedrige Leuchtdichten photometrisch ganz gut festlegen kann, jedenfalls genauer, als dies durch unmittelbare Photometrie möglich wäre.

Zweifellos ist der größte Mangel des Gerätes durch den Anschluß an das allgemeine Stromnetz gegeben. Bei Versuchen, die absolute Angaben unbedingt erfordern, ist ein eigenes Stromaggregat kaum zu entbehren. Ich mußte mir leider anders helfen, indem ich mein Gerät zu verschiedenen Tageszeiten und an mehreren Tagen wiederholt photometrierte. Die Ergebnisse finden sich ebenfalls in Tab. 4. Wider Erwarten zeigte sich, daß zu derselben Tageszeit und an demselben Steckkontakt mit einer verhältnismäßig konstanten Lichtstärke gerechnet werden darf. Bedenkt man, daß der subjektive Fehler der Reizschwellenbestimmung wegen der schlechten Unterschiedempfindlichkeit im Dämmerungssehen bis zu 30 % beträgt, dann fallen Stromschwankungen von 11 % nicht besonders ins Gewicht.

Das E. H. A. dient zur Reizschwellenbestimmung. Dazu ist es unbedingt nötig, für die Konstanz der Scheibengröße zu sorgen, ist doch die Schwellenleuchtdichte von der Zahl der betroffenen Sinneselemente abhängig. Die Prüflinge mußten also eine Kinnstütze benützen, deren Abstand von der Reizfläche kontrolliert wurde. Bei 60 cm Abstand ist der Sehwinkel der Scheibe 10°. Ebenso ist die Verwendung eines Fixierlichtes unerläßlich. Dem Geräte ist ein solches beigegeben, wobei die Helligkeit des roten Lichtpunktes mit Zunahme der Adaptation vermindert werden soll. Auch der Abstand zwischen Fixierlicht und Prüfscheibe soll normiert werden. Die Gründe hiefür kommen unten zur Sprache.

In den einzelnen Arbeiten werden verschiedene Angaben über die Methodik der Schwellenbestimmung gemacht. Manche Autoren nennen die Reizschwelle jenen Wert, mit welchem die Prüfscheibe aus völliger Dunkelheit, also bei dem Aufdrehen der Blende, sichtbar wird. Andere drehen die Blende von einem sichtbaren Ausgangswert solange zu, bis die Scheibe unsichtbar wird. Die „Auftrittschwelle“ und die „Verschwindenschwelle“ haben bekanntlich nicht denselben Wert. Letztere ist meist niedriger. Ich führte einmal Messungen durch und fand eine durchschnittliche Differenz von zehn Blendenstrichen, also ca. 30 %. Die Ursache dürfte in der großen Nachbildempfindlichkeit des dunkeladaptierten Auges gelegen sein, die individuell stark differiert. Läßt man das Prüflicht von einer sichtbaren Leuchtdichte aus immer dunkler werden, dann wissen die Prüflinge oft nicht, sehen sie noch die Scheibe selbst oder nur deren Nachbild. Ich bin deshalb immer von unterschwelligen Werten an die Reizschwelle herangegangen und wiederholte das Überschreiten der Schwelle, mit nicht zu geringer Geschwindigkeit der Schraubendrehung, in kurzen Abständen dreimal. Der Mittelwert der Blendenskala wurde als gültig angenommen, wobei Blendenstellungen unter 15 mm möglichst vermieden wurden.

Neben der möglichst objektiven Bestimmung der Reizwerte (Photometrie) und der Einheitlichkeit der Beobachtungsbedingungen ist als weitere Voraussetzung für die Vergleichbarkeit der Kurven die Einübung des Prüflings in den Untersuchungsgang wichtig. Manche Autoren richten ihre Versuchsanlage so ein, daß sie vom Prüfling bedient werden kann. Man muß sich dann nur davor hüten, daß nicht das Tastgefühl und dessen Empfindlichkeit für bestimmte Schrauben- und Hebelstellungen in das Untersuchungsergebnis mit eingeht.

Welch große Rolle die Übung im Dämmerungssehen spielt, wird noch erörtert werden. Bevor man Adaptationskurven als Standardkurven miteinander vergleicht, sind jedenfalls Vorversuche nötig. Diese sind aus den zur Standardkurve gemittelten Kurven auszuscheiden.

Schließlich setzt die Bestimmung der Adaptationskurven eine einwandfreie Voradaptation voraus. Das ergibt sich aus den Versuchen zahlreicher Autoren und wird noch näher zu behandeln sein. Ich ließ die Prüflinge zuerst 40 Minuten lang dunkeladaptieren und nahm dann erst die Helladaptation vor. Dazu diente das Nyktometer (s. unten), welches allerdings auch an das Stromnetz angeschlossen ist und dessen Leuchtdichte daher photometrisch in Kontrolle bleiben muß.

2. Das Gerät von Nowak und Wetthauer (N. W. G.).

Nowak ging bei der Anregung zum Bau des Gerätes von der Annahme aus, daß die Reizschwellenprüfung, wie sie zur Bestimmung des Adaptationsverlaufes üblich ist, noch kein Urteil über die Sehschärfe in der Dämmerung erlaube; und diese sei doch erst entscheidend für die Deutlichkeit des Sehens. Sollte in voller Dunkeladaptation vielleicht die absolute Reizschwelle eine niedrige, die für eine bestimmte Sehschärfe notwendige Schwelle jedoch eine relativ hohe sein können? Könnten sich überdies einzelne Personen nicht gegensinnig verhalten, so daß mit Erreichen der absoluten Reizschwelle auch schon eine recht gute Sehschärfe errungen sei?

Nach den eingangs angestellten Betrachtungen ist das freilich nicht zu erwarten. Denn es gibt keine isolierte Prüfung des Lichtsinnes; Ortsinn und Lichtsinn sind kaum voneinander zu trennen. Auch sind die absolute Schwelle (Lichtsinnprüfung) wie die relative Schwelle (Sehschärfe- und Kontrastprüfung) Leistungen der gleichen Funktion, nämlich wieder des Lichtsinnes. Inwieweit Nowak mit seiner Voraussetzung trotzdem recht hatte und inwieweit nicht, wird sich im Verlaufe dieser Studie noch zeigen.

Das N. W. G. wurde von Wetthauer in der Physikalischen Reichsanstalt Berlin unter sorgfältigster Kontrolle jeder einzelnen Serie gebaut. Dabei wurden die Glühbirnen aus großen Beständen ausgewählt und auf ihre einheitliche Leuchtstärke geprüft. Auch wurde eine genügende Unterspannung der Birnen gewählt, um ihre Brenndauer und die Konstanz der Leuchtstärke zu sichern. Gespeist wird die Birne von einem Vier-Volt-Akkumulator, dessen Spannung für etwa zehn Stunden Brenndauer konstant bleibt; in den Stromkreis ist überdies ein Mavometer eingeschaltet. Damit schien die absolute Richtigkeit der Lichtstärken und ihre Vergleichbarkeit gesichert, sie war bei der Ausgabe der Geräte auch unzweifelhaft vorhanden. Leider haben sich später Unregelmäßigkeiten der Befunde ergeben, die z. T. auch in Störungen der Stromzufuhr zu suchen sind. Ohne wiederholte photometrische Kontrolle ist auch das N. W. G. nicht zur Bestimmung absolut vergleichbarer Werte geeignet.

Das Gerät besteht aus einer weißen Tafel und einem Beleuchtungsapparat, der aus standardisierter Entfernung Licht auf diese Tafel wirft. Aus der Prüfungsentfernung von 4 m erscheint die mit stark reflektierender Farbe bestrichene Tafel (Albedo nahezu 100 %) unter einem Sehwinkel von 10°. Die Blenden des Beleuchtungsgerätes sind dabei so angeordnet, daß das Licht nur auf die Tafel, und zwar völlig gleichmäßig, fällt; die Nachbarschaft bleibt unbeleuchtet. Dennoch ist es zweckmäßig, die Tafel nicht dicht vor eine Wand, sondern in genügendem Abstande aufzustellen, ja die Wände des Raumes möglichst schwarz zu streichen. Im Mittelpunkte der Tafel ist eine Scheibe drehbar eingesetzt. Sie trägt einen Landoltschen Ring. Auf der Rückseite zeigt ein Leuchtzifferblatt mit Zeiger die jeweilige Stellung des Ringausschnittes an. Das Beleuchtungsgerät ist ein einfacher, lichtdicht verschlossener Tubus, in dessen Mitte die Glühbirne sitzt. Vor dieser ist eine Blauscheibe und dann eine Milchglasscheibe eingesetzt. Eine davor angebrachte Irisblende vergrößert oder verkleinert die Fläche dieser vordersten Scheibe und erhöht damit oder vermindert die Leuchtdichte der Prüftafel; eine Skala mit selbstleuchtenden Ziffern läßt die Blendenstellung ablesen. Das Beleuchtungsgerät wird in 3 m Abstand von der Tafel aufgestellt, so daß die Achse des Tubus genau auf die Tafelmitte zeigt. Die Prüftafel erhält somit eine Leuchtdichte, die gemäß der Tab. 5 variiert werden kann.

Wetthauer hatte vorher ein anderes Beleuchtungsgerät konstruiert, das die Abschwächung durch verschieden stark geschwärzte Filme erreichte. Dieses erste Modell hat Wetthauer später wegen der schwierigen Standardisierung aufgegeben. Es war nur in drei Exemplaren vorhanden, von welchen ich eines besaß. Sein Vorzug war, daß es einen größeren Leuchtdichtenbereich umfaßte und damit auch die Schwelle für höhere Sehschärfen bestimmen ließ. Ich habe das Gerät mit Filmabschwächung (Modell I) nach photometrischer Kontrolle und Vergleich mit dem Gerät mit Blendenabschwächung (Modell II) viel verwendet (Tab. 5).

Auf der Prüftafel ist ein Landoltscher Ring (L. R.) von 5° Durchmesser und 1° Ausschnittsgröße und ein zweiter mit 3,3° Durchmesser und 40' Ausschnittsgröße anzubringen. Aus der Entfernung von 4 m betrachtet, liegt bei Erkennen des großen L. R. die Sehschärfe 1° (60'), bei Erkennen des kleinen L. R. die Sehschärfe von 40' vor. Das Schwarz der L. R. ist durch aufgeklebten Samt gegeben, so daß wir für die in Betracht kommenden Leuchtdichten von einem nahezu absoluten physikalischen Kontrast (Bi = 0) sprechen können. Als ich später daran ging, auch höhere Sehschärfen mit kleineren Sehproben zu suchen, war die richtige Schwärzung der neuangefertigten kleineren Sehproben besonders schwer zu erreichen. Da Samt für so kleine Zeichen nicht in Frage kam, auch nicht beschafft werden konnte, mußte ich mich mit schwarzer Tusche begnügen. Diese glänzte aber und gab einen schwächeren physikalischen Kontrast. Die mit derart verschiedenen Proben gewonnenen Ergebnisse stellen keine ganz gleichmäßige Reihe dar. Siedentopf (1, 2) und Mitarbeiter verwendeten Sehproben, die photographisch hergestellt waren, so daß die verschiedene Albedo von In- und Umfeld nur durch die verschiedene photographische Schwärzung des Papiers gegeben war. Die Ergebnisse reihen sich in diesem Falle bei hinreichender Photometrie einwandfrei.

Tab. 5. Eichtabelle des Nowak-Wetthauer-Gerätes (3 m Abstand der Prüftafel vom Beleuchtungsgerät). Modell I mit Filmabschwächung, Modell II mit Irisblenden (Stilb).

Blende	Modell I	Modell II	Blende	Modell I	Modell II
1	$1{,}6 \cdot 10^{-10}$	$1{,}6 \cdot 10^{-10}$	16	$5{,}1 \cdot 10^{-9}$	$3{,}5 \cdot 10^{-9}$
2	$2{,}0 \cdot 10^{-10}$	$2{,}0 \cdot 10^{-10}$	17	$6{,}3 \cdot 10^{-9}$	$4{,}3 \cdot 10^{-9}$
3	$3{,}1 \cdot 10^{-10}$	$2{,}4 \cdot 10^{-10}$	18	$7{,}9 \cdot 10^{-9}$	$5{,}3 \cdot 10^{-9}$
4	$3{,}6 \cdot 10^{-10}$	$3{,}0 \cdot 10^{-10}$	19	$9{,}5 \cdot 10^{-9}$	$6{,}5 \cdot 10^{-9}$
5	$4{,}1 \cdot 10^{-10}$	$3{,}6 \cdot 10^{-10}$	20	$1{,}2 \cdot 10^{-8}$	$8{,}0 \cdot 10^{-9}$
6	$5{,}1 \cdot 10^{-10}$	$4{,}5 \cdot 10^{-10}$	21	$1{,}5 \cdot 10^{-8}$	
7	$6{,}3 \cdot 10^{-10}$	$5{,}5 \cdot 10^{-10}$	22	$1{,}9 \cdot 10^{-8}$	
8	$7{,}9 \cdot 10^{-10}$	$6{,}7 \cdot 10^{-10}$	23	$2{,}4 \cdot 10^{-8}$	
9	$9{,}2 \cdot 10^{-10}$	$8{,}2 \cdot 10^{-10}$	24	$3{,}1 \cdot 10^{-8}$	
10	$1{,}3 \cdot 10^{-9}$	$9{,}9 \cdot 10^{-10}$	25	$3{,}8 \cdot 10^{-8}$	
11	$1{,}9 \cdot 10^{-9}$	$1{,}2 \cdot 10^{-9}$	26	$4{,}8 \cdot 10^{-8}$	
12	$2{,}3 \cdot 10^{-9}$	$1{,}5 \cdot 10^{-9}$	27	$6{,}0 \cdot 10^{-8}$	
13	$2{,}9 \cdot 10^{-9}$	$1{,}9 \cdot 10^{-9}$	28	$7{,}6 \cdot 10^{-8}$	
14	$3{,}4 \cdot 10^{-9}$	$2{,}3 \cdot 10^{-9}$	29	$9{,}3 \cdot 10^{-8}$	
15	$4{,}2 \cdot 10^{-9}$	$2{,}8 \cdot 10^{-9}$	30	$1{,}2 \cdot 10^{-7}$	

Die Prüfung mit dem N. W. G. stellt die Aufgabe, die Lage des L. R. bei einer bestimmten Leuchtdichte richtig anzugeben. Es wird die geringste Leuchtdichte gesucht, bei welcher die Sehschärfe 60' oder 40' gewährleistet ist. Lassen wir die Leuchtdichte weiter sinken, dann erkennt der Prüfling den Ausschnitt des L. R. nicht mehr. Wir haben es wieder mit einer Schwellenbestimmung zu tun, aber nicht für eine homogene Fläche wie am E. H. A., also für den physiologischen Punkt, sondern eben für den L. R. im Sinne eines Minimum separabile.

Bei dieser Prüfung werden Momente wirksam, die das Ergebnis wesentlich beeinflussen können. Sie müssen daher im Rahmen der methodischen Erörterungen behandelt werden, obwohl sie von allgemeiner Bedeutung sind.

a) Das Dämmerungskotom. Gibt man der N. W. G.-Tafel eine überschwellige Beleuchtung, dann erkennt man sofort, daß der L. R. bei direkter Fixation viel undeutlicher zu sehen ist, wie wenn man an ihm vorbeisieht. Senkt man die Leuchtdichte der Tafel, dann wird der L. R. bei Fixieren der Mitte sogar unsichtbar, während er bei gehobenem Blick ganz deutlich ist. Man kann jetzt die

Lage des Ausschnittes des L. R. sogar richtig angeben. Der L. R. von 5^0 Durchmesser fällt bei unseren Umfeldleuchtdichten somit zur Gänze in den Bereich des Dämmerungskotoms. Wendet man durch Fixierung der Tafelkante den Blick um 5^0 nach oben, dann ist die Schwellenleuchtdichte beträchtlich niedriger (etwa um fünf Blendenstufen) als bei direkter Fixation. Wenn der Prüfling aber nun die obere Tafelkante fixiert und wir dem L. R. laufend verschiedene Stellungen geben, dann werden diese verschiedenen Stellungen nicht gleich gut erkannt. Einstellungen zwischen 3^h über 6^h nach 9^h sind wesentlich leichter zu sehen als solche von 9^h über 12^h nach 3^h. Die Schwellenleuchtdichte für die oberen Stellungen ist um ca. zwei Blendenstufen höher. Das bedeutet, daß bei Blickhebung um 5^0 der L. R. mindestens zur Hälfte noch in das Dämmerungskotom fällt. Die einfache Beobachtung demonstriert eine Erscheinung, die der Laie nicht kennt und die der Augenarzt oft übersieht. Das Dämmerungskotom in der Foveamitte ergibt sich aus der Verteilung von Zapfen und Stäbchen in der Netzhaut. Mit Erlöschen der Zapfentätigkeit, deren Träger auf die Netzhautmitte beschränkt sind, wird eine starke Überlegenheit der Netzhautperipherie herbeigeführt, ja, man kann für das voll dunkeladaptierte Auge geradezu Blindheit der Netzhautmitte annehmen.

Die Größe des Dämmerungskotoms beträgt somit im Leuchtdichtenbereich des N. W. G. mindestens 5^0. Sie vermindert sich mit steigernder Leuchtdichte reziprok zur Verbesserung der Sehschärfe, aber nicht im gleichen Maße. Theoretisch könnte die Verkleinerung des Dämmerungskotoms mit zunehmender Leuchtdichte bis etwa 10^{-5} sb, nämlich bis in den Bereich normaler Zapfentätigkeit, verfolgt werden. Doch hat schon Otuka gefunden, daß das Dämmerungskotom bis nahe an den Beginn der Zapfentätigkeit heran relativ umfangreich bleibt.

Ich habe das Dämmerungskotom mit Objekten von 50' Sehwinkel für die Leuchtdichte 10^{-7} sb bei zwei Personen gemessen. Der Prüfling fixierte eine schwach rote, punktförmige Lichtquelle. Das Skotom entsprach selbst bei dieser Leuchtdichte noch einem Kreise von fast 5^0 Durchmesser, dessen Mittelpunkt aus dem Fixierpunkt um etwa 1^0 nach oben verschoben war. Außerhalb des Skotoms findet sich bei 10^{-7} sb eine Sehschärfe von 10' bis 12'! Es besteht somit keine einfache Korrespondenz zwischen der Skotomgröße und der Beleuchtungsabnahme mit der von ihr abhängigen Sehschärfe.

Fixiert man am N. W. G. statt der oberen Tafelkante die untere, dann ist die Bildschärfenverbesserung sichtlich geringer. Dies bestätigten mir fast alle Prüflinge. Es würde bedeuten, daß sich das Dämmerungskotom nach oben weiter ausdehnt als nach unten: was wir ja eben gesehen haben. Auch Nowak hat das gefunden. Wahrscheinlich ist die untere Netzhauthälfte (obere Gesichtsfeldhälfte) der oberen im Dämmerungssehen überhaupt unterlegen, wie schon Hilbert angenommen hat. Es wundert daher nicht, daß das Dämmerungskotom etwas weiter nach oben als nach unten reicht. Bei monokularer Prüfung wurden keine Unterschiede zwischen der temporalen und der nasalen Ausdehnung des Skotoms gefunden. Jedenfalls ist die Sehschärfe am besten, wenn wir die obere Kante der N. W. G.-Tafel fixieren. Fast könnte man glauben, es gäbe eine Art „Dämmerungsfovea", welche in der Netzhaut oberhalb der anatomischen „Tagesfovea" gelegen wäre. Wahrscheinlich geht diese Vorzugsstellung jedoch auf psychische Momente zurück. Es ist eben relativ leicht, einen Punkt oberhalb des interessierenden Objektes zu fixieren, wofür v. Tschermak (4) ein hübsches Beispiel, nämlich den über die Brille hinwegschielenden Schullehrer, anführt.

b) Die periphere Sehschärfe des Dunkelauges. Sie ist sicher geringer als die des Hellauges. Die Sehschärfeabnahme in der Dämmerung geht also nicht etwa nur darauf zurück, daß mit der Entwicklung des Dämmerungskotoms die Stelle des schärfsten Sehens in die Peripherie rückte. Es schließen sich bei abnehmender Beleuchtung die Sinneselemente zu größeren Empfindungskreisen zusammen und das muß eine geringere Sehschärfe zur Folge haben.

Ich habe mich davon in einfacher Weise überzeugt. Der Punkt in 4 m Vertikalabstand von der N. W. G.-Tafel wurde als Mittelpunkt einer Winkelrose genommen, die mit Kreide auf einen entsprechend gestellten Tisch aufgezeichnet war. Der Prüfling, dessen Auge in den Mittelpunkt der Winkelrose gebracht wurde, hatte eine punktförmige Lichtquelle zu fixieren. Diese wurde zuerst in einen Seitenabstand vom L. R. gebracht, bei welchem die Lage des Ausschnittes gut zu erkennen war. Durch Annäherung und Entfernung des Fixierlichtes an den L. R. wurde der Winkelabstand geprüft, in dem die Sehschärfe 1^0 eben erreicht war.

So konnte, wenn auch nur auf etwa 5^0 genau, die periphere Grenze für die Sehschärfe von 1^0 bei einer Umfeldleuchtdichte von ca. 10^{-4} sb im horizontalen Meridian bestimmt werden. Sie war bei fünfzehn Prüflingen temporal bei 45^0 und nasal bei 25^0 gelegen. Dieselben Prüflinge wurden anschließend am N. W. G. untersucht, wobei sich keine Beziehung zwischen der Größe des Gesichtsfeldes für die Sehschärfe 60' im Tagessehen zu der Dämmerungsleistung (N. W. G.) fand. Es scheint also eine relativ gute periphere Tagessehschärfe nicht unbedingt mit einer relativ guten Dämmerungssehschärfe verknüpft zu sein.

Die Prüfung der peripheren Dämmerungssehschärfe konnte ich mit dem N. W. G. nur bei zwei Personen für die Sehgröße 40' ausführen. Die Methode war dieselbe, nur daß das Fixierlicht nun schwach rot war. Bei der Leuchtdichte ca. 10^{-4} sb reichte das Gesichtsfeld nasal bis 45^0 und temporal bis 50^0 und bei 10^{-8} sb nasal bis 12^0 und temporal bis 8^0, es reichte unten weiter als oben.

Über die periphere Sehschärfe unter Tageslichtbedingungen liegen sehr unterschiedliche Angaben vor (Guillery [2], Hoffmann). Offenbar sind die individuellen Unterschiede groß. Die Unterlegenheit der Peripherie des Dunkelauges gegenüber dem Hellauge, wie sie schon Bloom und Garten fanden, gilt aber nur für die Sehschärfe. Nur in diesem Sinne ist das Gesichtsfeld in der Dämmerung enger als im Tageslicht. Die Lichtempfindlichkeit wurde vielfach in der Peripherie als höher gefunden, was mit Rücksicht auf das

Dämmerungskotom sicher zutrifft. Wir werden aber unten sehen, welche Schwierigkeiten solchen Feststellungen die zu wenig gleichmäßige Adaptation der gesamten Netzhaut bereiten kann.

c) **Die binokulare Reizsummation.** Sie wurde für das dunkeladaptierte Auge schon von Piper (1) angenommen. Das Phänomen ist heute allgemein anerkannt, nur herrscht über das Ausmaß nicht volle Übereinstimmung. Eine Wirkungsverdoppelung durch binokulare Betrachtung wurde nur bei minimalen Leuchtdichten beobachtet (Schumacher, Münster [1]). Meist handelte es sich um eine Erniedrigung der Schwelle, die von der Umfeldleuchtdichte und der Größe der Reizflächen abhing (Lohmann [2], Shaad [2], Beitel). Je dunkler das dargebotene Feld, je fortgeschrittener die Dunkeladaptation, um so größer der Unterschied zwischen monokularer und binokularer Schwelle.

Ich habe bei zehn Prüflingen die monokulare und die binokulare Schwelle am N. W. G. geprüft und die Prüfung an vier Tagen wiederholt. Es ergab sich für das rechte Auge eine Schwelle von $8{,}2 \cdot 10^{-10}$ sb (Mittel) und für das linke Auge $1{,}2 \cdot 10^{-9}$ sb, binokular betrug sie $5{,}5 \cdot 10^{-10}$ sb. Das erstgeprüfte rechte Auge erzielte also — bei gleicher Tagessehschärfe, rechts und links — eine bessere Leistung als das linke, dennoch sank die binokulare Schwelle genau auf die Hälfte des arithmetischen Mittels der beiden.

Möglicherweise war das linke Auge durch die Prüfung des rechten ermüdet worden, obwohl es unbeteiligt war, und doch konnte es bei binokularer Prüfung zur Schwellensenkung beitragen. Nowak hat mit Rücksicht auf die binokulare Reizsummation einäugige Prüflinge von vornherein als im Dämmerungssehen untauglich betrachtet. Dies ist nicht ganz berechtigt. Mehrere meiner amblyopen oder einäugigen Prüflinge hatten eine ausgezeichnete Dämmerungssehschärfe (N. W. G.).

d) **Die Lokaladaptation.** Besonders bei zentraler Fixation des L. R. unter einer Leuchtdichte von ca. 10^{-9} sb fällt auf, daß er nach kurzer Zeit verblaßt, ja, es kann sogar die ganze N. W. G.-Tafel unsichtbar werden. Noch schöner sieht man das, wenn man in der Mitte der Tafel ein rotes Fixierlicht anbringt. Die Tafel verschwindet dann innerhalb von fünf Sekunden. Ein Blick seitwärts überzeugt uns, daß die periphere Netzhaut während dieser Zeit ihre Empfindlichkeit scheinbar sogar gesteigert hat, denn die Tafel leuchtet bei Rechts- oder Linksblick hell auf. Die Erscheinung der Lokaladaptation wiederholt sich nun immer in derselben Weise. Nach etwa 10 bis 20 Sekunden der Erholung wird der L. R. wieder so gut wie vorher erkannt, um nach Fixation durch fünf Sekunden neuerlich zu verschwinden. Die Zeit, in der die Lokaladaptation zur Aufhebung der Kontrastempfindung führt, ist individuell verschieden.

Daß auch der unterschwellige Reiz Lokaladaptation hervorrufen kann, zeigt folgende Erscheinung. Läßt man während des Fortschreitens der Leuchtdichtenzunahme, also bei Annäherung an die Schwelle von der unterschwelligen Seite her, den L. R. dauernd in derselben Uhrzeigerstellung (z. B. 7 Uhr) stehen, dann ist eine wesentlich höhere Leuchtdichte erforderlich, bis der Prüfling die erste richtige Angabe macht, wie wenn man bei jeder neuen Leuchtdichtenstufe die Ausschnittlage wechselt. In dem Netzhautbereich des Ausschnittbildes kann also die „subjektive Helligkeitsdifferenz" zwischen In- und Umfeld durch Lokaladaptation verschwinden, ohne daß wir sie überhaupt schon empfunden hätten.

Die zeitlichen Unterschiede, die die Prüflinge hinsichtlich der Lokaladaptation aufweisen, treten folgendermaßen zutage. Schon Nowak beschreibt Leute, die z. B. bei N. W. G.-Blende 7 die erste richtige Angabe machen und bei Wiederholung der Prüfung bei der gleichen Leistung bleiben. Andere Leute geben bei Blende 7 das erste Mal richtig an, versagen aber schon bei der ersten Wiederholung. Dies kann sich bei den nächsten Blendenstufen fortsetzen, so daß der Prüfling bis auf die Blendenstufe 13 oder 14 gebracht werden muß, wenn man fünf richtige Angaben hintereinander verlangt. Es ist klar, daß die erstgenannte Gruppe die der Prüflinge mit wirklich guter Dämmerungssehschärfe ist, während die andere Gruppe in voller Adaptation zwar ebenso empfindlich ist, durch übermäßig rasche Lokaladaptation jedoch keine Dauerleistung aufbringt.

Nicht ganz in das Kapitel Lokaladaptation einzureihen ist die Beobachtung, daß der Ausschnitt des L. R. nicht nur bei unteren Uhrzeigerstellungen leichter erkannt wird als bei oberen, sondern auch bei asymmetrischen leichter als bei symmetrischen. 7 Uhr ist also leichter erkennbar als 6 Uhr, aber vielfach auch 2 Uhr leichter als 3 Uhr. Man kann das nur damit erklären, daß bei Absinken der Leuchtdichte auf die Schwelle allein die Lichtverteilung in der nun schattenhaften Scheibe des L. R. ein Urteil über die Lage des Ausschnittes erlaubt. Ein weiterer Hinweis darauf, daß die sogenannte Sehschärfenprüfung immer eine Prüfung des Lichtsinnes und des Ortsinnes zugleich ist.

Bei allen Sehschärfenprüfungen wird, wenn wir beim Minimum separabile angelangt sind, nicht mehr gesehen, sondern nur mehr geraten. Williams hat dementsprechend gefunden, daß selbst bei Darbietung unterschwelliger Reize die richtigen Angaben gegenüber den unrichtigen immer noch überwiegen. Man könnte von einer Bewußtseinsschwelle sprechen, welche offenbar höher liegt als jene, welche die subkortikalen oder subterminalen Zentren affiziert. Der Prüfling ahnt den Reiz, er erkennt ihn aber noch nicht als Faktum an.

e) Die Nachbildentwicklung im Dunkelauge. Sie tritt sicher rascher ein als in Helladaptation. Gerade schwellennahe Leuchtdichten führen schon nach kurzer Fixation zu Nachbildern. Diese können sehr nachhaltig sein und die Sehschärfe beträchtlich herabsetzen. Am N. W. G. treten sie etwa nach 30 bis 60 Sekunden auf und sind so nachhaltig, daß der Prüfling oft gar nicht weiß, ob er die Tafel selbst sieht oder deren Nachbild. Je kleiner der Gesichtsfeldausschnitt ist, welcher bei der Sehschärfeprüfung im Dunkeln beansprucht wird, um so unangenehmer machen sich die Nachbilder bemerkbar. Die N. W. G.-Tafel hat eine Seitenlänge von 10^0, beansprucht also im Vergleich zum Sehen im Freien einen sehr kleinen Gesichtsfeldanteil. Es ist mehrfach angegeben worden, daß die Größe des Prüffeldes nicht ohne Einfluß auf die Sehschärfe sei. Ich habe bei der Erprobung neuer Geräte diesen

Eindruck auch gewonnen, doch leider keine eigenen Experimente anstellen können. Wenn das Sehen unter dem freien Nachthimmel bei aller Herabsetzung der Sehschärfe doch scheinbar mühelos erfolgt, während es unter den künstlichen Bedingungen unserer Geräte zu Flimmern, Brennen, Tränen und dem Gefühle schwerer Anstrengung führt, so möchte ich die Nachbilder dafür besonders verantwortlich machen. Im Freien gibt es auch nicht so harte Kontraste, immer handelt es sich um Konturen zwischen schwächer und zwischen stärker beleuchteten Objekten. Die N. W. G.-Tafel aber bietet immer den absoluten Kontrast gegenüber strahlungsloser Nachbarschaft. Man hat vielfach die Forderung erhoben, die Prüfung der Sehschärfe im Dunkeln müsse an die Bedingungen angepaßt sein, wie sie das physiologisch-normale Sehen im Freien bietet. Ich glaube, daß die Größe des Beobachtungsfeldes dabei besondere Aufmerksamkeit verdient.

f) Die Rolle der Übung im Dämmerungssehen. Obwohl das Dämmerungskotom schon so lange bekannt ist, hat man seine praktische Bedeutung doch vielfach verkannt. Bis in die jüngste Zeit wird in sonst sehr gewissenhaften Arbeiten berichtet, daß man bei Reizschwellenprüfungen auf die Fixierung des Blickes keinen Wert gelegt hätte. Ja, auch N o w a k teilt darüber nichts Näheres mit. Ich weiß aus einer persönlichen Mitteilung, daß er seinen Prüflingen keine Vorschriften darüber machte, ob sie den L. R. oder eine andere Gegend des Sehraumes während der Prüfung fixieren sollten. Daß der Mensch im Dunkeln durchaus nicht etwa peripher fixiert, sondern ebenso zentral, wie er es bei Tage tut, beweist am allerbesten die Steigerung der Sehleistung bei Wiederholung der N. W. G.-Prüfung. Selbst wenn man die Prüflinge schon bei der ersten Untersuchung veranlaßt, nicht den L. R., sondern die obere Kante der N. W. G.-Tafel zu fixieren, werden die Leistungen doch an den folgenden Prüfungstagen noch beträchtlich besser. Man kann das Sehen in der Dämmerung also lernen. Ich habe viele Versuche mit Personen durchgeführt, die durch Monate täglich oder nächtlich Beobachtungen zu machen hatten. Es war oft erstaunlich, wie ausgezeichnet ihre Angaben waren, obwohl ihre Dunkeladaptationskurve nicht sehr über der Norm lag. Wenn aber solche Leute mit ihren Beobachtungen längere Zeit aussetzten, dann verlernten sie das Dämmerungssehen wieder.

Bis zu einem gewissen Grad bedeutet Übung im Dämmerungssehen eine Leistungssteigerung bei jeder Anforderung, auch wenn sie speziell ungewohnt ist. Der Geübte ist also dem Ungeübten in jedem Falle überlegen. Die Übung bringt jedoch überdies eine Verbesserung der Leistung in der speziellen Aufgabe, wenn sie immer wieder neu gestellt wird. Manche Autoren haben geglaubt, daß die Übung den Zusammenschluß der Sinneselemente zu neuen Empfindungskreisen und damit eine echte Empfindlichkeitssteigerung bewirke. Ich glaube, daß es sich bei dem Übungseffekt doch nur um psychische Momente handelt. Dafür spricht die kurze Dauer des Übungserfolges und dessen Beschränkung auf die spezielle Aufgabe. Auch hat sich immer wieder gezeigt, daß intelligente Menschen bei der Prüfung der Dämmerungssehschärfe, ja schließlich bei der Prüfung an der üblichen Sehprobentafel, überlegen sind; was in demselben Sinne aufgefaßt werden muß.

Im Kriege hat das Sehen in der Dämmerung für jeden Menschen, war er nun Soldat oder Zivilist, eine sehr große Rolle gespielt. v. Tschermak (4) und mit ihm Heinsius haben deshalb eigene Geräte zur Übung im peripheren Sehen entwickelt. Auf die von den Autoren angegebenen Leuchtfarbentafeln als Geräte zur Prüfung der Dämmerungssehschärfe wird unten genau eingegangen. Die Anwendung der Tafeln ließ die Übungsfähigkeit des Dämmerungssehens deutlich erkennen. Gerade hier aber fiel auf, daß die Übung mit einer solchen Tafel noch lange nicht bedeuten muß, daß der Betreffende nun auch im Freien Objekte leicht auffinden könne. Denn die periphere Fixation ist relativ leicht, wenn sie durch eine so kräftige Kontur wie den Rand der N. W. G.-Tafel oder den Rand der Leuchtscheibe angeregt wird. Im Freien fallen solche Hilfsmittel weg. Das Sehen unter freiem Nachthimmel erfordert wieder eine besondere Übung, wofür der Gebrauch der Leuchtscheiben im Dunkelzimmer nur eine Vorbereitung ist. Ähnliches gilt für den Gebrauch von Fernrohren, die ja oft ein recht großes Gesichtsfeld (bis zu 100^0) besitzen.

g) Tagesschwankungen in der Leistung der Prüflinge. Kyrieleis (2) hat besonders darauf hingewiesen, daß bei wiederholter Aufnahme der Adaptationskurve, einheitliche Voradaptation vorausgesetzt, immer wieder die gleichen Werte zu finden sind. Die Adaptationskurve hat eine individuelle Gestalt mit weitgehender Konstanz (s. Abb. 27). Dazu steht in eigenartigem Widerspruch das Verhalten von Prüflingen am N. W. G. Graf hat eine Untersuchungsgruppe im Zeitraum von 24 Stunden unter konstanten Adaptationsbedingungen auf ihre Dämmerungsleistung mit verschiedenen Geräten geprüft. Dabei fanden sich gerade mit dem N. W. G., weniger bei anderen Geräten, Schwankungen, die nicht einfach mit Fehlern der Versuchsanordnung erklärt werden können. Es zeigten sich Maxima und Minima zu bestimmten Tageszeiten, wobei ein Leistungsmaximum um 3 Uhr nachts besonders bemerkenswert war. Graf bringt die Erscheinung mit anderen arbeitsphysiologischen Beobachtungen in Zusammenhang, nach welchen die Leistungen und vor allem höhere Intelligenzleistungen des Menschen nicht konstant sind. Gerade die Untersuchung mit dem N. W. G. erfordert eine so intensive Konzentration, daß man nicht erwarten darf, sie werde zu jeder Zeit gleichermaßen aufgebracht. Damit dürfte der Gegensatz der Grafschen Beobachtungen zu denen von Kyrieleis erklärt sein. Die einfache Reizschwellenbestimmung mit dem E. H. A. stellt offenbar geringere Anforderungen an die Aufmerksamkeit als die Prüfung mit dem N. W. G.

h) Das Prüfungsschema für das N. W. G. Nowak hat das N. W. G. für Massenuntersuchungen entwickelt. Dazu eignet es sich wegen seiner Einfachheit auch besonders gut. Gerade diese Einfachheit erfordert aber eine gewissenhafte Schematisierung des Prüfungsganges und die genaue Kenntnis aller Fehlerquellen.

Man kann das Gerät in einem großen Dunkelzimmer aufstellen und bis zu zwanzig Prüflinge in demselben Raume Platz nehmen lassen. Sie halten sich zunächst 40 Minuten im Dunkelraume auf, bis die Prüfung beginnt. Nach den bisherigen Untersuchungen und Annahmen genügt die Dunkeladaptation durch 40 Minuten, um alle individuellen Unterschiede der Voradaptation auszugleichen und den Zustand der vollen Dunkeladaptation herbeizuführen. Freilich gilt diese Annahme nur grob, wie wir noch sehen werden. Die Prüflinge sollen im Dunkelraum möglichst geordnet sitzen und so, daß sie während des Wartens den Prüfungsgang nicht verfolgen können. Prüflinge, die zum Schluß drankommen, können zu leicht durch langes Betrachten der N. W. G.-Tafel ermüdet oder durch Nachbilder gestört sein. Während der Wartezeit erklärt man am besten den Prüfungsgang und die entscheidende Bedeutung der peripheren Fixation. Gute Belüftung und anregende Unterhaltung verhindern das vorzeitige Ermüden der Prüflinge.

Nun läßt man den ersten Prüfling das Kinn auf die Kinnstütze legen, deren Abstand von der N. W. G.-Tafel schon vorher fixiert ist. Das Beleuchtungsgerät wird mit der Hand verdeckt. Ein Gehilfe stellt den L. R. ein. Man beginnt mit einer überschwelligen Leuchtdichte. Nach Freigeben der Beleuchtung fixiert der Prüfling die obere Tafelkante und nennt die Uhrzeigerstellung des Ringausschnittes. Nach drei Sekunden deckt der Prüfer die Hand wieder vor das Beleuchtungsgerät. Die Lokaladaptation und die Nachbildentwicklung verlangen unbedingt, daß man die Belichtung der Tafel beschränkt. Auch darf die L. R.-Stellung nur in der Dunkelpause verändert werden. Man gibt zuerst die leichter erkennbaren unteren Einstellungen, dann die oberen und wiederholt die Prüfung bei gleichbleibender Leuchtdichte laufend. Dann erst wird die Leuchtdichte vermindert, und zwar bis zu jener Blendenstellung, bei welcher der Prüfling noch fünf richtige Angaben hintereinander machen kann. Diese Blendenstufe bedeutet dann die Leistung des Prüflings, nämlich die Schwelle für die Sehschärfe 60' oder 40'. Man vermindert dann weiter und notiert die Zahl der von fünf Einstellungen noch richtig gemachten Angaben. Die Prüflinge verhalten sich unterschiedlich, indem manche auch bei viel niedrigeren Blendenstufen immer noch ein oder zwei richtige Angaben machen.

An erster Stelle der Untersuchungsvorschrift muß jedenfalls stehen, daß alle Prüflinge die obere Tafelkante fixieren und daß die Belichtungszeit nicht drei Sekunden übersteigt. Damit werden die Bedingungen für jede Einzelprüfung einheitlich gestaltet und es wird jene Netzhautpartie geprüft, deren Sehleistung in der Dämmerung auch wirklich interessiert. Die Strenge Forderung von fünf Einstellungen und die Fortsetzung der Prüfung, bis von fünf Einstellungen keine mehr erkannt wird, geht auf Mulzer zurück. Von Graf sind Studien darüber gemacht worden, ob der Gehilfe die Einstellungen des L. R. auch gleichmäßig variiert und nicht etwa bestimmte (z. B. 6 Uhr oder 12 Uhr) bevorzugt. Tatsächlich variiert der Gehilfe unbewußt die Ringlagen nicht gleichmäßig, was bei der unterschiedlichen Erkennbarkeit derselben Bedeutung hat.

Zu der Vereinheitlichung und Schematisierung der Prüfungsbedingungen hat besonders die große Streuung der Ergebnisse auch bei normalen Prüflingen Anlaß gegeben. Die Leistungen waren so unterschiedlich, daß man kaum glauben konnte, die schlecht abschneidenden Prüflinge hätten überhaupt normales Adaptationsvermögen. Die Schematisierung der Untersuchung, wie ich sie einführte, hatte daher eine starke Verminderung der individuellen Unterschiede zur Folge, wie sie Nowak ohne dieses Schema noch gefunden hatte. Dennoch sind auch bei Einhaltung des Schemas die individuellen Unterschiede groß. Ihre Ursachen sollen unten näher betrachtet werden.

3. Die Leuchtfarbentafel von v. Tschermak-Seysenegg und Heinsius. (Nyktoskop.)

Die Beobachtung, daß die Sehleistung am N. W. G. durch richtige Fixation und deren Übung so stark verbessert wird, veranlaßte v. Tschermak zu dem Vorschlag, ähnliche Übungen mit kleinen Leuchtfarbentäfelchen anzustellen. Eine runde Tafel von ca. 10 cm Durchmesser ist mit Leuchtfarbe (Zinksulfid) bestrichen und trägt in der Mitte einen mit schwarzer Farbe aufgetragenen Buchstaben oder L. R. Der Prüfling fixiert den Rand des Täfelchens und hat dabei die Lage des L. R.-Ausschnittes richtig anzugeben. Die Entfernung der Tafel wird nun laufend vergrößert, bis der Prüfling falsche Angaben macht. Je besser der Prüfling das periphere Fixieren erlernt, um so besser werden die Leistungen. Das kommt durch Zunahme des Prüfungsabstandes zum Ausdruck. Heinsius hatte nun die Idee, diese Entfernung zu messen, indem man die Tafel entlang einem Maßstabe verschiebt. Die Teilung des Maßstabes ist mit Leuchtziffern versehen. Heinsius nannte das einfache Gerät, bestehend aus dem Leuchtfarbentäfelchen und dem Maßstabe, Nyktoskop.

Zur Normierung der Nyktoskopuntersuchung war die erste Voraussetzung eine einheitliche Sehprobengröße, die durch einfaches Auftragen mit schwarzer Farbe nicht gegeben war. Wir erreichten das durch photographische Herstellung von einwandfrei gleichen und regelmäßigen L. R. auf durchsichtigem Cellophan, dessen Lichtresorption mit 30 % bestimmt wurde. Auf diese Weise war eine einwandfreie Form des Prüfzeichens und ein absoluter Kontrast zwischen In- und Umfeld gegeben.

Die zweite Voraussetzung war die Einheitlichkeit der Leuchtdichte der Tafel während der Prüfung. Dies wurde zu erzielen versucht durch eine standardisierte Aktivierung der Leuchtfarbe. Soweit es sich nicht um radioaktive Stoffe handelt, welche eine konstante Strahlung vermitteln, ruft die Bestrahlung der gewöhnlichen Leuchtfarben nur eine vorübergehende Fluoreszenz hervor. Ja, bei den meisten dauert die Fluoreszenz so kurze Zeit an, daß die Tafeln nach Ausbleiben der Bestrahlung nur für einige Minuten, solange freilich sehr hell, leuchten. Nur das von der I. G. hergestellte Leuchtblau, wie es auf den Nyktoskoptafeln verwendet wird, dunkelt genügend langsam nach. Eine Kurve, welche den Abfall der Leuchtdichte nach Verbringen der Leuchttafel in einen dunklen Raum darstellt und die von mir mit Hilfe des E. H. A. bestimmt worden ist, gibt Abb. 3 wieder, wenn man die Tafel regelmäßig mit demselben Quantum Licht aktiviert, dann müßte jedesmal die gleiche Abfallkurve festzustellen sein. Dies fordert die reine Umkehrbarkeit des photochemischen Prozesses. Tatsächlich ließ die Aktivierung einzelner Tafeln in der gleichen Zeit zunächst immer die gleiche Leuchtdichte erkennen. Ich hatte auch nicht den Eindruck, daß Unterschiede der Tafeln, wie sie vor Beginn der Aktivierung noch bestanden hatten, nachher noch eine Rolle gespielt hätten. Die Belichtung der Tafeln im Tageslichte durch zehn Minuten gleicht alle vorher bestehenden Unterschiede aus. Prüfte ich aber die Leuchtdichte, nachdem die Tafeln durch 24 Stunden im Dunkeln aufbewahrt worden waren, dann fanden sich deutliche Unterschiede. Es waren immer ganz bestimmte Tafeln dunkler als die anderen. Offenbar ist die Dicke der aufgetragenen Farbschichte von besonderer Bedeutung und kann nicht so leicht standardisiert werden. Nach vielen Versuchen, besonders nach strenger Einhaltung meiner eigenen Aktivierungsvorschrift (Bestrahlung mit der gleichen Glühbirne zur gleichen Tageszeit und unter gleicher Distanz) habe ich mich davon überzeugen müssen, daß man ohne photometrische Kontrolle beim Gebrauch der Leuchtfarbentafeln nicht auskommt.

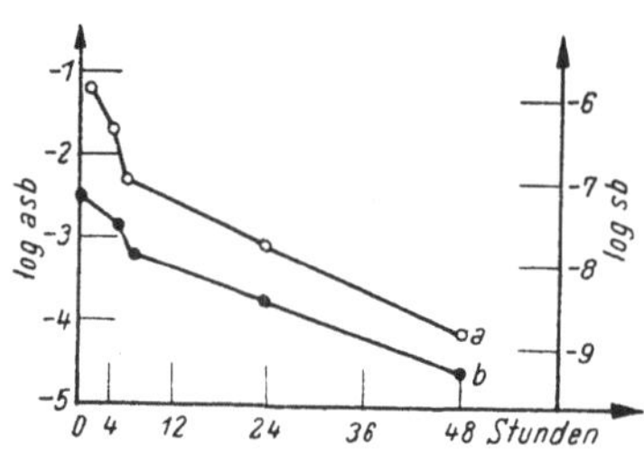

Abb. 3. Der Abfall der Leuchtdichte zweier verschiedener Leuchtfarbentafeln (Leuchtblau der I. G.)

a) Nach Aktivierung im Tageslicht durch zehn Minuten.

b) Nach Aktivierung bei künstlichem Licht (2 m Abstand von einer 40-Watt-Birne) durch zehn Minuten.

Die Photometrie kann sehr gut mit dem E. H. A. erfolgen. Man steckt die Leuchttafel hinter eine schwarze Maske, deren Durchmesser mit dem der Prüfscheibe des E. B. A. übereinstimmt. Dann wird deren Leuchtdichte durch Bedienung der Schieber und der Aubert-Blende mit jener der Leuchttafel gleichgemacht. Da die Unterschiedsschwellen im Bereiche von unter 10^{-7} sb bis auf 30 % ansteigen, ist die Photometrie freilich nicht mehr genau. Diese Fehler sind

Tab. 6. Hilfstafel zur Bestimmung der Sehschärfe mit einem Landoltschen Ring.

Durchmesser 7,25 mm	Durchmesser 14,5 mm		Durchmesser 7,25 mm	Durchmesser 14,5 mm	
Entfernung		Sehschärfe	Entfernung		Sehschärfe
100 cm	200 cm	5'	42 cm	85 cm	12'
83 cm	166 cm	6'	33 cm	66 cm	15'
72 cm	143 cm	7'	28 cm	55 cm	18'
62 cm	125 cm	8'	25 cm	50 cm	20'
50 cm	100 cm	10'		40 cm	30'
				25 cm	40'

aber viel geringer als die individuellen Unterschiede, die wir mit dem Nyktoskope finden. Ich verwendete zur Photometrie der Leuchtfarbentafeln auch das von Frieser angegebene Gerät, dessen Richtigkeit ich mit dem E. H. A. und dem N. W. G. kontrolliert hatte. Die hier möglichen Fehler sind wieder 30 % (Unterschiedsschwelle).

Eine dritte Voraussetzung für den Gebrauch des Nyktoskopes war die Frage, ob bei Prüfung der Sehschärfe in Entfernungen unter 1 m nicht die Akkommodation störend eingreifen könne. Ich verwendete deshalb nicht einen Maßstab von 1 m, sondern von 2 m Länge und wählte die Größen des L. R. so, daß die Beobachtungsentfernung immer ca. 150 cm betrug. Prüft man die Sehschärfe bei verschiedenen Leuchtdichten, indem man Leuchttafeln verschiedener Nachdunklungszeit verwendet, dann benützt man am besten auch verschiedene L. R.-Größen, wie sie in Tab. 6 angeführt sind. Die Rolle der Akkommodation im Dämmerungssehen wird unten behandelt werden.

Als vierter und letzter Punkt war die Größe der Leuchttafel festzulegen. Wie erwähnt, hat die Größe des Gesichtsfeldes wahrscheinlich Einfluß auf die Güte der Sehschärfe, umsomehr, wenn die periphere Fixation dabei notwendig ist. Da die Scheibe auf 60 cm Entfernung einen Durchmesser von 10 cm haben muß, um einem Sehwinkel von 10^0 zu entsprechen und Verhältnisse wie die N. W. G.-Tafel zu bieten (Abstand L. R.-Mittelpunkt — Tafelkante 5^0) müßte die Tafel für 120—180 cm Abstand 20—30 cm Durchmesser haben. Selbst dann sind erst die Bedingungen des N. W. G. gegeben, die noch immer recht unnatürlich sind.

Ähnlich dem N. W. G. ist, wie wir sehen, auch das Nyktoskop ein sehr einfaches Gerät, ja ein fast primitives Hilfsmittel. Gerade deshalb verlangt es eine Normierung in den verschiedensten Hinsichten. Dies dürfte auch der Grund sein, warum es von vielen Seiten abgelehnt, jedenfalls nicht begrüßt wurde; und das m. E. mit Unrecht. Denn unter den eben gemachten Voraussetzungen bietet es neben dem Vorzug der Einfachheit den Vorteil, daß man die Sehschärfe in einem recht großen Leuchtdichtenbereich prüfen kann; noch dazu in jenem, welcher den natürlichen Bedingungen entspricht und daher praktisch interessiert. Ja, vorläufig erfüllt diese Bedingungen das Nyktoskop als einziges Gerät. Freilich sind in Laboratorien viel vollkommenere Geräte gebaut worden, aber diese kommen für klinische Zwecke nicht in Frage. Ich habe mich bei den letzten meiner Studien des Nyktoskops gerne bedient und bin überzeugt, daß die mit ihm erzielten Ergebnisse der Kritik standhalten werden. In Ermangelung eines E. H. A. kann man die Leuchttafeln auch zur Prüfung der Adaptationszeit und zur Aufnahme einer einfachen Adaptationskurve benützen (s. unten).

a) **Zur Vergleichbarkeit von Geräten verschiedener Lichtfarbe.** Der einzige Einwand, der gegen das Nyktoskop zu machen wäre, ist der, daß es einen extrem kurzwelligen, physiologisch noch nicht näher bekannten Ausschnitt aus dem Spektrum darbietet. Dieses Problem soll daher ganz allgemein erörtert werden.

Die Kurven, wie sie für die subjektive Helligkeit der einzelnen Spektrallichter im Hell- und im Dunkelauge angegeben werden, bedeuten, daß die extrem kurzwellige oder extrem langwellige Strahlung einen Helligkeitswert besitzt, dessen Höhe bei Anwendung mittlerer Wellenlängen schon mit viel geringeren Energiemengen erzielt werden kann. Wie erwähnt, kann die subjektive Photometrie darauf keine Rücksicht nehmen. Erscheinen ihr zwei Strahlungen, auch verschiedener Wellenlänge, gleich hell, dann sind sie für das Auge wirkungsmäßig gleich, selbst wenn sie es objektiv und energiemäßig nicht sind. Das Dunkelauge ist für extrem langwellige Lichter (Rot) unempfindlich, für kurzwellige relativ empfindlich. Dennoch erscheint uns alles Licht, solange es für den Zapfenapparat unterschwellig ist, grau. Wenn wir also den Nachthimmel mit einem E. H. A. photometrieren, dann stellen wir bei genauer Kenntnis der Lichtfarbe unseres Gerätes, also seiner Zusammensetzung aus verschiedenen Wellenlängen nur fest, daß ein bestimmtes Feld Nachthimmel gleich hell ist mit einer bekannten Strahlungsquantität E. H. A. Deshalb geht doch vom Nachthimmel mehr Energie aus als vom E. H. A. Wir wissen es, sehen es aber nicht. Gesetzt den Fall, eine Versuchsperson würde den Nachthimmel bei den möglichen Leuchtdichten vom Mondlicht bis herab zu den Verhältnissen bei bewölktem Neumondhimmel im Winter mit dem E. H. A. photometrieren, dann können wir — die Güte unseres Gerätes vorausgesetzt — die subjektiven Helligkeiten des Nachthimmels jederzeit mit dem E. H. A. reproduzieren. Streng genommen gilt das aber nur für diese eine Versuchsperson. Denn da man geradezu von einem Gesetz der individuellen Verschiedenheit, auch aller optisch-physiologischer Qualitäten sprechen kann, dürfte die Helligkeitskurve des Spektrums nicht bei jedem Menschen genau gleich verlaufen. Eine zweite Versuchsperson würde sich bei Darbietung der Helligkeiten vom E. H. A. vermittelt zwar gleich verhalten, nicht aber bei denen des Nachthimmels. Der Nachthimmel erscheint dieser zweiten Versuchsperson heller oder dunkler, weil sie für seine Strahlung empfindlicher oder weniger empfindlich ist als die erste. Vergleichen wir also die Leistungen einer Personengruppe z. B. mit dem E. H. A., dann ist die Stufung, die wir hier treffen, eben nur für die Lichtfarbe des E. H. A. gültig, nicht für die des Nachthimmels oder für die des Nyktoskopes.

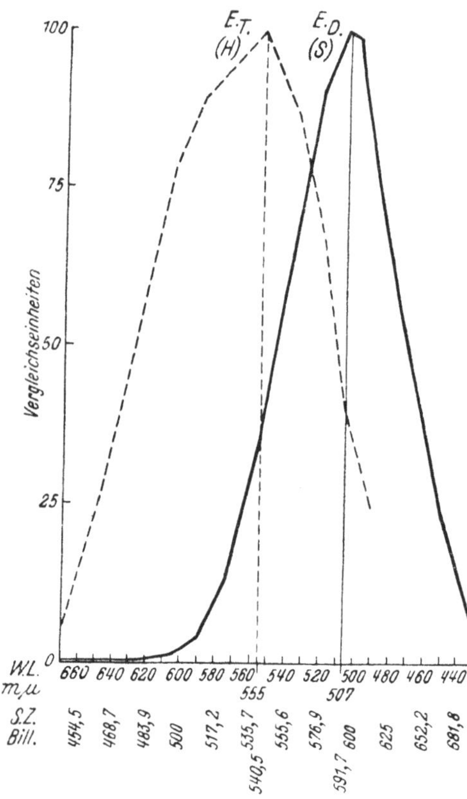

Abb. 4. Spektrale Empfindlichkeitskurven für das Tagessehen (E. T. auf Intensitätsstufe H) und das Dämmerungssehen (E. D.) nach den Werten von König. (Bild und Text nach v. Tschermak-Seysenegg.)

Nun wird man Unterschiede der Lichtfarbe, wie sie durch verschiedene Glühkörper erzeugt werden, nicht für so gewichtig halten. Es ist zwar noch nicht untersucht worden, aber wir werden Geräte, welche elektrische Glühbirnen verwenden, in dieser Hinsicht gleichsetzen dürfen. Siedentopf und Holl sowie Löhle (2) haben überdies gezeigt, daß der Himmel in dunkler Nacht vorwiegend langwelliges Licht abstrahlt. Wir dürften also mit unseren Geräten nicht soweit von seiner Lichtfarbe entfernt sein. Anders verhält es sich mit dem Leuchtblau des Nyktoskops. Wir können von vornherein nicht sagen, daß eine für dieses empfindliche Person auch empfindlich für die Strahlung des Nachthimmels sei.

Was freilich die Darstellung und den Vergleich der photometrischen Werte der Leuchttafel anlangt, so können wir uns der subjektiven Helligkeitskurve für das Spektrum bedienen (s. Abb. 4). Denn diese gibt ja an, wieviel Energie der einen Strahlung notwendig ist, um den gleichen Helligkeitswert wie eine andere zu vermitteln. Wir könnten also angeben, wieviel Photometerwerte am Nyktoskop energiemäßig gleichzusetzen sind solchen am E. H. A., wenn wir die Lichtfarben der Geräte auf anderem Wege genau bestimmt haben. Gerade mit Rücksicht auf solche Umstände wären exakte Vergleichsuntersuchungen zwischen dem Nyktoskop und den anderen Geräten sehr interessant gewesen. Leider hatte ich diese Fragestellung seinerzeit nicht im Auge und habe deshalb keine speziellen Vergleiche ausgeführt (s. unten).

b) Die Methodik der Nyktoskopuntersuchung. Sie ergibt sich aus dem Bisherigen von selbst. Man bietet dem Prüfling eine Leuchttafel von bestimmter Helligkeit und mit entsprechender Sehprobengröße und bringt sie so nahe, daß er richtige Angaben machen kann. Jede Stellung des L. R. wird nur für drei Sekunden dargeboten. Zwischen den Darbietungen herrscht Dunkelheit. Nun entfernt man die Tafel so lange, bis noch fünf richtige Angaben hintereinander möglich sind. Der so bestimmte Abstand ergibt die Sehschärfe. Alle übrigen Vorschriften der Voradaptation, der Fixation usw. gelten hier wie bei den anderen Methoden (s. Tab. 6).

4. Untersuchungen unter dem freien Nachthimmel. („Horizontring“.)

Die vielen Bedenken und Überlegungen hinsichtlich der Vergleichbarkeit der Ergebnisse am Gerät und der Leistung unter natürlichen Bedingungen fallen weg, wenn man Sehschärfeprüfungen im Freien ausführt. Der einzige Vorwurf, den man dagegen erheben könnte, wäre der der geringen Vergleichbarkeit der Ergebnisse untereinander, da man mit nicht reproduzierbaren Leuchtdichten arbeitet. Die von einer Personengruppe in kurzer Zeit erhobenen Befunde sind jedoch vergleichbar. Da wir bisher bei keinem Gerät ohne photometrische Kontrolle ausgekommen sind, kann man diese hier ja ebenfalls heranziehen und damit die Vergleichbarkeit erhöhen. Das Für und Wider der Untersuchung im Freien (Reizung des Auges durch Kälte und Wind) abzuwägen, sei dem Leser überlassen. Die Methode hat sich gerade bei der Untersuchung großer Personengruppen bewährt und ist an Einfachheit nicht zu überbieten.

Man stellt den Prüfling im Freien mit Blick auf einen einfach konturierten und gleichmäßig beleuchteten Horizont, möglichst bei Windstille, auf und hält im gleichbleibenden Abstand vom Horizont einen aus Blech geschnittenen L. R. gegen den Nachthimmel. Die Maximalentfernung, in der fünf Angaben richtig sind, gibt die Sehschärfe an. Alle anderen Vorschriften sind identisch mit denen für die bisher genannten Geräte. Man kann die Prüfung mit einer Versuchsgruppe von z. B. zehn Personen in verschiedenen Nächten wiederholen und so die Leistung bei verschiedener Beleuchtung prüfen. Man kann nach dem Prinzipe der Ausscheidungskämpfe im Sport auch aus großen Personenreihen die besten auswählen. Man kann die Prüfung wiederholen und so das Sehen in der Dämmerung auf die allernatürlichste Weise üben.

Ich habe auch bei Tageslicht Sehschärfenprüfungen im Freien abgehalten, und zwar mit entsprechend kleineren Landoltschen Ringen, photographisch auf Cellophan aufgetragen und gegen den Himmel gehalten. Sie ergaben nichts, was nicht schon bekannt wäre. Das Minimum separabile mit dem L. R. geprüft ergibt viel kleinere Werte als mit Buchstaben an der gewöhnlichen Sehprobentafel. Die individuellen Unterschiede sind auch im Freien größer, da die Empfindlichkeit gegen äußere Reize hier noch mit hineinspielt. Im Mondlicht habe ich Prüfungen mit der gewöhnlichen Sehprobentafel ausgeführt. Die Werte betrugen im Mittel $^6/_{18}$ und differierten individuell gegenüber den Werten an der normal beleuchteten Sehprobentafel. Ähnliche Studien hat Schober angestellt.

5. Das Nyktometer von Comberg.

Die bisherigen Geräte und Methoden beanspruchten alle den Stäbchenapparat, also das Dunkelauge im eigentlichen Sinne. Im Gegensatz dazu prüft das Nyktometer die Anpassung des Zapfenapparates an herabgesetzte Beleuchtung. Comberg (3) ist bei der Anregung zum Bau seines Gerätes ähnlich wie Nowak von der Überlegung ausgegangen, daß für den Prüfling weniger die isolierte Untersuchung des Lichtsinnes als die Bestimmung der Sehschärfe in der Dämmerung entscheidend sei. Während aber Nowak meinte, der Prüfling müsse bei minimaler Leuchtdichte nur eine möglichst gute Sehschärfe aufweisen, die mit höheren Leuchtdichten mitwachsen würde, Nowaks Prüfung schließlich auch als Kriterium für die Eignung zur Beobachtung mit Fernrohren bei Nacht gedacht war und deshalb mit schwachen Lichtstärken arbeitete, ist Comberg von den Erfordernissen des Verkehrs auf der künstlich beleuchteten Straße der Großstadt ausgegangen. Deshalb erhielten die Tests des Nyktometers beträchtlich höhere Leuchtdichten als das N. W. G. Auch lag Comberg besonders an dem Nachweis der raschen Anpassung bei Beleuchtungswechsel, wofür das Gerät ebenfalls eingerichtet werden mußte.

Das Nyktometer ist somit zur Untersuchung der Adaptation in ihrem Beginne geeignet, aber nicht in ihrem weiteren Verlauf. Es besteht aus einer Adaptationskugel nach Ulbricht, deren Kuppelteil mit einem Deckel versehen ist. Klappt man diesen weg, dann wird der Blick auf eine kleine Sehprobentafel frei. Sie wird als Milchglasscheibe von hinten beleuchtet, und zwar in den abstufbaren Leuchtdichten 64, 8, 1 und $^1/_4$; die Zahlen bedeuten die Verhältniswerte. Auch das Nyktometer ist dem allgemeinen Stromkreis angeschlossen, doch hat C. Zeiss ein eigenes Photometer beigegeben, damit die Leuchtdichte der Adaptationsfläche standardisiert werden kann. Die Stromzufuhr der Sehprobenbeleuchtung läuft durch ein Ampèremeter und kann ebenfalls reguliert werden. Leider sind die Geräte trotzdem nicht einheitlich, wie Paralleluntersuchungen, die ich mit drei nebeneinander aufgestellten Geräten habe ausführen können, gezeigt haben. Zwei von diesen sind mehrfach photometriert worden, worüber Tab. 7 Auskunft gibt. Ohne Photometer kommt man auch bei dem Nyktometer nicht aus, wenn man vergleichbare Werte anstrebt.

Die Leuchtdichtenstufung der Prüftafel entspricht Verhältnissen, wie sie beim Sehen auf der Straße unter künstlicher Beleuchtung gegeben sind. Die niedrigste Stufe ist etwa den Bedingungen im Lichte des Vollmondes analog. Dem entspricht die hier durchschnittliche Sehschärfe 0,3 (6/18). Allerdings wäre es wünschenswert, noch ein paar niedrigere Stufen hinzuzufügen, was auch leicht möglich wäre. Das Gerät würde dann unter photometrischer Kontrolle in dieser Hinsicht befriedigen.

Tab. 7. Eichtabelle zweier Nyktometer nach Comberg, zu verschiedenen Zeiten und unter verschiedenen örtlichen Bedingungen gewonnen.

	Nach C. Zeiss	Eigene Messungen	
		I	II
Leuchtdichte der Adaptationsfläche	$4{,}77 \cdot 10^{-2}$ sb	$9{,}5 \cdot 10^{-2}$ sb	$8{,}0 \cdot 10^{-2}$ sb
Leuchtdichte der Sehprobenfläche		I	II
64		$1{,}6 \cdot 10^{-3}$ sb	$4{,}9 \cdot 10^{-4}$ sb
8		$1{,}4 \cdot 10^{-4}$ sb	$4{,}1 \cdot 10^{-5}$ sb
1		$1{,}5 \cdot 10^{-5}$ sb	$6{,}9 \cdot 10^{-6}$ sb
1/4		$3{,}0 \cdot 10^{-6}$ sb	$1{,}7 \cdot 10^{-6}$ sb

Nur ein allerdings sehr wesentlicher Vorwurf ist der Versuchsordnung zu machen, und das ist die Inanspruchnahme der Akkomodation; die Sehprobe liegt in 30 cm Abstand vom Auge. Es wird unten ausführlich besprochen werden, welche Wandlung die Akkomodation mit abnehmender Beleuchtung erfährt. Man muß den Ergebnissen des Nyktometers jedenfalls immer mit der Frage begegnen, ob an der schlechten Leistung nicht etwa die Akkomodation an Stelle der Adaptation Schuld trägt.

Nach Comberg (3, 4) haben Braun und Heinsius (3) ausführlich über Untersuchungen mit dem Nyktometer berichtet. Zu ihren Ergebnissen seien einige Beobachtungen hinzugefügt, die mir nicht unwesentlich scheinen.

Ich machte die Untersuchungen anfangs nach der Vorschrift. Nach drei Minuten Helladaptation, unter Vorschaltung des weißen Deckels vor die Sehprobentafel, wurde mit Ausschaltung des Adaptationslichtes gleich auch der Deckel weggeklappt, um das meist sofort mögliche Lesen nicht zu behindern. Dies erfolgte bei i = 1. Nach genau zwei Minuten der Sehschärfeprüfung wurde noch eine Minute lang helladaptiert und die Sehprobe bei i = 1/4 wiederholt. Daran schloß sich die Prüfung bei seitlicher Blendung an. Die Prüfung erfolgte unter Kontrolle einer Stoppuhr. Einem Schreiber wurden die Sekunden diktiert, mit welchen die einzelnen Zeilen gelesen werden konnten. Da vielfach die kleinste, noch kenntliche Zeile nicht voll gelesen wurde (eine oder drei oder fünf Ziffern), erschien es mir erlaubt, noch eine feinere Einteilung des Visus in Dezimalen (z. B. 0,23, 0,25, 0,28) vorzunehmen, wenn dabei auch die Willkür nicht ganz ausgeschaltet ist.

a) **Die Bedeutung der Voradaptation.** Vor Beginn der Helladaptation wurde der Prüfling aufgefordert, bei Beleuchtung 64 die Sehprobentafel zu lesen. Es wurde also noch einmal eine Sehschärfebestimmung bei künstlicher Beleuchtung ($i = 64 = 1{,}63 \cdot 10^{-3}$ sb) ausgeführt, wie sie für die Sehschärfe 1,0 ausreichend ist. Dabei zeigte sich nicht selten eine Abweichung dieser Leistung von der vorher an der Sehprobentafel bestimmten Sehschärfe, aber auch von der am Schlusse noch einmal geprüften Leistung unter Einwirkung des Blendlichtes. Die volle Sehschärfe war gleich nach dem Ansetzen an das Nyktometer offenbar deshalb nicht erreicht worden, weil der Prüfling nicht genügend adaptiert war oder die Akkomodationszeit bei ihm so lange dauerte, daß er beim ersten Hineinsehen noch nicht scharf sehen konnte (s. darüber unten). Diese auffallende Diskrepanz der Sehschärfe (i = 64) zu Beginn und am Ende der Prüfung (hier sogar trotz Blendlicht!), beobachtete ich besonders an hellen Sonnentagen, an denen die Prüflinge im Mittagslicht zur Untersuchung gekommen waren. Offenbar benötigt die Adaptation innerhalb der Spanne Sonnenlicht — ausreichendes Licht, also von etwa 1 sb nach 10^{-3} sb eine gewisse Zeit; etwa 30 bis 60 Sekunden. Dies geht schon aus Combergs Untersuchungen (Abb. 16 und 17) hervor. Die Beobachtung ist auch mit denen von Hecht (1), Kikkawa, Kyrieleis (2), Winsor korrespondent, daß starke Zapfenreizung, also intensive Vorbelichtung im Tageslicht, den Anfangsteil der Adaptationskurve sehr flach gestaltet. Comberg weist in der Gebrauchsanweisung für das Nyktometer auf Fehler durch ungenügende Voradaptation hin.

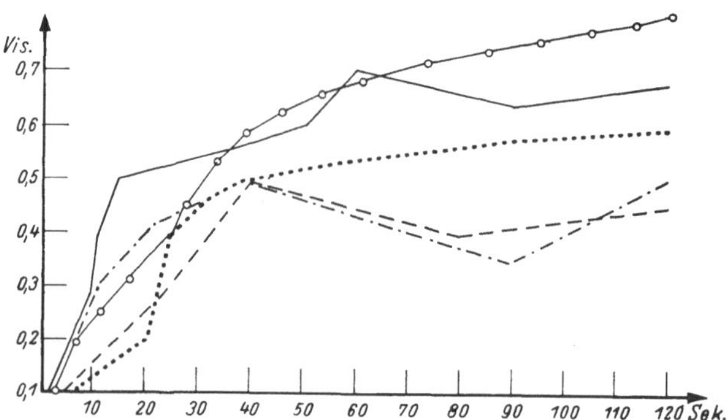

Abb. 5. Nyktometerkurven von fünf normalen Jugendlichen bei Beleuchtung i. 1. Die Abweichungen im späteren Verlaufe sind durch die manchmal extrem rasche Lokaladaptation bedingt. Sie sind in dieser Ausprägung selten, in geringem Maße häufig.

Bei den meisten jüngeren Leuten ist der Anstieg bis zur Sehschärfe 0,4 (i = 1) mit Adaptationsbeginn ungemein rasch. Die Sehschärfe 0,4 wird manchmal schon nach 12 Sekunden erreicht, erst dann wird die Kurve flacher. Frühes Einsetzen und steiler Anstieg zu Beginn müssen nicht auch zu besseren Leistungen am Ende führen, später einsetzende Adaptation erreicht manchmal höhere Endstufen. Übereinander gezeichnete Kurven überschneiden sich (Abb. 5), der Kurvenlauf ist individuell. Später habe ich auch von ein und derselben Person Kurven mehrfach und in Abständen aufgenommen. Dabei fand sich zwar der individuelle Charakter gewahrt, doch ergaben sich kleine Abweichungen in der Kurvenhöhe. Sie hielten sich innerhalb weniger Sekunden des Kurvenbeginnes und überschritten in der endlich erreichten Sehschärfe nie eine Zeile (0,1). Solche Abweichungen sind als Gerätefehler zu betrachten, ohne daß man sagen dürfte, die Zapfenadaptation schwanke an einzelnen Tagen. Allerdings nahm ich die Untersuchungen immer zur gleichen Tageszeit vor. Graf fand auch mit dem Nyktometer einen Tagesrhythmus, wenngleich in geringerem Maße als mit dem N. W. G.

Seither hat Eckel interessante Studien mit dem Nyktometer angestellt. Sie betrafen die Wirkung der Stromänderung auf die Prüffeldleuchtdichte und auf die damit korrespondierende Sehschärfe. Eckel bestätigte mit exakten Mitteln die grob schon bekannte Erfahrung, daß eine geringe Stromschwankung einen beträchtlichen objektiven Effekt vermittelt, d. h. das Prüffeld beträchtlich aufhellt. Dieser Aufhellung entspricht jedoch subjektiv eine individuell stark variierende Sehschärfenverbesserung. Der Umstand wird noch Erwähnung finden.

b) Die Lokaladaptation. Manche Personen gaben gelegentlich spontan an, daß sie die Zeile, die sie eben noch recht gut hatten lesen können, nun nicht mehr erkannten. Es brauchte 20 bis 30 Sekunden, bis das Lesen der Zeile wieder möglich war. Nach den ersten derartigen Beobachtungen forderte ich die Prüflinge grundsätzlich auf, wenn sie über eine bestimmte Zeile, z. B. 0,4, nicht hinausgekommen waren, diese nach 20 Sekunden noch einmal zu versuchen. Manchmal gelang das dann nicht mehr, sondern erst nach weiterer Erholung von 40 oder gar mehr Sekunden. Derart stufenförmige oder remittierende Kurvenbilder sind wohl die Folge einer außergewöhnlich raschen Lokaladaptation. Die Leistungshöhe ist ähnlich wie am N. W. G. nicht konstant, sondern kann nur durch immer wieder neue Erholung aufrechterhalten werden. Ich beobachtete dies gerade bei raschem Anstieg der Adaptation, während bei langsamem kaum Remissionen vorkamen. Man sieht, wie sich die Erscheinung der Lokaladaptation bei ausreichender Beleuchtung so gut wie gar nicht, mit Beleuchtungsabnahme jedoch sehr bemerkbar macht, wobei das allgemein rascher adaptierende Auge stärker zur Lokaladaptation neigt. Das allein weist darauf hin, daß die Lokaladaptation nichts mit Ermüdung zu tun hat, ja im Grunde ein Ausdruck derselben Funktion ist, nämlich der Adaptation selbst.

c) Individuelle Unterschiede. Die individuellen Unterschiede hinsichtlich der absoluten Kurvenhöhe sind bekannt. Heinsius

(3) hat ein beträchtliches Abweichen seiner als Normalband bezeichneten Durchschnittskurve von jenem Kurvenbild festgestellt, das C. Zeiss den Geräten als Schema für die Eintragung der Kurven mitgibt. Mit Rücksicht auf die folgenden Vergleichungen habe ich aus meinen eigenen Ergebnissen neue Mittelwertkurven samt einem Fehlerbande nach oben und unten (Abb. 6) berechnet. Außerdem wurde eine Mittelwertkurve für Normalsichtige unter 25 Jahren (95 Personen), eine für Normalsichtige über 25 Jahren (29 Personen) und eine von Kurzsichtigen unter 25 Jahren (27 Personen) aufgestellt (Abb. 7). Das für die jugendlichen Normalen gefundene Normalband ist Grundlage der Beurteilung für jeden einzelnen Fall. Es ist mit dem von Heinsius (3) fast identisch.

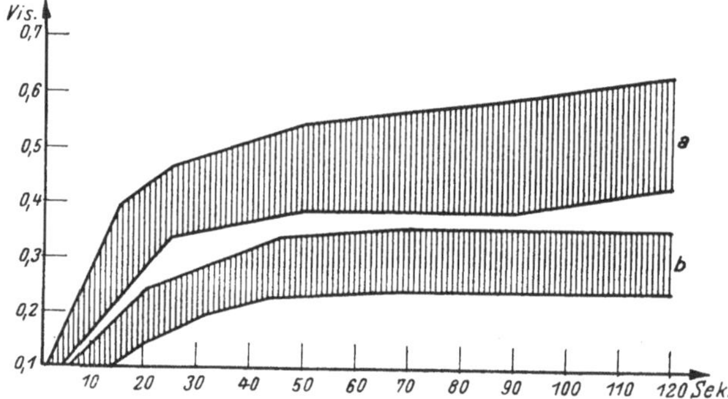

Abb. 6. Die mittlere Streuung der Nyktometerkurve bei 95 Männern von 18 bis 25 Jahren.
a) Für i = 1, 3 Minuten Helladaptation.
b) Für i = 1/4, 1 Minute Helladaptation.

Als besonders charakteristisch erscheint der spitze Beginn des Kurvenbandes und seine zunehmende Breite im weiteren Verlauf. Der erste Kurvenpunkt wurde nämlich durch den Mittelwert der Sekundenzahl bestimmt, nach welcher die erste Zeile (Vis. 0,1) gelesen werden konnte. Dieser Wert beträgt vier Sekunden. Erst bei den folgenden Punkten wurden die Mittelwerte der Sehschärfe genommen, die nach bestimmten Sekundenzahlen erreicht waren. Die Fehlerbreite des ersten Kurvenpunktes beträgt somit nur drei Sekunden. Das derart spitze Kurvenband, wie es auch Heinsius gefunden hat, unterscheidet sich beträchtlich von dem Combergs (s. unten). Ebenso charakteristisch ist die mittlere Fehlerbreite — auch bei gleichaltrigen Personen — die zu Beginn der Kurve noch gering, dann aber gleichmäßig auf über zwei Zehntel der normalen Sehschärfe (1,0) anwächst. Wenn dabei meine Kurve, und zwar nur die bei Beleuchtung i = 1, in der Endstrecke nicht horizontal verläuft, sondern sich noch bis an das Ende der zweiten Minute erhebt, dann hängt das mit der Lokaladaptation zusammen. Diese tritt im Verlauf der individuellen Kurve nicht immer an derselben Stelle ein und erniedrigt die Mittelwertkurve von etwa 0,4 an ziemlich gleichmäßig, bis endlich nach zwei Minuten das Maximum erreicht ist. Das Maximum kann aber bei manchen Personen schon nach 50 Sekunden erreicht sein und dann ein Abfall einsetzen, der selbst nach langer Erholungszeit nicht mehr ausgeglichen wird (s. Abb. 5). Kotuka und Mitarbeiter haben bei einem Falle, bei welchem durch beidseitige Zerstörungen in der Hirnrinde nur das Foveagebiet funktionstüchtig geblieben war, die Adaptationszeit dieses Gebietes, also wie die Autoren meinen, ausschließlich der Zapfen, mit 30 Sekunden bestimmt.

In Abb. 7 sind die Mittelwertkurven für Jugendliche, für Erwachsene und für Myope zusammengestellt. Schon im Alter von 25—33 Jahren ist die Leistung im Vergleich zum Jugendlichen geringer, wenn auch die Mittelwertkurve noch in das Normalband der Jugendlichen fällt. Stärker ist die Herabsetzung der Leistung bei Myopie, wobei merkwürdigerweise kein Zusammenhang zwischen dem Grade der Myopie und dem der Nyktometerleistung besteht. Alle Unterschiede treten bei der unteren Kurve (i = 1/4) deutlicher hervor. Besonders bei Kurzsichtigen ist der Eintritt der Sehschärfe bei i = 1/4 oft enorm verzögert. Abb. 8 enthält die 1/4-Kurve von drei Kurzsichtigen, die sämtlich über die Sehschärfe 0,1 nicht hinauskommen. Die schlechtere Kurve stammt von einem 35jährigen Myopen, der erst nach 110 Sekunden die erste Zeile lesen konnte. Um den Gegensatz zum Normalen sinnfällig zu machen, ist darüber eine optimale Kurve (i = 1/4) gezeichnet, wie sie ein normaler Jugendlicher besaß.

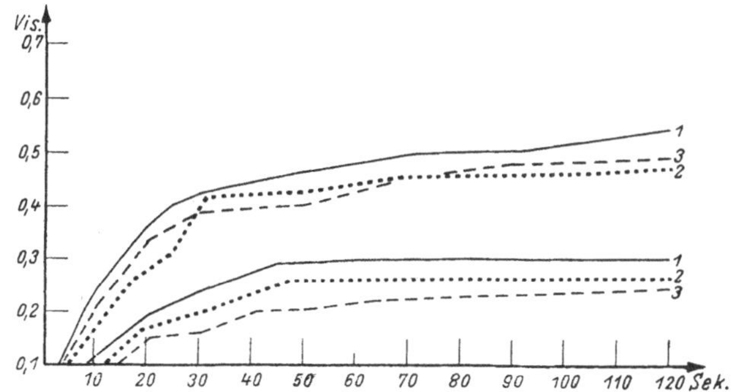

Abb. 7. Mittelwertkurven am Nyktometer für i = 1 und i = 1/4.

1. 95 Normale 18 bis 25 Jahre.
2. 29 Normale 25 bis 35 Jahre.
3. 27 Myope 18 bis 25 Jahre.

Über die Leistungen älterer Leute am Nyktometer hat Braun berichtet. Bei ihnen ist die Anfangsadaptation erheblich verzögert, und zwar wieder deutlicher bei der $^1/_4$-Kurve. Darauf weist ja schon das Nyktometerschema hin, das den Geräten beiliegt. Weil Comberg zur Errechnung seines Normalbandes Kurven aus allen Altersklassen heranzog, ist das Band seines Kurvenschemas so breit. Im übrigen zeigt das tägliche Leben, daß alte Leute langsamer adaptieren. v. Tschermak (1) spricht von Altershemeralopie. Alte Leute sehen unmittelbar beim Heraustreten auf die dunkle Straße schlecht, doch nach einigen Minuten geht es ganz gut. Ähnlich verhalten sich Kurzsichtige.

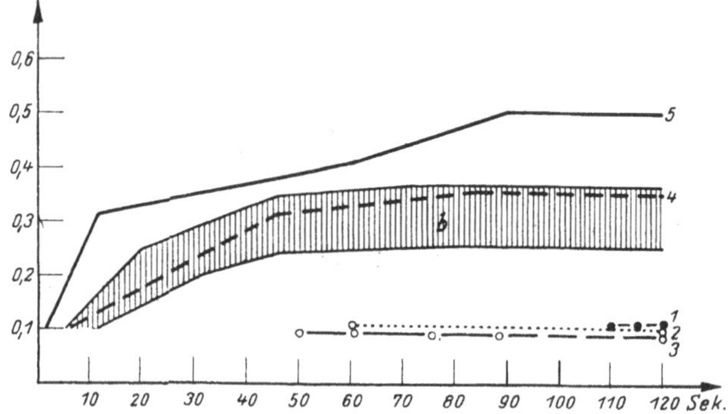

Abb. 8. Normalband der Nyktometerkurve ($i = 1/4$) aus Abb. 5 und fünf Kurven von:

1. Myopie (R = L = —6,0 sph, 35 Jahre).
2. Myopie (R = L = —4,0 sph, 18 Jahre).
3. Myopie (R = L = —1,5 sph, 18 Jahre).
4. Emmetropie, normale Kurve.
5. Emmetropie, extrem gute Kurve ($i = 1/4$!).

Abb. 6 gibt nun weiter an, daß die $^1/_4$-Kurve durchschnittlich um 0,2 der Sehschärfe tiefer verläuft. Es kommen aber extreme Verschiebungen vor, so daß die 1-Kurve am oberen, die $^1/_4$-Kurve am unteren Rande des Normalbandes liegt. Wahrscheinlich spielt hier wieder die Lokaladaptation eine Rolle, vielleicht auch der spezielle Verlauf der Sehschärfe-Leuchtdichtenkurve, die unten zur Sprache kommt.

Schon aus den bisherigen Beobachtungen sehen wir, daß die $^1/_4$-Kurve die wichtigere ist, obwohl die Anlage des Gerätes leicht zu ihrer Vernachlässigung verleitet. Auch ist die Leuchtdichte der 1-Kurve im Vergleich zu natürlichen Verhältnissen zu hoch. Ich habe deshalb später auf die Bestimmung der 1-Kurve verzichtet und nach drei Minuten Helladaptation gleich die $^1/_4$-Kurve aufgenommen. Ein entsprechendes Normalband, von 35 Jugendlichen stammend, zeigt Abb. 9.

Bei einer Untersuchungsgruppe habe ich nach der Nyktometerprüfung noch einmal voll, also 40 Minuten lang, dunkeladaptieren lassen und nun die Sehschärfe für $i = ^1/_4$ bestimmt. Ich tat dies, um mir von der Tatsache Gewißheit zu verschaffen, daß die Zapfenadaptation spätestens nach zwei Minuten beendet ist. Tatsächlich fand sich bei dieser Sehschärfenprüfung durchschnittlich die gleiche Leistung wie nach zwei Minuten Dunkeladaptation. Relativ häufig aber war die Leistung des voll dunkeladaptierten Auges schlechter als nach der zweiten Minute (60 % der Fälle). Offenbar brauchen die Zapfen ein Stimulans, eine gewisse Vorerregung, um zur vollen Unterschiedsempfindlichkeit zu kommen.

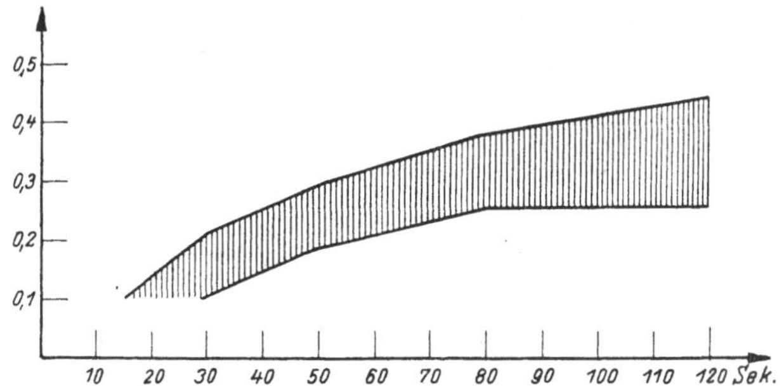

Abb. 9. Normalband von 35 Jugendlichen für das Nyktometer (i = 1/4) nach drei Minuten Helladaptation.

Fälle mit Kurvenrückschlägen, also Neigung zu rascher Lokaladaptation, wiesen bei der Prüfung nach voller Dunkeladaptation besonders schlechte Leistungen auf. Die Erscheinung weist vielleicht auch auf die von G. E. Müller und Granit (2) vertretene Meinung hin, daß eine starke Erregung des Stäbchenapparates die Zapfentätigkeit hemmen kann.

Das Nyktometer schafft schließlich die Möglichkeit, die Wirkung der direkten und der seitlichen Blendung zu studieren. Auf die speziellen Beobachtungen kommen wir unten zu sprechen.

6. Andere Methoden zur Prüfung der Dämmerungssehleistung.

In diesem Rahmen kommt nur die Darstellung von Methoden in Betracht, welche in den eigenen Arbeiten Verwendung fanden. Außer diesen sind zahllose Anordnungen, insbesondere zu subtilen Laboratoriumsstudien, ersonnen worden. Wenn große Versuchsreihen an verschiedenen Orten ausgeführt werden sollen, kann man begreiflicherweise nur sehr einfache Methoden anwenden. Eine umfassende und gleichzeitig einfache Apparatur gibt es bis heute nicht.

Sehr gebräuchlich ist das Fünf-Punkte-Adaptatometer von Birch-Hirschfeld, das bei richtigem Gebrauch Gutes leistet. Die einleitend aufgestellten Prinzipien gelten jedoch hier im besonderen Maße. Will man den sehr kleinen Reizflächen eine hinreichende Sehgröße geben, dann ist ein so kurzer Abstand Auge — Reizfläche erforderlich, daß dabei die Akkomodation störend eingreifen muß. Die Prüfung mit dem Birch-Hirschfeld-Adaptatometer ist eine der Sehschärfe bei herabgesetzter Beleuchtung.

Die Firma Frobar-Faybor-Co., Cleveland, Ohio, USA., hat ein sogenanntes Biophotometer hergestellt, das vorzüglich zur Prüfung der Readaptation (s. später) dient. So einfach die Anordnung ist, so wird doch die Akkomodation in den Untersuchungsgang mit einbezogen, auch bietet das kleine Adaptationsfeld die Möglichkeit, durch periphere Fixation eine bessere Leistung vorzutäuschen.

7. Die Verwertung von Meßergebnissen.

In neuerer Zeit wird zunehmend die Statistik zur Beurteilung von physiologischen Ergebnissen herangezogen. Die erste Voraussetzung hiefür ist die Gewinnung großer Zahlen. Es leuchtet jedoch ein, daß die größten Zahlenreihen ihren Wert verlieren, wenn die einzelne Ziffer nicht auf sorgfältigen Messungen basiert. Auch bei den eigenen Untersuchungen hat sich gezeigt, daß bei der Heranziehung zu vieler Prüflinge die Qualität der Einzeluntersuchung leidet, wenn man in der Zeit nicht unbeschränkt ist. Wir verfolgten bei den einzelnen Untersuchungen daher den Grundsatz, die große Zahl lieber bei einer kleinen Personengruppe durch möglichst häufige Wiederholung desselben Versuches zu gewinnen, als durch die einmalige Prüfung von sehr vielen Personen.

Wenn man in der Physik einen beliebig reproduzierbaren Vorgang verfolgt, ja selbst wenn man einen festen Körper mit der Schubleere mißt, treten bekanntlich Fehler auf. Deshalb wird bei Meßreihen immer der mittlere Meßfehler angegeben, wobei man zwischen dem systematischen und dem persönlichen Fehler unterscheidet. Systematische Fehler sind Änderungen, die den gemessenen Objekten aneignen, der persönliche Fehler geht auf Ungenauigkeiten der Messung selbst zurück. Der systematische Fehler ist dabei oft der eigentliche Gegenstand des Interesses, während der persönliche nur einen Störfaktor darstellt. Für die Empfindungsphysiologie gilt dasselbe, nur daß man hier den persönlichen Fehler des Prüfers sowohl wie den des Prüflings kalkulieren muß. Wir haben schon gesehen, daß die Reizschwellen als objektives Äquivalent der Empfindlichkeit selbst bei jeweils gleicher Adaptation nicht konstant sind, ja, daß die Fehler oder besser die Variabilität der Empfindlichkeit sehr hohe Werte annehmen kann. Es wird daher auf die betroffenen Größenordnungen Rücksicht zu nehmen sein. Man wird z. B. im einzelnen abwägen müssen, ob eine Abweichung, obwohl sie im Mittel großer Zahlen auftritt, als Faktum anerkannt werden darf, solange sie den mittleren Fehler der Norm nicht deutlich überschreitet. Andererseits ist bei der Einzelperson eine hochgradige Abweichung von deren eigener Norm, wenn hier nur genug Beobachtungen vorliegen, ein Faktum, an dem nicht zu rütteln ist. Fraglich bleibt dann nur, inwieweit das Faktum verallgemeinert werden darf. Ich verweise auf die Studien, die die Verbesserung des Dämmerungssehens betreffen.

Da es sich bei den Leuchtdichtenwerten und den entsprechenden Empfindungswerten um sehr große Spannen, nämlich zwischen etwa 1 sb und 10^{-10} sb handelt, hat man sie schon sehr früh im Logarithmus ausgedrückt. Während man nun die Kurven nach Best logarithmisch auftrug, hat man aber zur Gewinnung der Mittelwerte immer die Grundzahlen und deren arithmetische Mittelung herangezogen. Erst Fleisch und Posternak und später Auerswald, Bornschein und Zwieauer wiesen darauf hin, daß man zur Gewinnung von Normal- oder Mittelwerten der Einzelempfindlichkeit die geometrischen Mittel, also die Mittel der Logarithmen selbst, wählen muß. Das ist nicht nur logisch begründet, weil eine Abweichung von z. B. $2 . 10^{-10}$ sb im Bereiche der Adaptationsleuchtdichte 10^{-10} sb eine ganz andere Bedeutung hat als im Bereiche 10^{-5} sb, daher eine Plusabweichung bei der hohen Empfindlichkeit des dunkeladaptierten Auges viel höher zu bewerten ist als eine Minusabweichung gleichen Maßes. Die Mittelung der Logarithmen hat sich auch praktisch, nämlich bei der Berechnung der Leistungsverteilung auf eine unausgewählte Population im Sinne der Binomialkurve, als die angemessene Methode erwiesen.

Ich selbst habe mich bei meinen Bestimmungen noch der arithmetischen Mittelung meiner Werte bedient, allerdings immer innerhalb der einzelnen Logarithmenstufen. Nach der Bestimmung des Mittelwertes wurde die durchschnittliche Streuung nach der Formel $s = \frac{\Sigma d}{n}$ berechnet, im Gegensatz zu der meist üblichen Formel $\sigma = \sqrt{\frac{\Sigma d^2}{n-1}}$ für die mittlere Streuung. Der letztere Wert ist zwar etwas größer, doch wird deshalb die Bedeutung meiner Ergebnisse kaum in Frage gestellt werden können. Ebenso glaubte ich, auf die heute gebräuchliche Korrelationsrechnung verzichten zu dürfen. Die lebendige Materie ist nicht derart in Zahlen und Schemen zu pressen wie die tote, und letzten Endes sind auch Ziffern nur Bilder. Das Bild aber, welches uns eine Zahlenreihe oder eine Kurve liefert, sagt oft mehr als ein Korrelationsfaktor, besonders wenn er nicht nahe bei 0,9 liegt. Letzteres ist bekanntlich nur bei direkter Abhängigkeit zweier verglichener Größen der Fall und ist bei den meisten hier angeschnittenen Problemen gar nicht anzunehmen.

III. Die Adaptation.

1. Allgemeine Darstellung des Prinzips.

Adaptation bedeutet Anpassung an verschiedene Beleuchtungsstärken. Ihr dient zunächst die Pupille, die den Lichteinfall durch Mydriasis erhöht und durch Miosis vermindert. Hering (2) nennt dies die Anpassung des äußeren Auges und stellt ihr die des inneren Auges gegenüber. Diese erfolgt in doppelter Weise. Sie beruht einmal auf der Wechselwirkung der different belichteten Netzhautpartien im Sinne des Simultankontrastes und dann auf der Empfindlichkeitssteigerung oder -minderung der gesamten Netzhaut, wenn die allgemeine Beleuchtungsstärke ab- oder zunimmt. Beide Anpassungen des inneren Auges beruhen auf Änderungen des Lichtsinnes. Denn es ist Lichtsinnänderung der betreffenden Netzhautpartie, wenn die graue Nachbarschaft eines weißen Objektes schwarz und dasselbe Grau neben einem schwarzen Objekt hell, ja unter Umständen weiß erscheint. Es ist Lichtsinnänderung, welche uns das Sehen in allgemein heller und in allgemein dunkler Umgebung erlaubt. Dennoch beruhen beide Änderungen auf verschiedenen physiologischen Vorgängen.

Die Erscheinungen des Kontrastes gelten als Ausdruck der nervösen Wechselbeziehung zwischen den Sinneselementen. Je nach deren Stimmung bewirkt derselbe Reiz einmal eine Hell-, dann eine Dunkelempfindung, und diese Stimmung ist abhängig von dem Erregungszustande der Nachbarschaft. Es ist, als ob die Reizung einer Elementengruppe durch Licht (Weiß) die Bereitschaft der

Nachbarn, ebenfalls Licht zu empfinden, erhöhte. Das Ausbleiben der Lichtstrahlung wird dann allein zum Reiz, der die Empfindung Schwarz bedeutet.

Demgegenüber ist Adaptation im engeren Sinne die Bildung oder der Zerfall von Sehpurpur, allgemeiner gesagt die Schaffung der photochemischen Voraussetzungen für das Sehen. Der Sehpurpur wird im Pigmentepithel gebildet und in den Stäbchen gespeichert. Er bleicht als chemisch reversible Substanz unter Lichteinwirkung aus. Je nach der Intensität der Belichtung erhält er im Dunkeln seine Farbe rascher oder langsamer wieder. Die Änderung seines Chemismus ist der adäquate Reiz für die in der Sinneszelle endigende Nervenfaser. Ist wenig Sehpurpur vorhanden, dann wird bei dem Auftreffen eines bestimmten Strahlungsquantums in der Sinneszelle eine schwache Reizung erfolgen, ist er reichlich vorhanden, dann bewirkt das gleiche Strahlungsquantum eine stärkere Reizung. Bei übermäßiger Strahlung bleicht der Sehpurpur aus, er verliert seine Eigenschaften als Sehstoff; die Lichtempfindlichkeit sinkt oder geht ganz verloren. Dann setzt allerdings die Wirksamkeit anderer Sehstoffe ein, welche man seit langem in den Zapfen vermutet und heute nahezu gefunden hat. Die nach der Rückkehr in das Dunkel einsetzende Regeneration des Sehpurpurs bewirkt den Wiedereintritt der Stäbchenfunktion, aber wie wir sahen, nicht im Sinne einer Erregbarkeitssteigerung der Nervenendigungen. Seine Anwesenheit bedeutet nur eine Steigerung des photochemischen Umsatzes und dadurch eine stärkere Wirkung auf die Nervenendigungen.

Die Adaptation im engeren Sinne ist damit nichts anderes als eine Änderung des Chemismus der Netzhaut, so wie man die Empfindlichkeit einer photographischen Platte durch Änderung ihrer chemischen Eigenschaften erhöhen kann. Die Kontrastfunktion als Symptom der Wechselwirkung zwischen den Sinneselementen ist nach den bisherigen Vorstellungen eine Eigenheit des nervösen Apparates selbst. Wir werden später sehen, ob dem Phänomen der Wechselwirkung nicht auch eine photochemische Deutung gegeben werden kann.

Nun ist schon eingehend gezeigt worden, daß die Sehschärfe mit abnehmender Beleuchtungsstärke sinkt und daß mit Verminderung der Strahlung ein Zusammenschluß der Sinneselemente zu größeren Empfindungskreisen erfolgt. Sollte die Regeneration des Sehpurpurs die alleinige Grundlage für die Adaptation, also für die Empfindlichkeitszunahme der Sinneselemente, sein, dann könnten wir doch ein Gleichbleiben der Sehschärfe verlangen, wenn wir von der Ablösung des Zapfenapparates durch den Stäbchenapparat absehen. Obwohl die Reizvermittlung der Peripherie, unter Tageslichtbedingungen wie im Dämmerungssehen, von dem gleichen Elemententeppich besorgt wird (über die anatomische Gültigkeit der Duplizitätstheorie herrscht noch nicht volle Übereinstimmung), nimmt deren Sehschärfe doch trotz der Adaptation ab. Offenbar reicht die Steigerung der Sehpurpurkonzentration im Dunkeln nicht aus. Gewiß steigt die Lichtempfindlichkeit, aber gerade sie wird außer durch die Steigerung des Photochemismus noch durch den Zusammenschluß der Sinneselemente zu größeren Funktionsgruppen erhöht. Dies lehren die Gesetze von Piper und Ricco, worauf neuerdings A. Kühl (1) und Granit mit seinen Mitarbeitern besonders hinweisen.

Wir haben also drei Vorgänge bei der Anpassung des inneren Auges zu unterscheiden. Es ist der Auf- und Abbau der Sehstoffe, der Zusammenschluß der Sinneselemente zu größeren Empfindungskreisen und ihre Wechselwirkung im Sinne des Kontrastes. In kleineren Dimensionen ist der Abbau und Aufbau der Sehstoffe die photochemische Grundlage für die Verwandlung der Strahlung als physikalischer in chemische und weiter in physiologische Energie, in größeren Dimensionen ist er Grundlage der Adaptation. Damit kämen den Sehstoffen gewissermaßen zwei Funktionen zu. Ebenso kann sich die Kontrastfunktion als polare Wechselbeziehung der nervösen Endorgane in ihr Gegenteil verkehren, wenn die Beleuchtung sinkt. Die Nachbarn verlieren ihre Neigung zur gegensinnigen Reizbeantwortung und gewinnen die zur gleichsinnigen und gemeinschaftlichen Arbeit innerhalb größerer Empfindungskreise. Wir würden damit wieder auf die zwei Vorgänge kommen, die nach Hering der Adaptation dienen, der eine wäre ein chemischer und bedeutet Umwandlung der Sehstoffe im Sinne von Abbau und Wiederaufbau, der andere wäre ein nervöser und bedeutet Schließung und Lösung der Kontakte innerhalb der Nachbarschaft unter Verlust oder Gewinn der Kontrastfunktion.

Dieses Bild von den Adaptationsvorgängen, wie es uns das Studium der Literatur vermittelt, soll uns nun begleiten, wenn wir die praktisch-experimentelle Seite der Frage beurteilen.

Wir unterscheiden zunächst die Adaptation der gesamten Netzhaut von der lokalen Adaptation. Man hat früher beide, also auch die Adaptation der ganzen Netzhaut, als eine Art Ermüdung betrachtet, bis Boll und Kühne den Sehpurpur entdeckten. Die Empfindlichkeit der Netzhaut sollte unter dem Einflusse lang dauernder und starker Belichtung sinken; wie etwa das Ohr für starke Schallreize unempfindlich wird, wenn sie andauern. Wir haben eben gesehen, daß diese Annahme überholt ist, und zwar auch für die Lokaladaptation.

Wenn wir oben sahen, daß der Landoltsche Ring der N. W. G.-Tafel bei längerer Fixation verschwimmt oder ganz verschwindet, dann wird offenbar das Schwarz des Ringes mit der Nachbarschaft gleich hell. Die Netzhaut ist dort, wo sie weniger Licht erhielt, empfindlicher und dort, wo sie mehr Licht erhielt, weniger empfindlich geworden. Die Vermehrung des Sehstoffes im unbelichteten und seine Verminderung im belichteten

Netzhautabschnitt muß das Erkennen des L. R. allmählich verhindern. Dies wäre Lokaladaptation.

Weiter haben wir zwischen der Adaptation als Vorgang und der als Zustand zu unterscheiden. Genau genommen adaptiert das Auge unter natürlich-physiologischen Bedingungen unentwegt, wir sprechen jedoch nur dann von Adaptation, wenn wir sie durch Darbietung größerer Beleuchtungsunterschiede in Gang bringen. Wir unterscheiden zwischen Helladaptation und Dunkeladaptation, wobei wir unter der ersten die Anpassung an das Sehen unter Tageslichtbedingungen bei Vorwiegen des Zapfenapparates, unter der zweiten die Anpassung an das Sehen in der Dämmerung bei Vorwiegen des Stäbchenapparates verstehen. Der Vorgang der Helladaptation ist mit dem Wechsel der dämmerwertigen Beleuchtung zur Tagesbeleuchtung, der der Dunkeladaptation vice versa gegeben. Meist hinkt die Adaptation dem Beleuchtungswechsel nach, weil dieser momentan erfolgen kann, während die Adaptation eine gewisse Zeit erfordert. Sie kann bei langsamer Beleuchtungsänderung Schritt halten, nie aber kann sie ihr vorauseilen. Andererseits gibt es ein Sehen im Dunkeln mit helladaptiertem und ein Sehen im Hellen mit dunkeladaptiertem Auge, wenn auch immer nur vorübergehend.

2. Die Adaptationskurve.

Bisher hat in physiologischen und dem Augenarzte zugänglichen Arbeiten hauptsächlich dem Vorgang der Dunkeladaptation das Interesse gegolten. Er wird durch die Bestimmung der absoluten Reizschwelle in Zeitabständen gekennzeichnet, das Ergebnis

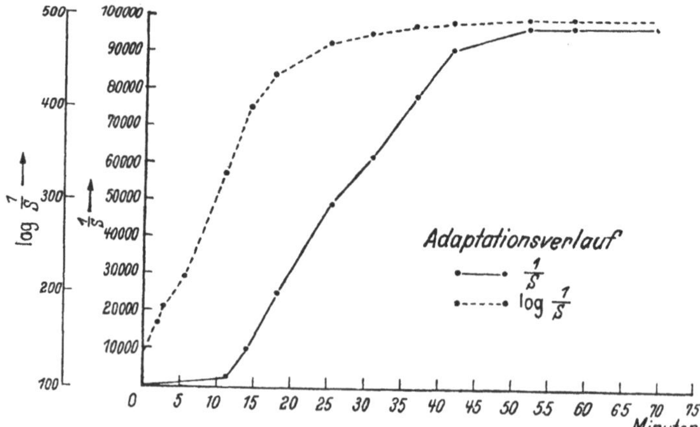

Abb. 10. Kurven des Adaptationsverlaufes. Nach Messungen von Piper. Abszisse die Zeit in Minuten. Ordinaten die Empfindlichkeit, ausgezogen in Kehrwerten der Schwellenreize, gestrichelt in log Brigg der Kehrwerte der Schwellenreize dargestellt. Es handelt sich also um zwei Darstellungsweisen des Adaptationsverlaufes (Bild und Text nach W. Trendelenburg).

in Kurvenform niedergelegt. Nachdem man das Fortschreiten der Zeit und der Reizschwellenerniedrigung anfangs linear aufgetragen hatte, ist man später zur logarithmischen Aufschreibung der Reizschwellen übergegangen (B e s t, s. Abb. 10). Die Aufschreibungsart entscheidet zwar die Kurvengestalt, gibt uns für sich allein jedoch keine Aufklärung in physiologischer Hinsicht. Da exakte Messungen an der lebenden Materie wegen der hier viel größeren Imponderabilien nie so befriedigen können und nie so konstant erzielt werden wie an der toten, sollte die Aufschreibungsmethode ausschließlich der möglichst klaren Darstellung der Tatsachen dienen. So scheint der Knick in der Adaptationskurve nach K o v a c s und K o h l r a u s c h, welcher den Übergang von der Zapfen- zur Stäbchenfunktion darstellen soll und als Ausdruck hemmender Wechselbeziehungen zwischen den beiden Apparaten gilt, bei logarithmischer Aufschreibung leicht zu verschwinden. Anscheinend fällt er mit jener starken Biegung der Kurve zusammen, die allein mathematisch bedingt ist (s. Abb. 11). Man vergesse nicht, daß das Fortschreiten auch eines völlig linearen Vorganges bei einseitig logarithmischer Aufschreibung eine parabelähnliche Kurve, nämlich eine Exponentialkurve ergibt. Ä f f n e r und P o d e s t a dürften daher sehr recht haben, wenn sie neuerlich die lineare Aufschreibung, allerdings bilogarithmisch, vorschlagen. Auch K ü h l (2, 3) zieht diese vor und trägt nicht nur die Leuchtdichten, sondern auch die Zeit- oder die Flächenwerte (Sehschärfe) logarithmisch auf (s. z. B. Abb. 11 und 40).

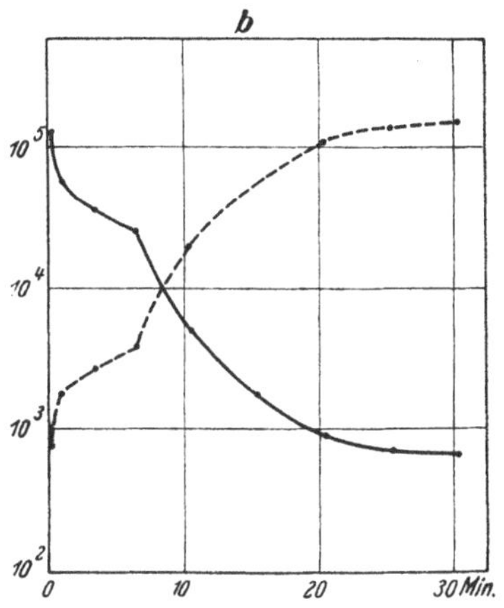

Abb. 11. Dunkeladaptationsverlauf nach K o h l r a u s c h bei Verwendung von Licht mit Dämmerwert. Beobachtung in 5° Abstand von der Fovea. Mit ausgezogener Linie sind die Logarithmen der Schwellenwerte S gezeichnet, mit gestrichelten Linien die log 1/S. Die Kurven sind spiegelbildlich gleich. Zu beachten ist der Kurvenknick in der achten Minute nach Beginn des Dunkelaufenthaltes, dem zehn Minuten Hellaufenthalt voranging. (Bild und Text nach W. T r e n d e l e n b u r g.)

Neuerdings schlagen, wie erwähnt, F l e i s c h und P o s t e r n a k sowie A u e r s w a l d, B o r n s c h e i n und Z w i e a u e r vor, die Adaptationskurven nach dem Schema von B e s t nicht nur zu zeichnen, sondern auch ihre rechnerische Auswertung durch Bearbeitung der Logarithmen anstatt der Grundzahlen vorzunehmen. Meine eigenen Kurven sind nach dem Schema von B e s t gewonnen, wobei den einzelnen Punkten nicht Empfindungswerte, sondern absolute Leuchtdichtenwerte zugrunde liegen. Allerdings sind die Mittelwerte arithmetisch gewonnen worden, wodurch, wie Auerswald und Mitarbeiter rügen, die binomiale Verteilung der Meßkollektive, also z. B. die Streuung der Werte für den Punkt „zehn Minuten nach Beginn der Dunkeladaptation", verzerrt wird. Da die Mitteilung jedoch fast immer nur Werte von einer Logarithmenstufe, also z. B. Werte zwischen $2 . 10^{-8}$ und $9 . 10^{-8}$, betraf, fallen die Abweichungen von der Wertung nach Auerswald wohl nicht sehr ins Gewicht. Man beachte das besonders bei der Beurteilung jener Ergebnisse, welche die Verbesserung der Adaptation betreffen. Denn die Verbesserung wäre nach Auerswald durch die arithmetische Auswertung sogar niedriger veranschlagt, als man sie bei logarithmischer Auswertung finden müßte.

Zu den zahlreichen Studien, die den Vorgang der Dunkeladaptation betreffen, ich erwähne nur die wichtigsten Namen der deutschen Literatur, wie Äffner, Best, van Beuningen, Dieter, Heinsius, Kohlrausch, Kyrieleis, Matthey, H. K. Müller, Nagel, Piper, Podesta, habe ich aus eigenem wenig beizutragen. Denn ich habe die Bestimmung der Adaptationskurve nur als Mittel benützt, um entweder die Sehleistung von Prüflingen zu beurteilen, also aus klinischen Gründen, oder um mir ein Bild von der Wirkung bestimmter Medikamente auf die Dunkeladaptation zu machen. Dabei hatte ich oft Gelegenheit, bei ein und derselben Versuchsperson mehrere Kurvenbestimmungen hintereinander auszuführen, und kann die Angaben von Kyrieleis (1) nur bestätigen. Unter gleichen Bedingungen verläuft die Kurve in stereotyper Weise. Allerdings spielt auch bei der einfachen Reizschwellenbestimmung mit dem E. H. A. die Übung mit hinein (s. Abb. 27).

Bei Untersuchungen des Adaptationsvorganges selbst bin ich von anderen Gesichtspunkten, und zwar von der Frage nach der Blendungsempfindlichkeit des Auges, ausgegangen. Als ich mich nämlich mit der Dauer der Adaptation zu beschäftigen und darüber zu lesen begann, drängte sich mir der Eindruck auf, als ob man zwar den Verlauf der Dunkeladaptation genau studiert habe, jedoch über den Verlust der Dunkeladaptation nach Rückkehr in helle Umgebung wenig Auskunft geben könne. Und gerade dies spielt praktisch eine große Rolle. Denn wenn man nach voller Dunkeladaptation in einen hellen Raum tritt, dann kann man hier nahezu sofort lesen, gewinnt also die volle Tagessehschärfe im Augenblick. Ist damit aber die Dunkeladaptation schon verloren gegangen? Und weiter: Welchen Einfluß hat denn die starke und blendende Belichtung auf das dunkeladaptierte Auge? Auf wie lange verliert es die Fähigkeit, Objekte zu unterscheiden? Es interessierte mich also die Erholungszeit nach Zwischenbelichtung und Blendung.

3. Blendung.

Wir wenden diesen Ausdruck am besten auf jede Folge übermäßiger Lichteinwirkung an; wobei das Wort „übermäßig" unter Umständen nur relativ, nämlich als „über den augenblicklich herrschenden Adaptationszustand hinausgehend", zu verstehen ist. Wir unterscheiden zwischen Blendungen, die durch physiologische Einrichtungen wieder behoben werden, und solchen, die eine länger dauernde oder gar nicht zur Heilung kommende Störung nach sich ziehen. Direkte Einwirkungen des Sonnenlichtes, des Lichtbogens usw. können Verbrennungen der Netzhaut, Schneeblindheit (Verbrennung 1. Grades der Bindehaut) usw. auslösen. Blendungen in diesem pathologischen Sinne gehören nicht in den Rahmen dieser Studie.

Die physiologische Blendung umfaßt alle Erscheinungen, welche die Adaptation von dem einen in den anderen Zustand begleiten. Wir unterscheiden zwischen den gefühlsmäßigen Erscheinungen und den objektiv nachweisbaren Herabsetzungen der Leistung, wie sie die Blendung zur Folge hat. Subjektive Erscheinungen, zu ihnen gehören auch Tränen, Lidkrampf u. ä., scheiden aus sinnesphysiologischen Studien aus, obwohl sie nicht ohne Bedeutung sind. Denn die objektiven Wirkungen der Blendung sind schließlich auch nur durch Vermittlung der Psyche zu erkennen, werden also von einem Subjekt beurteilt, dessen Aufmerksamkeit gerade im Dämmerungssehen so große Bedeutung hat. Das Gefühl der Blendung kann als Fehler in die sogenannten objektiven Ergebnisse eingehen.

Wir stellen nun folgende Fragen:

1. Wie groß muß der Leuchtdichtenunterschied zwischen zwei nacheinander gebotenen Adaptationsflächen sein, damit Blendung auftritt?
2. Wie lange dauert das Blendungsgefühl (subjektives Kriterium) in Abhängigkeit von dem Leuchtdichtenunterschied?
3. Wie lange dauert, wieder abhängig von dem Leuchtdichtenunterschiede, die Adaptationszeit (objektives Kriterium), und zwar von Hell nach Dunkel und von Dunkel nach Hell?
4. Besteht ein Unterschied in den Blendungsfolgen, je nachdem, ob die ganze Netzhaut oder nur ein Teil und welcher Teil von dem blendenden Lichte getroffen wird?

Auf diese Fragen kann die Antwort in einigen Hinsichten kurz gegeben werden:

1. Offenbar tritt Blendung nur beim Übergang von einer sehr hohen zu einer sehr tiefen Leuchtdichtenstufe auf und umgekehrt. Ausgehend von voller Dunkeladaptation hat B l a n c h a r d und später K ü h l bei Flächen von 4^0 mal 4^0 und 5^0 mal 5^0 die Leuchtdichte bestimmt, die zu unerträglicher Blendung führt. Der jedem

Adaptationszustand zukommende Blendungswert läßt sich in Form der sogenannten Blendungsgeraden darstellen. Der Leuchtdichtenunterschied kann bis zu sieben Dezimalen der Leuchtdichtenskala betragen, wobei sich K ü h l leider nicht darüber erklärt, was er unerträgliche Blendung nennt. Offenbar ist damit die Unfähigkeit gemeint, bei einer übermäßig hohen Leuchtdichte zu lesen, also das Aufhören der Unterschiedsempfindlichkeit (Abb. 12).

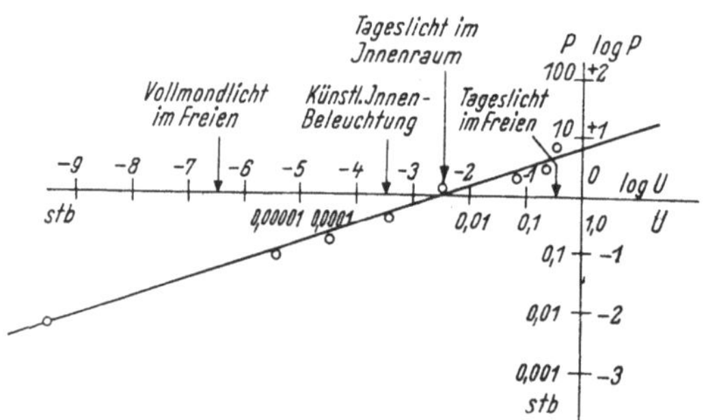

Abb. 12. Die Blendungsgerade. Auf der Oberseite der Horizontalen sind die Logarithmen der Umfeldleuchtdichte in H. K./cm² (sb) log U eingetragen, auf der Unterseite einige Werte der Leuchtdichte U selbst und als ungefähre Anhaltspunkte finden sich durch Pfeile die Orte einiger Durchschnittswerte von allgemein bekannten Umfeldleuchtdichten angezeigt. Die Vertikale gibt die Logarithmen der Feldleuchtdichte (log P) und die Feldleuchtdichte P in gleichen Einheiten an. Die schräg laufende Gerade (Blendungsgerade) erlaubt, zu jeder Umfeldbeleuchtung die Blendungsleuchtdichte eines 5°-Feldes abzulesen. Z. B. besagt ihr Schnittpunkt mit der Horizontalen, daß bei einer Umfeldleuchtdichte von 0,004 sb (Tageslicht im Innenraum) eine 5°-Fläche (Scheibe vom zehnfachen Sonnendurchmesser) mit einer Leuchtdichte von 1 sb (d. i. die Leuchtdichte einer Petroleumflamme oder eines sonnenbeschienenen Gipsschirmes) unerträglich blendet. In Vollmondbeleuchtung würde unerträgliche Blendung durch die Leuchtdichte ca. $10^{-1,2}$ sb (in dunkler Nacht durch etwa 10^{-2} sb) erzeugt. (Bild und Text nach A. K ü h l.)

2. Beim Übergang von Hell nach Dunkel ist das Blendungsgefühl von Nachbildern begleitet, die um so mehr stören, je umschriebener sie sind. Beim Übergang von Dunkel nach Hell ist das Blendungsgefühl sehr störend, wobei die optischen Sensationen weniger auffallen. Blickt man nach voller Dunkeladaptation in die Adaptationskugel des Nyktometers, also auf eine Fläche von $8 \cdot 10^{-2}$ sb, dann ist das Blendungsgefühl unerträglich. Man kann die Augen nur unter Willensanstrengung offenhalten und sieht dabei gelbe Nebel, die wie wallender Dampf im Gesichtsraum schweben. Sie erinnern an jene Wolken, die man nach voller Helladaptation und Eintritt in tiefe Dunkelheit wahrnimmt und die nichts anderes sind als das Nachbild, welches wir durch Anblicken der Adaptationsfläche erzeugt haben. Die Ursachen für die Bildung des gelben Nebels sind m. W. unbekannt. Die Dauer des

Gefühles unerträglicher Blendung, das gleichzeitig mit den gelben Nebeln verschwindet, wurde bei vier Prüflingen mit 30 bis 60 Sekunden bestimmt.

3. Die Dauer der Adaptation kennen wir von der Bestimmung der Adaptationskurve her. Man kann aus der Kurve auch ablesen, welche Zeit die Adaptation innerhalb kleiner Beleuchtungsspannen, also z. B. von der Leuchtdichte 10^{-6} sb nach 10^{-8} sb, benötigt. Lange herrschte die Meinung, daß der Adaptionszustand, wie er durch 40 Minuten langen Aufenthalt im Dunkeln erworben wird, nun ein endgültiger sei. Tatsächlich ist er es nicht. Das wird nur vorgetäuscht durch die enorme Verlangsamung der Empfindlichkeitszunahme in der Folgezeit. Den Zustand voller Dunkeladaptation gibt es genau genommen nicht. Die Adaptation geht auch nach 40, ja nach 120 Minuten weiter, was mit folgendem eigenen Versuch neuerlich bewiesen sein dürfte.

Neun Prüflinge wurden um 22 Uhr nach 40 Minuten langer Dunkeladaptation, der überdies keine Helladaptation vorausgegangen war, mit dem N. W. G. untersucht. Es fand sich eine mittlere Leistung von $9{,}0 \cdot 10^{-10}$ sb (als Schwelle für Sehschärfe 60'). Die Prüflinge gingen nun schlafen und wurden nach sieben Stunden wieder geweckt, ohne daß eine Zwischenbelichtung erfolgte. Die neuerliche N. W. G.-Leistung betrug $6{,}2 \cdot 10^{-10}$ sb. Die Adaptation hat während der Nacht also noch weiter zugenommen. Praktisch darf man trotzdem nach etwa 40 Minuten Dunkelaufenthalt von voller Dunkeladaptation sprechen.

In jüngster Zeit hat Eckel interessante Studien in dieser Hinsicht geliefert. Wie Abb. 13 zeigt, geht die Adaptation auch nach der 40. Minute weiter. Der Adaptationserfolg hängt aber sichtlich davon ab, ob entsprechend geringe Reize (Schwellenreize) immer von neuem ausgeübt werden. Dies hat schon Bronstein zeigen können. Wir werden unten sehen, daß die Schwellenerniedrigung durch intermittierende schwache Lichtreize im Photochemismus der Sinneszelle begründet ist. Die Empfindlichkeit wird durch ein immer wiederkehrendes Stimulum gesteigert. Die Eckelschen Versuche zeigten weiter, daß eine bestimmte Reihe von Empfindlichkeiten in verschiedener Geschwindigkeit durchlaufen werden kann. Die Adaptationskurve gibt uns also nicht ohne weiteres an, welche Zeit die Adaptation von der einen zur nächst höheren Empfindlichkeit benötigt. Dies hängt immer von der noch weiter vorher gegangenen Adaptation ab.

Über den Verlauf der Helladaptation ist weniger bekannt als über den der Dunkeladaptation. Wir werden später Näheres sehen. Silber hat gezeigt, daß auch die Helladaptation weniger begrenzt ist, als man bisher annahm. Selbst bei der enormen Leuchtdichte von 250 sb hat er noch die Zeichen normalen Tagessehens mit normalem Farbensehen gefunden. Neuerdings bestätigen dies Schober und Monjé mit Untersuchungen der Sehschärfe und der Tiefensehschärfe im blendenden Sonnenlichte. Daß die übermäßige Helladaptation die nachfolgende Dunkeladaptation nur soweit beeinflusse, daß die Stäbchenadaptation zwar verzögert eintrete, nach 30 Minuten Dunkelaufenthalt aber doch immer die gleiche absolute Reizschwelle, also der gleiche Zustand der Dunkeladaptation, erreicht sei, hat Kyrieleis (3) aus eigenen Versuchen geschlossen. Die Meinung dürfte nur begrenzt richtig sein, was unten näher dargestellt werden soll.

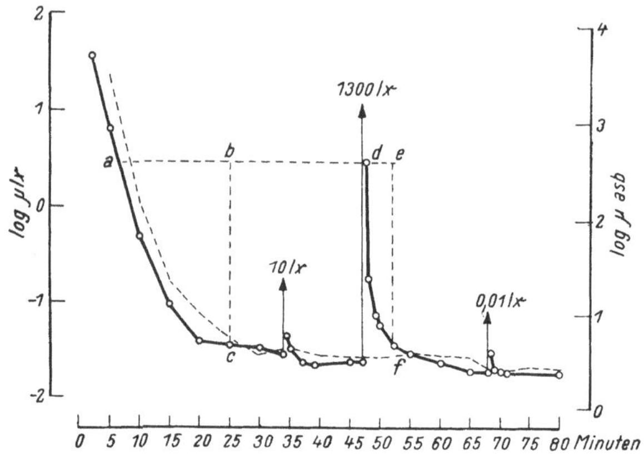

Abb. 13. Verlauf der Readaptation. Reizschwellen am E. H. G. in log µlx (Beleuchtung am Auge) auf der li Ordinate, bzw. log µasb (Leuchtdichte der E. H. G.-Reizfläche) auf der rechten Ordinate. Die strichlierte Adaptationskurve gibt einen der Vp. zukommenden Durchschnittsverlauf an. Die ausgezogene Kurve zeigt (Mittel aus zwei Einzelmessungen) den Readaptationsverlauf: mit 10 lx, 1300 lx und 0,01 lx je 5 Sek. Blendung. Nach Blendung mit 1300 lx wird die Reizschwelle von 0,45 log µlx (d) in nur 5 Min. (d — e) auf — 1,55 log µlx (f) vermindert, während zur gleichen Empfindlichkeitssteigerung (a — c) bei der Adaptation nach „totaler" Ausbleichung vor Beginn des Versuches (10 Min. 1700 lx) 18 Min. (a — b) benötigt werden. (Bild und Text nach K. Eckel.)

4. Neben Fragen nach dem Adaptationszustand der gesamten Netzhaut sind Fragen zu denken, die den Adaptationszustand einzelner Abschnitte und deren Abhängigkeit voneinander betreffen, also Fragen der Lokaladaptation im weitesten Sinne. Jedermann weiß, daß die Blendung von der Seite her eine geringere Wirkung hat als die der Netzhautmitte. Einzelheiten kommen unten zur Sprache.

Die Aufgabenstellung für eigene Versuche war durch die folgenden praktischen Gesichtspunkte gegeben:

a) Zwischenbelichtung des dunkeladaptierten Auges durch längeren Aufenthalt in einem künstlich beleuchteten Raum.

b) Wirkung der Nachblendung, wenn ein Ziel zuerst unter künstlicher Beleuchtung und dann nur im Lichte der Nacht beobachtet wird.

c) Nachblendung oder gleichzeitige Blendung bei Beobachtung eines dunklen Zieles, wobei die Lichteinwirkung von der Seite her erfolgt.

Damit sind wir von Erscheinungen der Blendung selbst zur Frage nach der Erholung von der Blendung vorgeschritten. Der Grad der Blendung und der Funktionsstörung kann nämlich durch die Herabsetzung der Lichtempfindlichkeit und der Sehschärfe dargestellt sein oder durch die Zeit, welche zur Rückkehr in den alten Zustand notwendig ist. Diese Erholungszeit gibt uns dann Auskunft über die Blendungsfolgen bestimmter Lichtstärken, sie läßt uns aber auch Einblick nehmen in den Adaptationsvorgang selbst. Die Erholung von der Zwischenbelichtung, das Wiedereintreten des ursprünglichen Zustandes der Dunkeladaptation, nenne ich Readaptation. Dieser Begriff ergibt sich von selbst aus der nun darzustellenden Versuchsanordnung.

4. Untersuchungen der Readaptation.

Sie wurden größtenteils mit drei Prüflingen im Alter von 22 bis 35 Jahren ausgeführt, welche im Dämmerungssehen geschult waren. Zwar wurden sechs weitere Personen herangezogen, doch meist nur für kleine Abschnitte des Untersuchungsganges. Die Resultate bei dem größeren Personenkreise sind daher nur teilweise verwertbar. Vielfach handelte es sich um den Vergleich von Wirkungen, die eine sehr große Zahl von Einzeluntersuchungen erforderte. Die ganze Frage scheint daher mit meinen Untersuchungen erst angeschnitten. Andererseits brachten sie so wichtige Ergebnisse, daß der endgültigen und zahlenmäßigen Sicherung mancher Befunde wohl vorgegriffen werden darf.

a) **Versuchsanordnung.** Die Dauer der Readaptation wurde in folgender Weise geprüft. Nach Dunkeladaptation durch 40 Minuten wurde mit dem N. W. G. die Schwellenleuchtdichte bestimmt, die für das Erkennen eines L. R. nötig war. Die nun um zwei Blendenstufen, also um 50 %, erhöhte Schwellenleuchtdichte wurde als Ausgangsleistung angesehen. Die Schwellenerhöhung wurde vorgenommen, um die Störungen durch Lokaladaptation auszuschalten. Die Prüflinge konnten bei der erhöhten Schwelle den L. R. mühelos und bei beliebig häufiger Wiederholung erkennen.

Nun wurde die Blendung vorgenommen, d. h. der Beobachter wurde durch Belichtung von bestimmter Dauer, Intensität und Flächengröße helladaptiert. Im folgenden wird daher der Ausdruck Blendung im Sinne der Zwischenbelichtung gebraucht, also im Sinne der physikalischen Einwirkung und nicht im Sinne ihrer physiologischen Folgen. Nach der Blendung wurde mit der Stoppuhr die Zeit bestimmt, bis der Prüfling die Lage des L. R. richtig angab. Damit wurde ihm freilich viel Konzentration zugemutet; er mußte den Zeitpunkt des Sichtbarwerdens genau abwarten. Vorzeitige und damit falsche Angaben wurden nicht gewertet, der Versuch wurde wiederholt. Wegen der starken Inanspruchnahme der Konzentration konnten die Versuche nicht allzulange fortgesetzt werden. Täglich wurde durch drei Stunden untersucht.

Im einzelnen wurden folgende Versuche ausgeführt:

I. Variation der Größe und Lage des geblendeten Netzhautbe-

zirkes unter daneben laufender Variation der Blendungszeit bei gleichbleibender Intensität des Blendlichtes.

a) Die Blendung wurde durch Beleuchtung der N. W. G.-Tafel mit einem Projektionsapparat erzielt. Mit Blenden wurde erreicht, daß ausschließlich die Tafel beleuchtet wurde und somit Streulicht nur durch das von den Wänden zurückgeworfene Licht der Tafel entstehen konnte. Die Leuchtdichte der Tafel betrug ungefähr $5 . 10^{-4}$ sb, während die Nachbarschaft der Blendfläche (Streulicht) etwa 10^{-8} sb besaß. Nur das Streulicht der weiteren Umgebung, also z. B. der Zimmerdecke war höher, überschritt aber nirgends 10^{-6} sb. Eine exakte Photometrie dieser Werte war damals leider nicht möglich, wir werden aber sehen, daß das für die entscheidenden Fragen keine Rolle spielt. Die Blendfläche (N. W. G.-Tafel) hatte eine Größe von 10^0 Sehwinkel im Quadrat. Das Licht des Projektionsapparates wurde durch eine Stromuhr ein- und ausgeschaltet, so daß die Blendungszeit auf ½ Sekunde genau festgelegt war. Vor und nach der Blendung herrschte im Raume absolute Dunkelheit, wenn man von der nun matt leuchtenden N. W. G.-Tafel absieht. Die Blendungszeiten wurden von 1 — 600 Sekunden variiert.

Nach Festlegung der Schwellenleuchtdichte mußte der Prüfling den oberen Rand der N. W. G.-Tafel fixieren, während die Blendungsbeleuchtung für die gewünschte Zeit eingeschaltet war. Unmittelbar nach Ausschalten des Lichtes, also während des Zustandes der Blendung und der praktischen Blindheit des Prüflings, erhielt der L. R. eine neue Stellung und der Prüfling hatte die neue Lage in dem Augenblicke zu nennen, da sie ihm sichtbar wurde. Damit erfolgte also die Blendung jenes Netzhautbezirkes, von dem nachher auch die Leistung aufgebracht werden sollte. Daß die blendende Fläche durch den schwarzen L. R. eine Ausnehmung erhielt, mußten wir in Kauf nehmen. Der Versuch wurde nach Notierung der Readaptationszeit wiederholt, und zwar bei Zeiten unter zehn Sekunden neunmal, bei Zeiten von 30 Sekunden und mehr viermal. Das arithmetische Mittel der gefundenen Zeiten liegt den Aufstellungen jeweils zugrunde. Blendungszeiten unter 1 Sekunde waren technisch nicht darstellbar.

Die Blendung peripherer Netzhautpartien erfolgte mit derselben Anordnung, wobei das Auge durch Fixation kleiner Rotlichter abgelenkt wurde. Die Lichter hatten 15^0 Abstand vom Mittelpunkt der N. W. G.-Tafel. Es wurde nur die Nachwirkung der seitlichen Blendung studiert, nicht ihre Wirkung bei gleichzeitiger Beobachtung.

b) Um eine größere Blendfläche auf das Auge einwirken zu lassen, wurde die N. W. G.-Tafel dicht vor eine große Adaptationswand gestellt. Dadurch war beim Einschalten der für die Adaptationswand bestimmten Lichtquellen auf der N. W. G.-Tafel die gleiche Beleuchtung wie auf der Adaptationswand selbst gegeben. Die Leuchtdichte der Adaptationswand wurde der Leuchtdichte unter Versuch a) gleichgemacht. Die Schaltung erfolgte wieder mit der Stromuhr. Durch Vorsetzen einer schwarzen Kulisse dicht vor das rechte Auge konnte aus der Adaptationsfläche ein Rechteck ausgeschnitten werden, dessen Größe das sechsfache der N. W. G.-Tafel betrug. Die Untersuchung erfolgte monocular und ihr Ergebnis wurde mit monocularen Erholungszeiten der Methode Ia und Ic verglichen. Die Blendfläche war somit ein Rechteck mit einer Höhe von 20^0 und einer Breite von 30^0.

c) Die Blendung wurde durch Betrachtung der ganzen Adaptationsfläche erzeugt, freilich wurde dann noch immer nicht die gesamte Netzhaut geblendet, da dies nur vor Kugelinnenflächen möglich ist. Eine Kugel mit einer derart schwachen Leuchtdichte stand leider nicht zur Verfügung.

II. Die Variation der Intensität des Blendlichtes bei gleichbleibender Flächengröße war nur in einem beschränkten Umfange möglich.

Als Lichtquelle stärkerer Intensität stand das Nyktometer zur Verfügung, dessen Adaptationsfläche nach Angaben von C. Zeiss ca. 1500 lux $= 5 . 10^{-2}$ sb besitzt. Das Streulicht erhöht diesen Betrag auf das etwa Dreifache. Demgemäß ergab eine eigene Messung 8 . 10^{-2} sb. Die Bestimmung der Erholungszeit erfolgte analog zu der Versuchsgruppe I. Der Prüfling blickte in die Nyktometerkugel hinein und drehte sich nach Ausschalten der Stromuhr nach rechts, um nun, durch eine Kinnstütze fixiert, die Stellung des L. R. auf der N. W. G.-Tafel abzulesen. Die Erholungszeit überschritt bei weitem die zum Platzwechsel benötigte Zeit.

III. Die Versuche unter I und II wurden zum Teil unter Schutz eines Rotglases (R. G. 1 von Schott, Jena) vorgenommen.

Der Prüfling nahm die Brille während der Erholungszeit ab, wozu er zwei Sekunden benötigte.

b) Ergebnisse. Die gefundenen Werte weisen leider empfindliche Lücken auf, hauptsächlich weil die Untersuchungen äußerst zeitraubend waren. Genaue Zahlen über eine Minute Blendungszeit hinaus können nicht angegeben werden, denn die genaue Bestimmung der Erholungszeit nach zehn Minuten langer Blendung würde bei zehn Wiederholungen für einen Prüfling viele Stunden benötigen. Nach langen Blendungszeiten wird auch die Konzentration zu sehr in Anspruch genommen. Dauert nämlich die Erholungszeit nur ein paar Sekunden, so kann der Prüfling den Zeitpunkt des Erkennens leicht abwarten, dauert die Erholungszeit dagegen viele Minuten, dann ist die Spannung während des Wartens zu groß. Die Prüflinge machen entweder zu früh eine falsche Angabe oder sie warten zu lange. Nach langen Blendungszeiten wäre die Aufnahme der Adaptationskurve zur Darstellung des Readaptationsvorganges vorzuziehen, wie dies andere Autoren auch getan haben.

1. Die Blendungswirkung verschieden großer, aber gleich heller Flächen geht aus Tab. 8 hervor. Dabei handelt es sich immer

Tab. 8. Mittelwerte der monokularen Erholungszeit (Readaptation) bei drei Prüflingen in Sekunden. Zentrale Blendung. Leuchtdichte 5 . 10^{-4} sb.

Blendungszeit (zentrale Blendung)		1''	3''	10''	60''
Erholungszeit					
a	Ko	4,3 ± 2	5,5 ± 0,5	7,4 ± 1,2	10,0 ± 2,0
	Schw	6,5 ± 1,6	5,4 ± 0,9	6,0 ± 1,0	10,0 ± 2,0
	Pe	4,0 ± 1,0	4,0 ± 0,6	9,8 ± 2,0	10,0 ± 2,5
b	Ko	6,3 ± 0,9	5,5 ± 1,0	6,5 ± 1,5	10,5 ± 1,5
	Schw	4,3 ± 0,7	6,4 ± 0,7	7,2 ± 1,0	10,0 ± 2,0
	Pe	4,6 ± 0,8	5,2 ± 1,1	10,4 ± 1,4	11,3 ± 1,8

a) Feldgröße 10^0 mal 10^0
b) Feldgröße 20^0 mal 30^0

um die Blendung jenes Netzhautabschnittes, welcher zum Erkennen der Sehprobe herangezogen wurde (zentrale Blendung). Die Versuche wurden nach Methode Ia) und Ib) vollständig ausgeführt, die nach Ic) vorzeitig abgebrochen, da sich die Zeiten schon bei den ersten Beobachtungen (Blendungszeiten 1'' — 60'') als mit denen von Ia) und Ib) identisch erwiesen. Wenn die Zahlen der

Tab. 8 auch mit Abweichungen behaftet sind, so kann man doch sagen, daß bei der Leuchtdichte von $5 \cdot 10^{-4}$ sb kein Einfluß der Flächengröße auf die Readaptationszeit besteht. Das gilt zunächst für Blendungszeiten von unter 1 Minute.

2. Die Variation der Leuchtdichte bei gleichbleibender Fläche ist leider nicht ausgeführt worden. Wenn aber, wie vermutet, die Flächengröße wirklich ohne Einfluß auf die Erholungszeit ist, dann sind die Ergebnisse des Versuches I mit denen des Versuches II vergleichbar. Die Steigerung der Leuchtdichte auf das 100- bis 200fache hat eine Verlängerung der Readaptationszeit auf das Zehnfache zur Folge. Dabei steigt die Readaptationszeit unter Zunahme der Blendungszeit bei höheren Leuchtdichten offenbar rascher an als bei geringen. Die Versuche mit hohen Leuchtdichten wurden wegen der sehr langen Readaptationszeiten nicht fortgesetzt.

3. Tab. 9 zeigt, daß der Blendungseffekt in gewissen Grenzen als eine Funktion des auftretenden Lichtquantums anzusehen ist. Denn die hundertfache Zeit bei Versuch a) bewirkt eine etwa zehnfache Erholungszeit und die hundertfache Leuchtdichte bei Versuch b)

Tab. 9. Mittelwerte der binokularen Erholungszeit (Readaptation) bei drei Prüflingen in Sekunden.

Blendungszeit (zentrale Blendung)		1''	3''	10''	30''	60''	600''
Erholungszeit							
a	Ko	3,3 ± 0,4	4,1 ± 0,6	6,1 ± 1,1	7,0 ± 0,3	10,6 ± 0,7	37
	Schw	4,3 ± 0,6	4,8 ± 0,8	5,7 ± 0,8	6,3 ± 0,9	8,8 ± 2,2	
	Pe	4,0 ± 0,7	5,2 ± 0,5	5,5 ± 1,3	7,0 ± 0,9	10,8 ± 1,8	39
b	Ko		40 ± 30!	76 ± 5			
	Schw		36 ± 6	46 ± 5			
	Pe		40 ± 19	25 ± 2			
c	Mittel der Zeiten von a	3,9	4,7	5,7	6,7	10,1	
	reine Erholungszeit	1,9	2,7	3,7	4,7	8,1	

a) Feldgröße 10^0 mal 10^0. Leuchtdichte $5 \cdot 10^{-4}$ sb.
b) Adaptationskugel. Leuchtdichte $8 \cdot 10^{-2}$ sb.
c) Reine Erholungszeit von a), nach Subtraktion der Erkennungszeit.

hatte ebenfalls eine etwa zehnfache Erholungszeit im Gefolge. Zeit und Intensität können einander in gewissen Grenzen vertreten. Mit meinen Mitteln ist das zwar nur annäherungsweise festgestellt, doch ist es, was die Readaptation betrifft, schon von Haig und Elsberg mitgeteilt worden.

4. In den bisherigen Aufstellungen sind nur die Mittelwerte, nicht die gefundenen Einzelzeiten enthalten. Verfolgt man diese Einzelzeiten bei Versuchsgruppe I genauer, dann fällt auf, daß diese auch bei vielfacher Wiederholung konstant bleiben.

Die Versuche wurden derart vorgenommen, daß sich an jeden Einzelversuch der nächste unmittelbar anschloß. Sobald der Prüfling die Lage des L. R. angegeben hatte, wurde neuerlich geblendet. Dadurch war bei längeren Blendungszeiten die Möglichkeit zur Summierung der Wirkung gegeben. Betrug z. B. die Blendungszeit 1" und die Erholungszeit 3,5", dann stand das Auge innerhalb von 45 Sekunden 10" unter dem Einfluß der Blendung und 35" lang unter dem Einfluß der Dunkelheit. Betrug die Blendungszeit jedoch 30", so stand das Auge bei einer durchschnittlichen Erholungszeit von 8" und fünfmaliger Prüfung im Zeitraume von 190 Sekunden 150" lang unter dem Einfluß der Blendung und nur 40" lang unter dem der Dunkelheit. Trotzdem blieb auch in diesem Falle die Erholungszeit konstant. Ja, selbst bei einem in den Tabellen nicht aufscheinenden Versuche mit 120" langer Blendung blieb die Erholungszeit trotz Wiederholung immer die gleiche, nämlich 35".

Dies ist wohl so zu deuten, daß die Erholungszeit nicht nur kürzer ist als die Blendungszeit, sondern daß auch bei Wiederholung und damit Summierung des Lichtquantums doch immer der ursprüngliche Adaptationszustand erreicht werden kann. Freilich gilt das vorläufig nur für die hier angewandte Leuchtdichte von $5 . 10^{-4}$ sb. Bei der hohen Intensität des Versuches II tritt eine Summierung ein, wie die folgenden Zahlen bei einem Versuche angeben: (3" Blendungszeit) Erholungszeiten 12", 20", 14", 35", 115". Zu dieser Summierung kommt es sogar, obwohl hier die Gesamtzeit der Dunkelperiode beträchtlich länger dauert als die Hellperiode.

5. Der Vergleich zwischen den Erholungszeiten in Tab. 8 und 9 zeigt Unterschiede zwischen der monokularen und der binokularen Erholungszeit. Die letztere ist ein wenig kürzer, doch liegen die Unterschiede noch im Fehlerbereich. Bei einer vorübergehend herangezogenen Versuchsperson fand sich ein auffallender Unterschied zwischen der Erholungszeit des rechten und des linken Auges. Die binokulare Erholungszeit folgte dem schlechteren linken Auge, also in einem gewissen Gegensatz zu den Erfahrungen über die binokulare Reizsummation.

6. Wir haben bisher gesehen, daß die Erholungszeit im Vergleiche zur Blendungszeit wesentlich langsamer zunimmt. Die Erholungszeiten sind daher nach kurzer Blendung relativ größer als nach langer. Dies hängt zum Teil damit zusammen, daß das Erkennen des L. R. allein — also ohne vorhergegangene Blendung — eine gewisse Zeit, nämlich zwei Sekunden, in Anspruch nimmt, und kommt bei den Versuchen mit seitlicher Blendung besonders zum Ausdruck. Die Erkennungszeit geht in die Erholungszeit mit ein. Zieht man sie von der Erholungszeit ab, dann ergeben sich die Werte der Tab. 9c. Die Zunahme der Erholungszeit ist nun gleichmäßiger, was freilich nichts an ihrer nur mäßigen Zunahme mit zunehmender Blendungszeit ändert.

Schon Kyrieleis (3) hat bei ähnlichen Versuchen gefunden, daß die Erholungszeit nach kurzer Blendungszeit relativ hoch ist und mit deren Verlängerung nur langsam zunimmt. Er führte die relativ lange Erholungszeit nach kurzer Blendung auf das physiologische Nachhinken der Pupillenreaktion gegenüber der Blendung zurück. Doch spielt sicher auch das Nachklingen der Erregung, also das Nachbild, eine große Rolle.

7. In einer kleinen Versuchsserie wurde die Leuchtdichte des Prüffeldes nicht wie sonst um 50 %, sondern um 250 % der Schwellenleuchtdichte erhöht. Die zugehörige Erholungszeit wurde nach Methode I a) bestimmt und tatsächlich kürzer gefunden.

8. Ein Vergleich zwischen den Erholungszeiten für die Sehprobengrößen 60' und 40' ergab keinen Unterschied, vorausgesetzt, daß die Schwellenleuchtdichte immer nur um 50 % der Leuchtdichte des Prüffeldes erhöht worden war. Dies erscheint wichtig, weil die Schwellenleuchtdichte für 60' tiefer liegt und damit einen höheren Grad von Dunkeladaptation fordert als die für 40'. Wahrscheinlich ist die Erholungszeit trotzdem die gleiche, weil das Auge ja in beiden Fällen den Zustand wieder erreichen muß, den es vor Eintritt der Blendung besessen hatte. Freilich liegen die beiden Schwellen so nahe aneinander, daß vielleicht schon deshalb kein Unterschied gefunden wurde. Bei Anwendung höherer Schwellen ist eine Verkürzung der Erholungszeit geradezu zu fordern, da ja der durchmessene Abstand der Adaptationsflächen kürzer wird. Die Erscheinung scheint mir zu der Anschauung beizutragen, daß bei schwachen Blendungen weniger die Ausbleichung des Sehpurpurs als das Nachklingen der Erregung die Erholungszeit bestimmt.

9. Es wurden auch Versuche mit der Frage gemacht, ob die Erholungszeit im Zustande voller Dunkeladaptation die gleiche sei wie während des Verlaufes der Dunkeladaptation; also innerhalb der 40 Minuten, in denen das Auge, von Helladaptation ausgehend, seine Dunkeladaptation allmählich durch Empfindlichkeitszunahme gewinnt. Wäre es nicht möglich, daß das Abklingen der Zapfenerregung und die Regeneration des Sehpurpurs durch Zwischenbelichtungen gestört würde, damit also auch die Readaptation während des Vorganges der Dunkeladaptation leichter gehemmt würde?

Die Versuche wurden so gemacht, daß nach vorhergegangener Helladaptation und Eintritt in die Dunkelheit alle fünf Minuten die Schwelle für den L. R. bestimmt und um 50 % erhöht wurde. Dann wurde die Erholungszeit für die Blendung 3" bestimmt.

Es zeigte sich, daß die Erholungszeiten (Mittel aus fünf Bestimmungen) mit zunehmender Dunkeladaptation nicht etwa ab-, sondern zunehmen. Das beruht allerdings auf einer Täuschung, die dadurch zustande kommt, daß die Dunkeladaptation während der Einzelversuche offenbar weitergeht, die Schwelle also sinkt, und die Empfindlichkeit steigt. Dann aber sind Bedingungen gegeben, wie sie in Punkt 7 angeführt sind. Die Aufgabe wird leichter lösbar, die Erholungszeit wird kürzer. Die Verkürzung der Erholungszeit aber muß sich im Zeitraum rascher Empfindlichkeitszunahme, also zu Beginn, stärker auswirken als später. Jedenfalls ist die Erholungszeit unabhängig vom jeweiligen Adaptationszustand, was schon aus Punkt 8 zu folgern war. Aber, wie gesagt, immer nur gültig für eine Zwischenbelichtung mit $5 \cdot 10^{-4}$ sb.

10. Bei den bisherigen Versuchen war immer jener Netzhautbereich geblendet worden, der zum Erkennen des L. R. benützt wurde. Die Prüflinge waren auch immer wieder aufgefordert worden, nicht etwa durch peripheres Fixieren ihre Aufgabe zu erleichtern. Tab. 10 zeigt nun, daß die Erholungszeit nach peripherer Blendung (Versuch I a) unabhängig von der Blendungszeit

Tab. 10. Mittelwerte der binokularen Erholungszeit (Readaptation) von drei Prüflingen in Sekunden. Ablenkung der Fixation um jeweils 15^0 vom Mittelpunkt der blendenden Fläche. Flächengröße 10^0 mal 10^0. Leuchtdichte $5 \cdot 10^{-4}$ sb.

	Blendungszeit (periphere Blendung)	1"	3"	10"	30"	60"	120"	300"	600"
	Fixation								
a	oben	2,8	2,25	2,1	2,0	4,5	6,3	15	40
a	unten	2,6	2,7	3,6	3,3	4,5			
a	rechts	2,5	2,8	3,4	4,1	6,3			
b	oben				4,0	3,5	3,8	5	

a) Freier Blick, also Einwirkung von Streulicht.
b) Abschirmung von Streulicht durch Kulissen.

wird, obwohl der Abstand des geblendeten Netzhautbezirkes von der Mitte sehr gering ist (15^0). Was wir hier an Erholungzeit finden, ist, wie erwähnt, gar keine Erholungszeit, sondern nur die Zeit, die der Blickwechsel und das Erkennen des L. R. erfordert. Bei seitlicher Blendung tritt also eine Nachwirkung nicht ein, zumindestens nicht bei der verwendeten Leuchtdichte von $5 \cdot 10^{-4}$ sb. Nur wenn die Blendungszeit 120" überschreitet, scheint eine Erholung auch nach peripherer Blendung notwendig zu sein, doch ist das durch das Streulicht bedingt. Schaltet man das Streulicht durch Kulissen aus, dann bleibt die „Erholungszeit" unverändert, wie Tab. 10 b) zeigt.

11. Die Beobachtungen lassen erkennen, daß die Blendwirkung, wenigstens im Rahmen meiner Versuche, vorwiegend auf das erzeugte Nachbild zurückgeht. Entwirft man das Nachbild in jenem Netzhautbereich, welcher nachher zum Erkennen der L. R. benützt wird, dann ist die Erholungszeit sozusagen gleich der positiven Nachbildphase. Wird das Nachbild in der Peripherie entworfen, dann übt es auf das Erkennen des L. R. gar keine Wirkung aus.

Diese Annahme wird durch folgende Beobachtung besonders gefördert: Bei Versuchen mit einer Blendungszeit 60" (Versuch Ia) war bei einigen Prüflingen aufgefallen, daß die Erholungszeit stark variierte. Einmal betrug sie nur 2", dann wieder 15". Es stellte sich heraus, daß es der Prüfling gelernt hatte, die Sehprobe in der Latenzzeit des Nachbildes zu erkennen. Unmittelbar nach der Blendung also war für ganz kurze Zeit die Möglichkeit zum richtigen Erkennen gegeben, die dann durch das hell aufscheinende Nachbild unterbrochen wurde. Die Erholungszeiten wurden konstant, sobald ich die Prüflinge veranlaßte, die Latenzzeit nicht auszunützen, sondern das Auge zunächst zu schließen. Ein Teil der vorhergehenden und fehlerhaften Versuche wurde dann noch einmal angestellt.

12. Aus Tab. 11 ist die Wirkung roter Blendschutzgläser zu entnehmen. Die Gläser sind bei den niedrigen Leuchtdichten unter Ia voll wirksam, bei der ca. 100fachen Leuchtdichte des Versuches II nur relativ.

Tab. 11. Mittelwerte der binokularen Erholungszeit (Readaptation) von drei Prüflingen, in Sekunden. Schutz durch Rotbrillen (RG 1 Schott, Jena).

Blendungszeit (zentrale Blendung)	3"	30"	60"	120"	300"
Erholungszeit a		3,7	4,5	3,7	3,3
b	3,8	8,3			

Blendungszeit (zentrale Blendung)	1/2"	1"	3"	10"	30"	60"
Erholungszeit c	3,6 ± 0,7	3,6 ± 2,1	6,4 ± 2,7	8,8 ± 5,3	11,2 ± 6,2	12,2 ± 9,6

a) Flächengröße 10^0 mal 10^0. Leuchtdichte $5 \cdot 10^{-4}$ sb.
b) Adaptationskugel. Leuchtdichte $8 \cdot 10^{-2}$ sb.
c) Mittelwerte und mittlere Fehler der Erholungszeiten (Readaptation) von neun Personen. Flächengröße 10^0 mal 10^0. Leuchtdichte $5 \cdot 10^{-4}$ sb (ohne Schutz durch Rotbrillen).

13. Wie der mittlere Fehler der Werte angibt, ist die Bestimmung der Erholungszeit nach schwachen Blendungen nicht genau möglich. Die Angaben sind höchstens auf eine Sekunde genau. Damit muß erklärt werden, warum die Erholungszeit manchmal nach einer kurzen Blendungszeit (30") größer ist als nach längerer Blendungszeit. An verschiedenen Tagen wurden auch verschiedene Ergebnisse gefunden, was wieder auf die wechselnde Aufmerksamkeit zurückgeht. Vielleicht entwickelt sich auch das Nachbild bei ein und demselben Prüfling nicht immer konstant rasch und kräftig. Dafür spricht vor allem, daß die Erholungszeiten nach starker Blendung ($8 \cdot 10^{-2}$ sb) oft sehr stark schwanken.

14. Leider verfüge ich nur über eine einzige Versuchsreihe von neun Personen, die Hinweise auf die individuellen Verschieden-

heiten in der Erholungszeit gibt. Die Mittel der Werte sind in Tab. 11 (c) zusammengestellt und zeigen ein starkes Ansteigen der mittleren Abweichung als Zeichen für große individuelle Unterschiede. Da, wie bekannt, die Menschen für Nachbilder sehr verschieden empfänglich sind, darf uns das nicht wundern, ganz abgesehen von den individuell verschiedenen Adaptationskurven.

Abb. 14. Die Readaptation am Nyktometer (i = 1/4) nach einer Helladaptation von 5", 15", 1' und 3'.

Ich habe die Readaptation später in einem anderen Zusammenhang, allerdings nach Blendung am Nyktometer durch drei Minuten, also nach viel stärkerer Helladaptation, geprüft. Dabei fand sich, daß die einzelnen Personen die Reizschwelle von 10^{-8} sb bei 10^0 Durchmesser einer kreisrunden Prüfscheibe, je nach der individuellen Leistung, zwischen der fünften und achten Minute erreichten. Die Werte der Readaptationszeit differierten also um über 50 %. Im übrigen geben uns die Befunde der üblichen Nyktometeruntersuchung Aufschluß über die individuellen Unterschiede in dieser Hinsicht. Da die Readaptationszeit mit Intensivierung der Zwischenbelichtung zunimmt, bleibt dennoch die Frage offen, ob man aus der Readaptationszeit nach starker Zwischenbelichtung auch auf eine entsprechende Empfindlichkeit nach schwacher schließen darf.

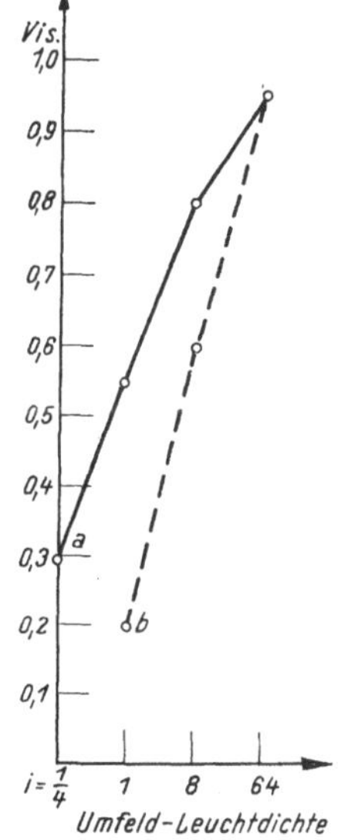

Abb. 15. Sehschärfe bei den Beleuchtungsstufen 64, 8, 1 und 1/4 (Nyktometer) ohne (a) und mit (b) seitlicher Blendung.

Soweit ich nach Selbstbeobachtungen urteilen kann — ich bin myop (— 6,0 D. Vis. L. R. 6/6) und am Nyktometer stark blendungsempfindlich — sind Schlüsse von dem Nyktometerergebnis auf die Blendungsempfindlichkeit im Bereiche des Versuches Ia erlaubt. Ja, es scheint, daß die individuellen Abweichungen, welche z. B. in Versuch Ia für 10" Blendungszeit etwa 5", also 50 % betragen. Mit Zunahme der Blendungszeitintensität prozentuell gleich bleiben. Sie betragen z. B. für die oben genannte Beziehung (Nyktometerblendung und Readaptationszeit für Schwelle 10^{-8} sb) vier Minuten, also wieder 50 %.

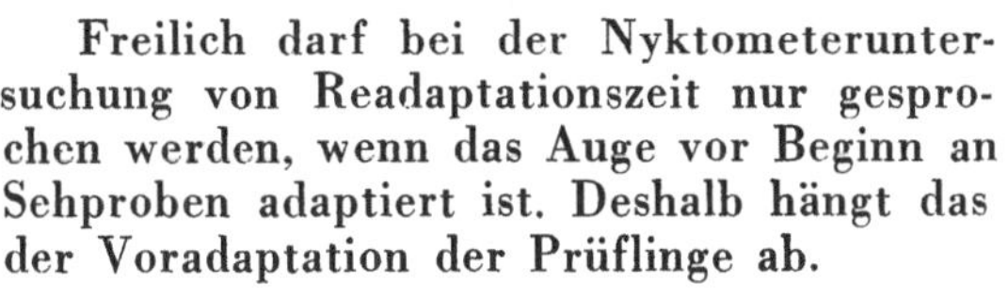

Freilich darf bei der Nyktometeruntersuchung von Readaptationszeit nur gesprochen werden, wenn das Auge vor Beginn an die Leuchtdichte der Sehproben adaptiert ist. Deshalb hängt das Ergebnis so sehr von der Voradaptation der Prüflinge ab.

15. Über den Einfluß der Blendung während der Beobachtung eines Zieles wurden nur Untersuchungen mit dem Nyktometer vorgenommen, das ja eine entsprechende Einrichtung besitzt. In Abb. 15 ist das Mittel von 30 Personen angegeben, welches die Sehschärfe a) ohne Einwirkung von seitlicher Blendung und b) mit dieser Einwirkung erreicht. Der Winkelabstand zwischen Blendlicht und Sehprobe betrug ca. 15^0. Die Leuchtdichte des Blendlichtes betrug ca. 10^{-3} sb, seine Fläche $0{,}5^0$ mal 3^0. Ganz wesentlich hängt die Sehschärfe von dem Winkelabstand zwischen Sehprobe und Blendlicht ab. Die einzelnen Zeichen einer Ziffernreihe werden mit zunehmenden Seitenabstand vom Blendlicht deutlicher. Schon ein Winkelunterschied von 5^0 verbessert die Sehschärfe um 0,1 bis 0,2 ($i = 8$). Da, wie wir gesehen haben, die seitliche Blendung keine Nachwirkung hinterläßt, stört sie offenbar nur im Sinne des Streulichtes.

c) Schlußfolgerungen. Lohmann (1) hat 1907 die Frage untersucht, wie rasch nach erfolgter Dunkeladaptation die Helladaptation wieder eintritt und welche Zeit zur Wiedererwerbung des ursprünglichen Adaptationszustandes benötigt wird. Das Kriterium hiefür war die Lichtempfindlichkeit der Netzhaut. Lohmann gab der Helladaptationsfläche eine Beleuchtung von 1,5 bis 75 lux und dürfte damit eine Leuchtdichte von $5 \cdot 10^{-4}$ sb bis $2{,}5 \cdot 10^{-3}$ sb erreicht haben. Die Werte entsprechen grob jenen meines Versuches I. Lohmann fand, daß die Lichtempfindlichkeit, wie sie nach 45 Minuten Dunkeladaptation erworben wird, durch Helladaptation von 70" Dauer auf $^1/_{10}$, also um eine Dezimale der Leuchtdichtenskala, zurückging. Die Readaptationszeit prüfte Lohmann, indem er unter Darbietung verschieden heller Flächen jene suchte, welche nach 30" langer Readaptation eben der absoluten Reizschwelle entsprach. Die Verlängerung der Blendungszeit von einer auf zehn Minuten ließ die Readaptationszeit von 30" auf 90" ansteigen. Die Readaptationszeit nimmt also mit der Blendungszeit zu, aber in geringerer Progression.

Ähnliche Versuche stammen von Kyrieleis (2) und von van Beuningen, die nach Zwischenbelichtung eine Adaptationskurve aufnahmen. Die Ergebnisse sind in Tab. 12 zusammengestellt. Da die Autoren von verschiedenen Gesichtspunkten ausgingen und unter verschiedenen Bedingungen untersuchten, kann man keine volle Übereinstimmung der Zahlen verlangen; die Zusammenstellung soll nur einen Überblick geben. Daß Kyrieleis und van Beuningen längere Erholungszeiten erhielten, hängt vielleicht damit zusammen, daß sie, im Gegensatz zu Lohmann und mir, den Wiedereintritt der absoluten Schwelle als Kriterium festlegten. Nach weiteren Ergebnissen von Allen, Dallenbach und Elsberg (1) dürfen wir sagen: Zwischenbelichtung setzt die Lichtempfindlichkeit und das Auflösungsvermögen der Netzhaut herab, welche beide nach einer bestimmten Readaptationszeit wieder erworben werden. Die Zeit ist abhängig von dem einwirkenden Lichtquantum. Wird dieses Quantum = Leuchtdichte mal Zeit gesetzt, wobei wir vorläufig von der Flächengröße absehen, dann ist dessen Wirkung konstant. Lichtintensität und Zeit können einander vertreten. Wie weit das geht, hat Haig gezeigt, der die konstante Wirkung des Produktes bis auf sehr hohe Intensitäten bei ganz kurzen Zeiten verfolgte. Haig betont aber, daß der Einfluß der Zwischenbelichtung und der Zeit auf die Adaptationskurve nur dann beurteilt werden dürfe, wenn nach der Zwischenbelichtung immer der gleiche Helladaptationszustand herrsche. Offenbar ist auch bei seinen Versuchen eine gewisse Summierung nach der Anwendung hoher Lichtintensitäten aufgefallen (s. unten).

Tab. 12. Die Readaptationszeiten verschiedener Untersucher.

Blendungszeit		30''	1'	3'	6'	10'	15'
		Erholungszeit					
a (2,5 . 10^{-3} sb)	C_2		30''			90''	
	C_4		70''			210''	
b (5 . 10^{-3} sb)		2—4'			10'		
c (10^{-2} sb)				11'			18'

a) Nach Lohmann. C_2 und C_4 sind verschiedene Schwellen, die zu verschiedenen Zeiten erreicht wurden.
b) Nach van Beuningen.
c) Nach Kyrieleis.

Der Einfluß der Größe der Adaptationsfläche auf die Readaptationszeit ist schon von Hecht (2) untersucht worden. Offenbar spielt die Größe des Adaptationsfeldes keine Rolle, solange das Kriterium der Wirkung die Empfindlichkeit des geblendeten Bezirkes selbst ist. Der geblendete Bezirk kann eine Seitenlänge von 10^0 oder von 60^0 haben, immer dauert die Readaptationszeit in ihm gleich lange. Das wird indirekt schon dadurch wahrscheinlich, daß die Blendung jener Bezirke, welche außerhalb der geprüften Netzhautpartie liegen, ohne Einfluß ist. Die Blendwirkung ist offenbar eine rein lokale, wenigstens bei der genau studierten Lichtintensität von 5 . 10^{-4} sb.

Es wäre wichtig, dies auch für größere Intensitäten nachzuweisen. Man darf nur nicht vergessen, daß auch bei Ausschaltung jeden Streulichtes von außen doch innerhalb des Auges Streulicht entsteht, welches bei starken Intensitäten, also auch bei längeren Blendungszeiten, die Nachbarschaft beeinflussen muß. G. E. Müller (zit. nach Kohlrausch) hat seinerzeit angenommen, daß der Zapfen- und der Stäbchenapparat in der Beziehung gegenseitiger Hemmung stünden, eine Meinung, die heute besonders Granit (4, 5) und

Crozier vertreten (s. auch Fröhlich). Dies dürfte die weitere Annahme nach sich gezogen haben, daß der Adaptationszustand der einen Netzhautpartie Einfluß auf den der anderen nehmen könne. Im Sinne der Kontrastfunktion ist das ja nicht zu bestreiten. Die Belichtung eines Netzhautabschnittes ruft Dunkelempfindung in der Nachbarschaft hervor, erhöht also die Lichtempfindlichkeit, wie dies schon Hummelsheim dargetan hat. Die Adaptation im Sinne der Sehpurpurregeneration ist jedoch, wie wir sahen, ein streng lokaler Vorgang.

Die Wirkung der Zwischenbelichtung geht, solange es sich um kurze Einwirkungen handelt, weniger auf die Bleichung des Sehpurpurs als auf ein Nachklingen der Erregung (Nachbildwirkung) zurück. Nur so kann es erklärt werden, daß nach häufiger Wiederholung des Versuches, wobei in einem größeren Zeitraum die

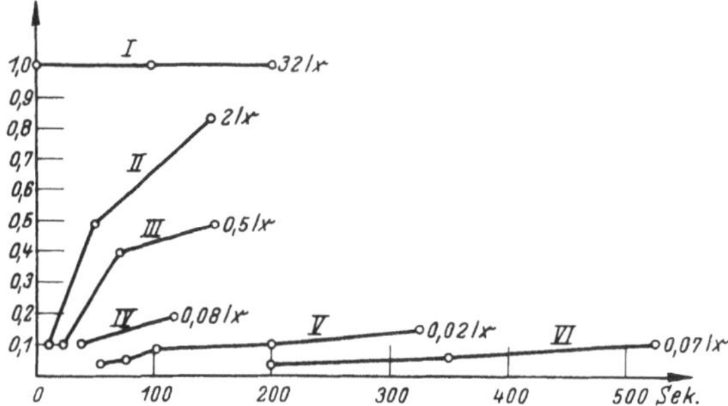

Abb. 16. Der Sehschärfenanstieg bei herabgesetzter Beleuchtung des Prüffeldes nach Helladaptation, bei 3200 lux (ca. 10^{-1} sb) durch 5 Minuten.

I i = 32 lx = 10^{-3} sb		IV i = 0, 08 lx = 2,5 . 10^{-5}
II i = 2 lx = 6,2 . 10^{-5} sb		V i = 0, 02 lx = 6,2 . 10^{-6} sb
III i = 0,5 lx = 1,6 . 10^{-5} sb		VI i = 0,007 lx = 1,6 . 10^{-7} sb

(Nach Werten von W. Comberg.)

Summe der Belichtungszeiten die der Dunkelzeiten weit übersteigt, doch immer die gleiche Readaptationszeit resultiert. Würde der Zustand der Adaptation selbst, also der Sehpurpur, wesentlich in Mitleidenschaft gezogen, dann müßte gerade das Gegenteil eintreten; die Wiederholung des Versuches müßte allmählich zur Verzögerung der Readaptation führen. Bei stärkeren Lichtintensitäten ist das tatsächlich der Fall; sie führen eben zur Ausbleichung des Sehpurpurs. Das geschieht nur viel langsamer, als man bisher gerne angenommen hat. Heute dürfen wir sagen: Je höher die einwirkende Lichtintensität, um so stärker ihre Wirkung auf den Adaptationszustand selbst, je geringer die Lichtintensität, um so mehr tritt die Sehpurpurbleichung hinter der Wirkung des Nachbildes zurück. Van Beuningen spricht von zwei Faktoren der Sehpurpurbleichung, wobei der eine rasch die volle Wirkung erreiche, aber ebenso rasch umkehrbar sei, während der zweite eine längere Zwischenbelichtung, also größere Blendungsintensität verlange, dafür aber eine nachhaltigere Wirkung und eine längere

Readaptationszeit hinterlasse. Damit ist im Grunde dasselbe ausgesprochen. Ich möchte den einen Faktor Erregungsverzug, also Nachbild, und nur den zweiten Sehpurpurbleichung nennen.

Die Adaptationszeit ist abhängig von den zur Helladaptation verwendeten Lichtstärken, wie schon aus Combergs Darstellung hervorgeht. Bei Adaptation von 10^{-1} sb nach 10^{-3} sb ist die Adaptationszeit gar nicht meßbar, während sie von 10^{-1} sb nach $6{,}4 \cdot 10^{-5}$ sb schon 120 Sekunden in Anspruch nimmt (s. Abb. 16 und 17). Es wäre lohnend, ähnliche Versuche auch einmal bei höheren, besonders aber bei schwächeren Lichtintensitäten, also im Bereiche reinen Stäbchensehens, auszuführen. Die Adaptationskurve gibt uns nur Anhaltspunkte (s. S. 51 und Abb. 13).

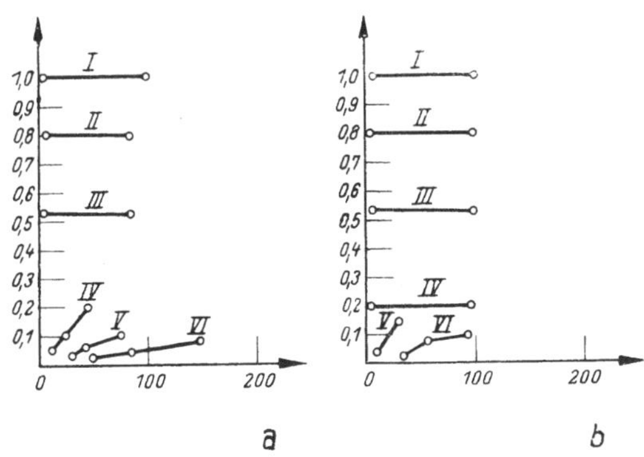

Abb. 17. Der Sehschärfenanstieg bei herabgesetzter Beleuchtung des Prüffeldes nach Helladaptation

a) Bei 35 lx = $1{,}1 \cdot 10^{-3}$ sb.
b) Bei 3,5 lx = $1{,}1 \cdot 10^{-4}$ sb.

Prüffeldbeleuchtung I bis VI wie in Abb. 14. (Nach Werten von W. Comberg.)

Während die vorübergehende Belichtung weniger den Zustand der Dunkeladaptation beeinflußt, sondern nur eine längere Erregung herbeiführt, nach deren Abklingen erst ein neuer Reiz wirksam werden kann, ist die Blendung der Sinneselemente, die beim Dämmerungssehen nicht herangezogen werden (seitliche Blendung), so gut wie unwirksam. Die Nachwirkung seitlicher Blendung ist um so geringer, je weiter peripher das geblendete Gebiet liegt, weil hier das Streulicht viel schwächer ist. Darauf hat Silber (2) hingewiesen, dessen Versuchsanordnungen und Ergebnisse den meinen analog sind.

Freilich muß der geringe, ja fast fehlende Einfluß seitlicher Blendung auf die nachfolgende Dämmerungssehleistung streng unterschieden werden von dem Einflusse bei gleichzeitiger Beobachtung. Dieser ist erheblich. Stiles und Crawford (3) haben bewiesen, daß diese Art Blendung vornehmlich auf Schlieren und Lichthofwirkung, also wieder auf das Streulicht, zurückgeht. Die Autoren konnten sogar die gleiche Wirkung finden, wenn das Bild des blendenden Lichtes auf den blinden Fleck der Netzhaut fiel. Dazu passen gut die Beobachtungen von Depène, der die Abhängigkeit der Störung von der Größe der blendenden Fläche und von dem Einfallswinkel untersuchte. Die Sehschärfe nahm mit Vergrößerung des Winkels zu und mit Vergrößerung der Fläche ab. Extrem peripher einfallende und nicht zu starke Lichter können die zentrale Sehschärfe sogar verbessern (Hummelsheim).

Wenn das Kriterium des Adaptationszustandes nicht die herrschende Lichtempfindlichkeit, sondern das Auflösungsvermögen der Netzhaut ist, dann erhalten die Begriffe Hell- und Dunkeladaptation eine etwas veränderte Bedeutung. Denn das optimale Auflösungsvermögen des vorher dunkeladaptierten Auges ist nach dem Wechsel auf eine tageswertige Leuchtdichte von etwa $5 . 10^{-4}$ sb zwar nicht sofort, aber doch nach unmeßbar wenigen Sekunden vorhanden. Die Fähigkeit, bei der neuen Leuchtdichte zu lesen, tritt sofort ein, ohne daß damit schon die Dunkeladaptation verloren gegangen wäre. Nennt man die rasche Erwerbung der Sehschärfe in einem höheren Leuchtdichtenbereich ebenfalls Helladaptation, dann ist diese doch streng von jener zu trennen, welche Verlust der Dunkeladaptation bedeutet. Gerade weil die Helladaptation in dem ersten Sinne so wenig Zeit in Anspruch nimmt, hat man bisher auch die zweite, nämlich den Verlust der Dunkeladaptation, für einen raschen Vorgang gehalten. Das ist er offenbar nicht, worauf seinerzeit schon Nagel (1) hingewiesen hat.

Alle aus der Literatur bekannten Ergebnisse weisen im Vereine mit den meinen neuerlich darauf hin, welche Bedeutung die Vorbelichtung auf alle Stadien des Adaptationsverlaufes haben muß. Die Helladaptation, wie wir sie künstlich herbeiführen, kann die Wirkung vorhergegangener Belichtungen nur dann kompensieren, wenn sie genügend lange und mit genügender Intensität vorgenommen wird. So berichtet Kühl (4), daß die Reizschwellen seiner Prüflinge im Winter niedriger waren als im Sommer, auch wenn bei den Versuchen jedesmal eine Stunde lang dunkeladaptiert wurde (s. auch Hecht [1]). Die Adaptation findet eben überhaupt kein Ende. Ich verweise auf die Beobachtungen von Silber (1). Derman hat nach übermäßiger Sonnenblendung eine beträchtliche vorübergehende Nachtblindheit beobachtet.

Damit aber erscheint die Beobachtung von Kyrieleis (3), die schon von Hecht (3), Kikkawa, H. K. Müller und Winsor gemacht worden ist, in einem neuen Lichte. Es handelt sich um die Rechtsverschiebung des Kohlrauschschen Knickes nach stärkerer Zwischenbelichtung, während nach 30 Minuten langer Dunkeladaptation trotzdem immer die gleiche absolute Reizschwelle nachzuweisen sei. Auch die Zwischenbelichtung von zehn oder fünfzehn Minuten hebt die Wirkung der vorhergegangenen Dunkeladaptation offenbar nicht völlig auf. Freilich würde das noch zu beweisen sein durch ein genaues Studium betreffend den Verlauf der Helladaptation. P o d e s t a s Ergebnisse bezüglich der Wirkung von Zwischenbelichtungen unterscheiden sich von den angeführten vornehmlich durch die andere Schreibweise der Kurven.

Die praktischen Konsequenzen sind zunächst, daß geringe Zwischenbelichtungen, wie z. B. der kurze Aufenthalt in einem künstlich erleuchteten Raum, das Aufleuchten von Autoscheinwerfern auf der Straße, das vorübergehende Benützen einer Taschenlampe im Dunkelraum, nur einen schwachen und wenig nachhaltigen Einfluß auf die Dunkeladaptation nimmt. Um so größer ist der Einfluß starker und lange anhaltender Zwischenbelichtungen. Wir erkennen, daß der adaptativen Vorgeschichte eines Prüflings vor der Aufnahme einer Adaptationskurve größte Bedeutung zukommt.

Anhaltende Helladaptation oder anhaltende Dunkeladaptation haben einen viel länger dauernden Einfluß, als man bisher angenommen hat. Der Grad von Dunkeladaptation, wie wir ihn in der langen Winternacht erwerben, kommt im Sommer gar nicht zustande. Allein daher rührt die Empfindlichkeit jedes Menschen im Lichte des ersten Sonnentages nach wochenlangem Nebel im Winter. Daher rühren alle anderen Erscheinungen, wie sie oben angeführt wurden. Daher ist es aber auch unzulänglich, wenn der Aufnahme einer Dunkeladaptationskurve eine Helladaptation von nur zehn Minuten vorausgeschickt wird; womöglich mit Leuchtdichten, die schwächer sind als die, bei welcher sich der Prüfling vorher stundenlang aufgehalten hatte. Jeder Prüfung im dunkeladaptierten Zustand muß mindestens eine Dunkeladaptation von 40 Minuten und dann eine Helladaptation von 10 Minuten Dauer und vor einer standardisierten Leuchtfläche vorausgehen. Dann kann man die Adaptationskurve aufnehmen oder in weiteren 40 Minuten den Zustand der sogenannten vollen Dunkeladaptation abwarten.

Vielleicht dauert die Helladaptation im Sinne des völligen Verlustes der Dunkeladaptation gleich lange wie die Dunkeladaptation selbst. Dies müßte man schon wegen der Umkehrbarkeit der photochemischen Prozesse annehmen. Es würden jedoch Versuche über sehr lange Zeiträume erforderlich sein, um diesen Nachweis zu erbringen. Denn man müßte in einem fortlaufenden Untersuchungsgang die Dauer der Zwischenbelichtung suchen, nach welcher die Readaptation ebensolange dauert wie die erste Adaptation. H. K. M ü l l e r sah seinerzeit die Vorbelichtung (Helladaptation) durch zehn Minuten als genügende Standardisierung an. Dies darf man aber erst anerkennen, wenn in einer Sitzung mehrere Male die standardisierte Helladaptation ausgeführt und die Dunkeladaptationskurve bestimmt worden ist. Erst wenn nach fünf Wiederholungen die Kurven völlig kongruieren, dürfte man annehmen, daß die Helladaptation immer zum gleichen Ausgangspunkt zurückgeführt hat. Die Versuche von K y r i e l e i s (3) erscheinen in diesem Zusammenhang als noch nicht hinreichend.

IV. Untersuchungen über die individuelle Verschiedenheit der Dämmerungssehleistung.

Die modernen Geräte zur Prüfung des Dämmerungssehens basieren auf der Annahme, daß man mit der Sehschärfe im Dunkeln etwas anderes prüfe als den Lichtsinn allein; das aber geschehe bei der einfachen Reizschwellenbestimmung. Inwieweit diese Annahme richtig war, werden die folgenden Untersuchungen zeigen.

Die erste Aufgabe schien es mir, die Leistungen einer Personenreihe mit verschiedenen Geräten zu prüfen. Es sollte damit das Gerät gefunden werden, welches über die Eignung zur Nachtbeobachtung, also für den Gebrauch des Auges im Stäbchenbereiche, die beste Auskunft gibt. Die Ergebnisse dieser Vergleichungen veranlaßten dann die weiteren Studien. Sie betrafen das Ausmaß der individuellen Unterschiede im Dämmerungssehen und die Ursachen dieser Unterschiede.

1. Versuchsanordnung.

Die erste Serie von Prüfungen wurde schon 1942 vorgenommen. Bei 160 Personen gleichen Alters (20 bis 30 Jahre) wurde folgendes geprüft.

1. Untersuchung der Sehschärfe mit der gewöhnlichen Sehprobentafel.
2. Untersuchung mit dem N. W. G.
3. Prüfung der Reizschwelle in voller Dunkeladaptation mit dem E. H. A.
4. Prüfung der Schwellenleuchtdichte für die Sehschärfe 16'.
5. Prüfung der Sehschärfe am Nyktometer ($i = {}^1/_4$) in Dunkeladaptation.
6. Untersuchung mit dem Nyktometer.

Zwanzig Prüflinge wurden täglich untersucht. Es wurde mit Prüfung 1 begonnen, dann kamen die Prüflinge in den Dunkelraum, wo sie 30 Minuten adaptierten. Es folgte die Untersuchung mit beiden L. R.-Größen am N. W. G., schließlich die Bestimmung der absoluten Reizschwelle, getrennt davon die Schwellenleuchtdichte für einen Pflügerschen Haken mit der Balkenbreite 16' und zum Schluß die Prüfung 5. Das Nyktometer wurde erst zu diesem Zeitpunkt in Betrieb gesetzt und war rot abgedeckt; es konnte keine Störung der Dunkeladaptation entstehen. Die Prüfung 6 wurde ganz unabhängig von diesem Untersuchungsgang am Nachmittage vorgenommen.

Der Untersuchungsgang im Dunkelzimmer erforderte drei Stunden, in welcher Zeit die Dunkeladaptation nie unterbrochen wurde. Wenn die Adaptation auch zunächst nicht egalisiert sein mochte — ich habe ihre Bedeutung erst später im vollen Umfang erkannt — so war sie in der zweiten Stunde des Untersuchungsganges wohl praktisch ausgeglichen, zumal die Prüflinge dasselbe Leben führten und die gleiche adaptative Vorgeschichte hatten. Ich führte alle Prüfungen persönlich aus und wußte im Einzelfalle weder, welchen Prüfling ich vor mir hatte, weil ich ihn nicht sah, noch kannte ich die Ergebnisse vorher, da sie ein Gehilfe außerhalb des Raumes notiert hatte.

Die angeführten Untersuchungen haben Anlaß zu den Beobachtungen gegeben, die schon bei der Darstellung der Methodik zur Sprache gekommen sind. Hier interessieren nur mehr die scheinbaren Widersprüche, die die Befunde ein und desselben Menschen an verschiedenen Geräten ergeben haben.

Daß die Tagessehschärfe kein Anhaltspunkt für das Sehen in der Dämmerung ist, ist selbstverständlich. Ihre Prüfung ist auch nur zur Erkennung von Refraktionsfehlern und deren Korrektur nötig. Unter den Prüflingen fanden sich Einäugige und einseitig Amblyope, die jedoch am N. W. G. gut abschnitten. Es wurde schon erwähnt, daß dies mit dem Gesetz von der binokularen Reizsummation zwar schwer vereinbar ist, mit deren Geringfügigkeit gegenüber den sehr großen individuellen Unterschieden aber doch erklärt werden kann. Die Ergebnisse mit den einzelnen Geräten sind seinerzeit mit denen von allen anderen in Beziehung gesetzt worden. Die Schlußfolgerungen daraus sind aber heute z. T. überholt, so daß ich nur jene anführen will, deren Diskrepanz besonders auffiel. Mag die Versuchsanordnung auch mangelhaft gewesen sein, schon der unmittelbare Eindruck während und nach den Untersuchungen war derartig, daß ich an dem Wesen der Ergebnisse nicht zweifle.

2. Die Sehleistung zu Beginn und am Ende der Dunkeladaptation.

(Vergleich zwischen Nyktometer und N. W. G.)

Braun hatte seinerzeit das Nyktometer als Prüfmethode für die Adaptation überhaupt propagiert. Er meinte, daß man sich damit die langwierige Aufnahme der Reizschwellenkurve mit dem E. H. A. ersparen könne. Diese Ansicht gab den Anlaß zu dem Vergleich der Leistungen am Nyktometer und am N. W. G. bei ein und derselben Versuchsperson. Tab. 13 zeigt, daß die Leistungen an beiden Geräten unabhängig voneinander streuen. Gewiß ist eine Tendenz nach der gleichen Richtung unverkennbar, aber im Einzelfalle sind Schlüsse von dem Ergebnis mit dem einen Gerät auf das mit dem anderen unstatthaft.

Ähnlich wie Nowak es für seine Untersuchungen tat, wurden für das Nyktometer Leistungsgruppen aufgestellt, wobei die Durchschnittsleistung (0,3 bis 0,35 bei $i = 1/4 = 3 . 10^{-6}$ sb = Mondlicht) als genügend bezeichnet wurde. Der Vergleich betrifft den Adaptationserfolg nach zwei Minuten und den nach über 60 Minuten Dunkeladaptation. Die fett umrandeten Quadrate der Tab. 13 enthalten die Fälle, bei denen die Leistungshöhe an beiden Geräten die gleiche ist, die Quadrate links von der Diagonale bedeuten Fälle mit relativ guter Anfangs- und schlechter Endadaptation, die Quadrate rechts Fälle von schlechter Anfangs- und guter Endadaptation. Die Tab. 13 läßt überdies die Streuung der Leistung an beiden Geräten erkennen, wobei folgende Zahlen hervor-

Tab. 13. Der Vergleich der Leistung von 129 Personen am Nyktometer (Sehschärfe bei i = $^1/_4$ = $3 . 10^{-6}$ sb, nach zwei Minuten Adaptation, Abszisse) und am Nowak-Wetthauer-Gerät (Schwellenleuchtdichte in 10^{-10} sb für die Sehschärfe 40', 60 Minuten Dunkeladaptation, Ordinate).

		sehr gut	gut		genügend		nicht genügend					
		0,5	0,45	0,4	0,35	0,3	0,25	0,2	0,15	0,1	0	Summe
sehr gut	6,7			1		3						4
gut	8,2					1						1
	9,9	1		1	4	1	3	1			1	12
	12			4	3	7	5	2				21
genügend	15			3	5	11	7	3				29
	19	1	1		3	10	1	6				22
	23	1		1	2	3	7	1				15
nicht genügend	28				2	3	3	1	1	1		11
	35				2	1	2	1				6
	43					1		1				2
	53					2		1				3
	65											
	80					1		1	1			3
	Summe	3	1	10	21	44	28	18	2	1	1	129

gehoben seien. Die Schwelle für die Sehschärfe 40' kann von $6{,}7 \cdot 10^{-10}$ sb bis $8 \cdot 10^{-9}$ sb schwanken (also um den über zehnfachen Wert). Die Sehschärfe bei $i = {}^{1}/_{4} = 3 \cdot 10^{-6}$ sb schwankt von 0,2 bis 0,5, also um das 2,5fache, wenn man von extremen und wohl pathologischen Fällen absieht. Man beachte dabei, daß Zahlenverhältnisse zwischen Leuchtdichten und solche zwischen Sehschärfen nicht vergleichbar sind. Man kann also nicht sagen, die Differenzen seien im Bereiche des Nyktometers geringer als in dem des N. W. G.

3. Die absolute Reizschwelle und die Schwelle für geringe Sehschärfen in Dunkeladaptation.

(Vergleich zwischen E. H. A. und N. W. G.)

Um die Leuchtdichten am E. H. A. und die am N. W. G. gleichsetzen zu dürfen, war eine Umrechnung im Sinne des Piperschen Gesetzes nötig. Denn die Untersuchungen mit dem E. H. A. wurden damals im 1 m Abstand vorgenommen, wodurch die Reizfläche einen Durchmesser von $5{,}7^{0}$ erhielt. Das N. W. G. aber hat eine Seitenlänge von 10^{0}. Die subjektive Helligkeit von E. H. A. und N. W. G. war also nach Piper nur in dem Verhältnis 5,7 : 10 vergleichbar. In Tab. 14 ist die Korrektur vorgenommen. Trotz dieser Korrektur erschien die N. W. G.-Tafel bei gleicher Leuchtdichte noch immer heller als die Scheibe des E. H. A. Man kann daraus entnehmen, daß nicht, wie Graham (2) und Löhle (1) annahmen, die Gültigkeit des Piperschen Satzes bei einem Durchmesser von 7^{0} aufhöre, sondern daß die einfache Umrechnung nach dem Durchmesser — nicht wie bei Ricco nach der Fläche — bis zu 10^{0} nicht einmal genügt. Der Faktor hätte statt 0,57 etwa 0,4 betragen müssen. Das würde auch ziemlich genau dem Größenverhältnis von Quadrat und Kreis bei gleicher Seitenlänge entsprechen. Nach Ricco würde der Faktor 0,24 betragen haben, was aber wieder zu niedrig gewesen wäre.

Für unseren Vergleich spielt eine derartige Genauigkeit freilich keine Rolle. Denn uns interessieren ja nur die krassen Gegensätze; die aber kann man nicht mit Fehlern in der Prüfungsanordnung abtun. Die absolute Reizschwelle scheint unabhängig von den Leistungen am N. W. G. zu schwanken. Es besteht wieder nur ein ganz loser Zusammenhang, eine nur angedeutete Parallelität zwischen beiden Qualitäten. So finden wir in der ersten Kolonne von Tab. 14 einen Fall mit Reizschwelle $8 \cdot 10^{-11}$ sb, während er für die Sehschärfe 40' die Leuchtdichte $2{,}3 \cdot 10^{-9}$ sb benötigte. In Kolonne 4 zeigt ein Fall die Reizschwelle $2 \cdot 10^{-10}$ sb und nur $6{,}7 \cdot 10^{-10}$ sb als Schwelle für die Sehschärfe 40'. Der Sprung von der absoluten Reizschwelle bis zur Schwelle für Sehschärfe 40' beträgt also in dem einen Fall 1 : 29 und in dem anderen nur 1 : 3,3.

Daß übrigens meine Messungen nicht allzu grobe Fehler enthalten können, ergibt ein Vergleich mit denen von Matthey. Die Autorin fand die absolute Reizschwelle in Volladaptation mit $6{,}3 \cdot 10^{-11}$ sb. Da ich unter dem Winkel $5{,}7^{0}$, Matthey unter dem von 10^{0} untersuchte, ist wieder der Faktor 0,57 einzusetzen, was für meinen Wert von $1{,}4 \cdot 10^{-10}$ sb den Neuen von $8 \cdot 10^{-11}$ sb ergibt, also nahezu den gleichen wie den von Matthey. Ich

Tab. 14. Der Vergleich der Leistungen von 156 Personen am Adaptometer von Engelking-Hartung (absolute Reizschwelle, Abszisse) und am Nowak-Wetthauer-Gerät (Schwelle für Sehschärfe 40', Ordinate), beides nach über 60 Minuten Dunkeladaptation. Schwellen in 10^{-10} sb.

		I	II	III		IV					
		0,8	1,2	1,7	2,0	2,5	2,7	3,0	3,8	4,7	
I	6,7		2		2						4
	8,2			1							1
II	9,9		5	1	2	3	1				12
	12	1	6	4	6	3	1		1		22
	15	6	14	4	5	5	4				38
III	19	2	4	7	3	7	4	1			28
	23	1	2	3	2	4	5			2	19
	28		1	3	4	4	4				16
	35		1	2		2		1			6
IV	43			1		1	1				3
	53		1	2		1					4
	65					1					1
	80							1		1	2
		10	36	28	24	31	20	3	1	3	156

habe später wiederholt Schwellenbestimmungen mit dem E. H. A. — unter laufender photometrischer Kontrolle — vorgenommen. Dabei bewegte sich die absolute Reizschwelle in voller Dunkeladaptation immer um 10^{-10} sb. Bei einer Unterschiedsschwelle von ca. 30 % müssen wir von vornherein eine Streuung von $\pm$ 0,3 . 10^{-10} sb annehmen; diesen Fehler macht die einzelne Person bei wiederholter Prüfung.

4. Die Sehschärfe bei verschiedenen Umfeldleuchtdichten in Dunkeladaptation.

(Vergleich zwischen Sehproben mit dem E. H. A. und dem N. W. G.)

Die Sehschärfeprüfung mit Hilfe des E. H. A. war eine provisorische. Es wurde ein auf Cellophan aufgeklebter Pflügerscher Haken vor die Prüfscheibe gehalten und die Schwellenleuchtdichte bestimmt, bei welcher in gleichmäßigem Abstand richtige Angaben möglich waren. Wegen der Schwierigkeit, die Prüfungsentfernung zu fixieren, sind dabei Fehler aufgetreten, die die Ergebnisse zweifelhaft machen. Ein Vergleich nach dem angewandten Schema ergab wieder eine unabhängige Streuung der Schwellen an dem einen Gerät und an dem anderen. So erreichte von sieben Personen, welche am N. W. G. die Sehschärfe 40' bei 10^{-9} sb erreicht hatten, der beste schon bei 2 . 10^{-9} sb die Sehschärfe 16', der schlechteste erst bei 6 . 10^{-9} sb. Die Ergebnisse sind aber, wie gesagt, nicht fehlerlos.

5. Die Bewertung der Prüfungsergebnisse in praktischer Hinsicht.

Die Ergebnisse stammen, wie erwähnt, von eigens angestellten Untersuchungen und dienten nicht etwa der Auswahl der Prüfungsteilnehmer für bestimmte Dienste. Man kann jedoch aus Tab. 13 und 14 entnehmen, wie die Ergebnisse der E. H. A.-, der N. W. G.- und der Nyktometeruntersuchung zu beurteilen sind. Die angeführte Gliederung von „Sehr gut“ bis „Ungenügend“ entspricht den Bewertungen, wie wir sie bei Massenuntersuchungen von vielen hundert Personen vorgenommen haben. Bei diesen herrschte ein großes Angebot von normal oder gar übernormal guten Nachtsehern, so daß nur zu beantworten war, ob der in einem Untersuchungsgang, etwa mit dem N. W. G., gefundene „übernormal gute Nachtseher“ es auch in jeder Hinsicht sein mußte. Von derartig praktischen Überlegungen ausgehend, sind die vergleichenden Untersuchungen vorgenommen worden. Die Folgerung aus ihnen, nämlich das Prinzip, nach welchem heute eine Reihe von z. B. hundert Männern hinsichtlich ihrer Dämmerungssehleistung geprüft werden soll, möge erst zum Schluß behandelt werden.

6. Allgemeine Schlußfolgerungen auf die Sehschärfen-Leuchtdichten-Beziehung.

Die hier erwähnten Untersuchungen sind nicht die einzigen gewesen, die ich in dieser Hinsicht ausgeführt habe. Soweit Untersuchungen mit besonderer Aufgabenstellung angestellt wurden, kommen sie unten zur Sprache. Bei den Vergleichen war die praktisch wichtigste Frage immer die nach dem zur Auswahl bestgeeigneten Gerät. Solange keine anderen zur Verfügung standen, mußte die Antwort leider lauten, daß kein Gerät alle Ansprüche befriedige und daß nicht einmal die Untersuchung mit dem N. W. G. und dem Nyktometer zusammen genüge. Wir werden auf die derzeit verläßlichste Methode für die Beurteilung von Lichtsinn und Sehschärfe in der Dämmerung am Schlusse eingehen.

Bei sehr großen Versuchsreihen, die von anderer Seite ausgeführt worden sind, erwies sich das N. W. G. nicht als verläßliches Gerät zur Auswahl guter Nachtbeobachter. Eckel ist deshalb später sogar zu der Auffassung gelangt, daß die Adaptationskurve, mit dem E. H. A. geprüft, immer noch die beste Übereinstimmung mit der praktischen Leistung in der Nachtbeobachtung ergebe. Man muß die Kurven nur richtig lesen und nicht den Wert der Endschwelle allein zu Rate ziehen. Viel entscheidender sind die mittleren Werte und der Zeitpunkt, mit dem sie erreicht werden. Nach meiner eigenen Erfahrung haben sich die Auswahlmethoden bewährt, wenn man sie nur gewissenhaft und unter allen Kautelen ausübte. Dazu ist aber nur der Arzt mit entsprechenden Vorkenntnissen befähigt.

Wie erwähnt, wäre der Vergleich des Nyktoskopes mit den anderen Geräten wegen seiner anderen Lichtfarbe besonders interessant gewesen. Ich habe Vergleiche zwischen der Auswahl mit dem N. W. G. und mit dem Nyktoskop mehrfach ausgeführt und dabei keine Diskrepanzen gefunden, die über die eben besprochenen hinausgegangen wären. Das Nyktoskop hat sich bei der Auswahl nicht weniger bewährt als die anderen Geräte. Die theoretischen Bedenken wegen der Lichtfarbe haben sich praktisch nicht bestätigt.

Mit den ersten Vergleichungen war zunächst bewiesen, daß wir mit den Geräten tatsächlich Verschiedenes untersuchen und daß Schlüsse von den Ergebnissen mit dem einen Gerät auf solche mit dem anderen nicht erlaubt sind. Was aber ist die Ursache dieser Diskrepanzen? Ist es denn falsch, was eingangs über die Prüfung von Lichtsinn und Ortsinn gesagt worden ist? Sind die absolute und die relative Reizschwelle im Gegensatz zur Auffassung Kühls (2), ja eigentlich schon Auberts, Symptome für verschiedene Qualitäten, so daß die erstere niedrig, die letztere aber so hoch liegen kann, daß das Lesen von Sehproben erst bei einer hohen Leuchtdichte möglich wird?

Die Diskrepanzen zwischen den Nyktometer- und den N. W. G.-Befunden sind einfach zu erklären. Der Anfangsteil und der Endteil der Adaptationskurve haben einen individuell charakteristischen Verlauf und der eine gibt keine Auskunft über den anderen. Es scheint damit bewiesen zu sein, daß es, wie Matthey glaubt, vier verschiedene Adaptationstypen gibt, nämlich:

1. Gute Anfangsadaptation und niedrige Endschwelle.
2. Gute Anfangsadaptation und hohe Endschwelle.
3. Schlechte Anfangsadaptation und hohe Endschwelle.
4. Schlechte Anfangsadaptation und niedrige Endschwelle.

Die Einteilung folgt allein aus der Duplizitätstheorie und scheint nun auch für die Sehschärfe ihre Bestätigung zu finden.

Schon v. Tschermak (1) unterscheidet zwischen zwei Adaptationstypen, von denen der eine langsam, aber ausgiebig, der andere rasch, aber weniger ausgiebig adaptiere.

Für das verschieden gute Fortschreiten von der absoluten Reizschwelle in Dunkeladaptation zur Schwelle für geringe und dann für höhere Sehschärfen mußte eine andere Annahme gemacht werden. Man hatte seit Bloom und Garten vielfach nach der genauen Beziehung zwischen der Umfeldleuchtdichte und der Sehschärfe gesucht. Sinkt die Umfeldleuchtdichte, dann nimmt der Sehwinkel des Prüfzeichens zu, die Sehschärfe also ab. Die Beziehung wird in der sogenannten Sehschärfen-Leuchtdichten-Kurve

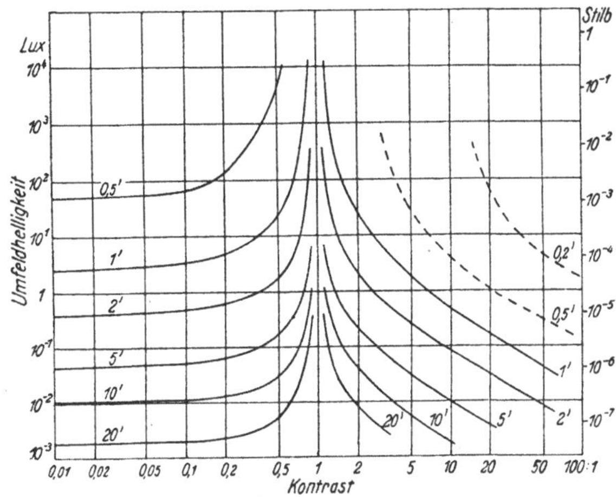

Abb. 18. Sichtbarkeitsgrenzen für kreisförmige Objekte in Abhängigkeit vom Kontrast (physikal.), Umfeldleuchtdichte und Sehwinkel. K = 0,5 bedeutet die Leuchtdichte des Objektes, ist die Hälfte der Umfeldleuchtdichte, K = 2 bedeutet die Leuchtdichte des Objektes, ist das Doppelte der Umfeldleuchtdichte. K = 1 bedeutet gleiche Leuchtdichte von Objekt und Umfeld und damit Unsichtbarkeit, die sich in der asymptotischen Annäherung der Kurven an die mittlere Ordinate ausdrückt. Bei gleichbleibender Objektgröße und zunehmendem Kontrast sinkt die Schwellenleuchtdichte, und zwar rascher, wenn das Objekt heller ist als das Umfeld (rechte Hälfte des Diagramms). (Abb. nach Siedentopf.)

ausgedrückt. Kühl (2) und Siedentopf (1, 2) mit seinen Mitarbeitern haben solche Kurven an Einzelpersonen durch genaueste Messungen bestimmt. Sie fanden einen parabolischen Verlauf der Kurve, ähnlich der Adaptationskurve, und zwar nicht nur für absolute physikalische Kontraste (Infeld lichtlos = schwarz), sondern auch für schwächere (Infeld weniger leuchtdicht als Umfeld, aber nicht lichtlos, also grau). Dabei zeigt Siedentopfs Kurve (s. Abb. 18 und Tab. 15) eine völlige Parallelität für die einzelnen Kontraste. Die Kurve für den schwächeren Kontrast verläuft entsprechend höher. Das allein spricht dafür, daß die absolute und die relative Reizschwelle auf der gleichen physiologischen Funktion basieren. Kühl hat überdies gezeigt, daß die Parabelform der Kurve, ähnlich wie die der Adaptationskurve, in eine Gerade gestreckt wird, wenn man nicht nur die Leuchtdichtenwerte, sondern auch die Sehschärfe logarithmisch aufträgt. Nach Kühl ist die Adaptation, ebenso wie das Absinken der Sehschärfe, mit abnehmender Beleuchtung ein linearer Vorgang; wir werden darauf noch näher eingehen. Jedenfalls ist nach Kühl nicht einzusehen, warum die Leistung in irgendeinem Bereiche des Stäbchensehens nicht bestimmend sein sollte für alle anderen.

Tab. 15. Sehschärfe für Landoltsche Ringe bei verschiedenen physikalischen Kontrasten und sinkender Umfeldleuchtdichte. K = 0 bedeutet lichtloses Objekt, K = 0,9 bedeutet Objektleuchtdichte 90 % der Umfeldleuchtdichte. Nach Siedentopf.

Physikalischer Kontrast L. R. dunkler als Grund (Umfeld)	K = 0	K = 0,4	K = 0,8	K = 0,9
Umfeldleuchtdichte	Sehschärfe			
$3 \cdot 10^{-1}$ sb	2,48	2,27	1,82	1,05
$3 \cdot 10^{-2}$ sb	2,27	2,06	1,62	0,90
$3 \cdot 10^{-3}$ sb	1,87	1,63	1,15	0,64
$3 \cdot 10^{-4}$ sb	1,36	1,12	0,72	0,41
$3 \cdot 10^{-5}$ sb	0,84	0,65	0,39	0,20
$3 \cdot 10^{-6}$ sb	0,36	0,24	0,12	0,03
$3 \cdot 10^{-7}$ sb	0,12			

Meine Vermutungen gingen nun dahin, daß die parabolischen Kurven Siedentopfs immer nur individuell gelten sollten, und daß bei verschiedenen Personen das Absinken der Sehschärfe mit abnehmender Beleuchtung genau so individuell sei wie die Adaptationskurve. Damit wäre mit der Leistung in dem einen Abschnitt eben nichts Näheres über den in einem anderen ausgesagt; im Gegensatz zu Kühl. Betrachten wir die Sehschärfen-Leuchtdichtenbeziehung als Gerade, dann wären diese Geraden im üblichen Ordinatenschema bei den einzelnen Individuen nicht nur verschieden hoch gelegen, jedoch parallel, wie Kühl meint, sondern sie hätten auch verschiedene Neigung. Mit ansteigender Umfeldhelligkeit stiege die Sehschärfe der einzelnen Individuen verschieden rasch an (s. auch Abb. 42). Es mußte somit meine nächste Aufgabe sein, bei genügend zahlreichen Individuen Sehschärfenkurven zu bestimmen.

Wer die Schwierigkeiten bei der Untersuchung des Dämmerungssehens erfaßt hat, wird ermessen, welche Zeit und Gründlichkeit zur Aufnahme solcher Kurven notwendig ist. Kühl und Siedentopf haben bei Einzelpersonen durch Monate und Jahre täglich untersucht. Es ist klar, daß mir, fern von den Einrichtungen eines physikalischen oder physiologischen Instituts, derart genaue

Prüfungen nicht möglich waren. Vor allem fehlten mir damals noch die Photometer, die man bei derartigen Prüfungen laufend benötigt. Ich mußte mich mit dem Gerät von Wetthauer (Modell I) begnügen, welches der N. W. G.-Tafel Leuchtdichten bis 10^{-7} sb vermittelt, und mit dem Nyktometer. Hier aber störten der Akkomodationsfaktor und die vom N. W. G. verschiedenen Sehproben (Ziffern statt L. R.). Dazu kam der Wechsel von dem einen auf das andere Gerät, vor allem aber die große Lücke zwischen den Leuchtdichtenbereichen der beiden. Gerade die häufigste Leuchtdichte des Nachthimmels, nämlich die zwischen 10^{-6} sb und 10^{-7} sb wird von keinem der beiden Geräte dargestellt; hier aber findet sich die stärkste Änderung der Sehschärfe mit laufendem Leuchtdichtenabfall.

Die von 30 Personen aufgenommene Mittelwertkurve (Abb. 24) — die Untersuchung erforderte für zwei Prüflinge je einen Tag! — hat mit ihrem unschönen Sprung im gerade wichtigsten Kurvenanteil nur informativen Wert. Immerhin bestätigt sie meine Vermutung und zeigt, daß die größten individuellen Unterschiede der Sehschärfe im Bereiche zwischen 10^{-6} sb und 10^{-7} sb liegen; es ist der Bereich des Zwielichtes, in dem die Zapfen von den Stäbchen abgelöst werden. Daß hier die individuellen Unterschiede am größten sind, weiß man in praktischer Hinsicht lange. So klagen Seeleute über das Sehen im Zwielicht am allermeisten, wenn sie älter und damit schwach nachtblind werden.

Im übrigen laufen die Sehschärfen-Leuchtdichtenkurven vielfach über Kreuz und bestätigen damit neuerdings die Annahme Mattheys von den vier Leistungsgruppen hinsichtlich der Dunkeladaptation. Der scharfe Knick der Mittelwertkurve findet sich bei den 30 Einzelkurven nur selten so ausgeprägt. Dies ließe daran denken, daß nicht nur die nicht hinreichende Versuchsordnung, sondern eine systematische Ursache ihn bewirkt. Der Knick liegt genau an der Stelle, wo das Zapfensehen in das Dämmerungssehen übergeht und wo sich die individuellen Kurven zu überschneiden pflegen (s. Abb. 24 und 25). Falls die Verteilung der Leistungsqualität nach der Duplizitätstheorie zutrifft, würde der Knick den Übergang vom Zapfen- zum Stäbchensehen andeuten.

Wie sollen wir uns aber nun die große Verschiedenheit in der Dämmerungssehleistung von Menschen erklären, deren Sehschärfe und Refraktion bei Tage normal ist? Da wäre eben an die Unterschiedlichkeit in der Leistung der Zapfen und der Stäbchen zu denken. Bei gleicher Refraktion (Emmetropie bis Hypermetropie von 1,0 D.) kommen schon im Tagesbereich Unterschiede der Sehschärfe von $^6/_7$ bis $^6/_4$ (0,75 bis 1,5) vor. Viel größer sind die Sehschärfenunterschiede in der Dämmerung auch nicht, sie wirken sich hier nur praktisch stärker aus. Freilich sollte sich später zeigen, daß die großen individuellen Unterschiede der Dämmerungssehschärfe nicht nur im verschiedenen Auflösungsvermögen der Netzhaut, sondern in einem eigentümlichen Wandel begründet sind, den die Refraktion im Wechsel vom Tageslicht zur Dämmerung erfährt.

V. Die Bilderzeugung unter den Bedingungen der Dämmerung.

Daß die scharfe physikalisch-optische Konturierung der Netzhautbilder für die Sehleistung in der Dämmerung ebensoviel bedeuten muß wie im Tagessehen, ist naheliegend. Wir müssen daher die Verhältnisse im äußeren Auge, wie z. B. die Pupille, die Akkomodation und Refraktion in der Dämmerung, genau so studieren, wie man das für die Bedingungen des Tages schon seit vielen Jahrzehnten tut. Die Studien seien mit der Frage eingeleitet, welche Wirkung die Trübung der physikalischen Konturen für sich allein auf die Sehleistung hat. Nehmen wir die Refraktion, das soll heißen die Gesamtheit der optischen Bedingungen für das Tages- und für das Dämmerungsauge, ähnlich der starren Mechanik eines photographischen Gerätes, als unveränderlich an, dann bleibt die Güte der Abbildung für jede Beleuchtungsstärke die gleiche. Sinkt nun mit abnehmender Beleuchtungsstärke die Sehschärfe, dann kann der Grund nur in der Verschlechterung des Auflösungsvermögens und nicht in einer Änderung der Refraktion gelegen sein. An dieser Verminderung aber hat das Absinken der Kontrastempfindlichkeiten von 1 % bis 30 % besonderen Anteil. Ein und derselbe physikalische Kontrast zwischen Infeld und Umfeld bewirkt im Dunkelauge einen schwächeren physiologischen Kontrast als im Hellauge. Demnach müßte eine Verbesserung der Bildschärfe für das Dunkelauge von größerer Wirkung sein als für das Hellauge. Das Gegenteil ist merkwürdiger Weise der Fall.

1. Zur Abhängigkeit der Sehschärfe von der Bildschärfe im Hellauge und im Dunkelauge.

Es ist nicht leicht, die Bildschärfe im Auge meßbar zu ändern. Ungeeignet hiefür ist zunächst die Änderung der sogenannten Sicht.

Die Sicht, wie sie im Freien mit dem Feuchtigkeits- und Staubgehalt der Luft wechselt und ferne Ziele im Nebel sogar unsichtbar machen kann, kommt durch Luftspiegelung zustande. Die einzelnen Nebeltröpfchen legen sich in ihrer Summe wie ein weißer Vorhang oder wie ein vor das Ziel gestellter und von der Seite homogen bestrahlter Spiegel in den Weg. Ihre verschleiernde Wirkung besteht darin, daß sie den dunklen wie den hellen Anteilen des fernen Bildes die gleiche Lichtmenge hinzufügen. Das Bild wird also im optischen Sinne nicht unscharf, es werden nur die Kontraste zwischen seinen verschieden hellen Teilen gemildert, bis die prozentuelle Leuchtdichtendifferenz, und das ist der physikalische Kontrast, verschwindet. Damit aber hört auch die Kontrastempfindlichkeit zu wirken auf. Würden wir z. B. einen L. R. betrachten, dann würde dessen Bildschärfe mit zunehmender Verschlechterung der Sicht, also mit zunehmender Luftspiegelung, konstant bleiben; es ändert sich nur der Leuchtdichtenunterschied zwischen ihm und der Nachbarschaft (In- und Umfeld) so lange, bis er ganz verschwindet. Der ganze Vorgang des allmählichen Verschwindens des physikalischen Kontrastes könnte ebenso erzielt werden, wenn wir die schwarze oder graue Farbe des Ringes allmählich dem Weiß der Umgebung annäherten.

Anders liegen die Verhältnisse, wenn man feine Gitter vor das Auge setzt. Denn dadurch wird die Pupille in kleine Unterabschnitte zerlegt, von denen jeder einzelne einen anderen Teil aus dem optischen Querschnitt herausgreift. Dazu kommt, daß sich an den zahlreichen Lochrändern nun die Beugung bemerkbar macht und zu einer Lichtstreuung im Sinne der chromatischen Aberration Anlaß gibt. Wir ändern also mit solchen Gittern tatsächlich die Größe der Zerstreuungskreise auf der Netzhaut.

Die ideale Methode, eine Bildunschärfe herbeizuführen, wäre natürlich die Änderung der Refraktion. Bei der Refraktion — 1,0 sph. z. B. hat die Bildgüte einen feststehenden und bei den Augen der einzelnen Individuen wohl ziemlich gleichbleibenden Wert. Die meßbare Änderung der Bildgüte in diesem Sinne ist nur möglich bei völlig einwandfreier Lähmung der Akkomodation. Das aber kann man wieder nur mit Atropin erreichen und kommt bei Erwachsenen wegen der anhaltenden Wirkung nicht in Frage. Ich konnte diese Methode also nicht anwenden.

Die zweite besprochene Möglichkeit kam in Betracht. Es handelte sich um einfache Strichgitter, die auf eine Glasscheibe photographisch aufgetragen waren. Ein lichtundurchlässiger, also schwarzer Strich wechselte regelmäßig mit einem durchsichtigen („weißen") ab. Die Strichbreite betrug 0,35 mm, so daß die Pupille, wenn das Auge dicht dahinter gehalten wurde, bei einer Weite von 3,5 mm in ca. fünf und bei einer Weite von 7 mm in ca. zehn kleine Abschnitte aufgeteilt war. Die Lichtresorption der Gitter betrug 75,5 %. Das Gitter trübte also und verdunkelte das Bild, wobei die Verdunkelung einem Grauglase von 75 % Lichtresorption gleichzusetzen war.

Die Wirkung dieser Gitter wurde nun durch Vorschalten vor das Auge in Brillenentfernung (1,5 cm Scheitelabstand) bei drei Personen geprüft und mit der freien Beobachtung verglichen. In Tageslichtbedingungen wurden schwarze L. R. auf Weiß, bei einer Umfeldleuchtdichte von ca. 10^{-3} sb, beobachtet. Die Untersuchungen für mittlere Nachthelligkeit wurden am Nyktometer ($i = 1/4 = 2 . 10^{-6}$ sb), die für minimale Leuchtdichten am N. W. G. ausgeführt. Dabei zeigte sich, daß die Tagessehschärfe auf $1/3$ des normalen Wertes, die im Zwielicht (Nyktometer) auf $1/10$ bis $1/3$ und die in tiefster Dämmerung (N. W. G.) auf $3/4$ des normalen Wertes herabgesetzt wurde. Setzte man statt des Gitters ein Grauglas von der gleichen Lichtresorption (75 %) vor, dann verminderte sich die Sehschärfe im Tageslicht gar nicht, am N. W. G. jedoch um denselben Betrag wie bei dem Gitter. Die Konturentrübung durch das Gitter hat somit ihre größte Wirkung im Zwielicht und ihre schwächste in der tiefsten Dämmerung. Ja, hier ist ihre Wirkung einfach durch die Herabsetzung der Bildhelligkeit bedingt. Wir werden sehen, daß dieses Ergebnis übereinstimmt mit der Wirkung der Korrektur auf das Tages- und Dämmerungssehen.

Die Bildschärfe hat also für das Auflösungsvermögen in der Dämmerung nicht die gleiche Bedeutung wie im Tageslicht. Die Unterschiedsempfindlichkeit des dunkeladaptierten Auges ist zwar geringer, würde also eine besonders gute Bildschärfe verlangen, doch sind gleichzeitig die Empfindungskreise gewachsen und vermindern dadurch offenbar die Bedeutung der Bildgüte. Damit büßt im Dämmerungssehen auch die Pupille ihre Bedeutung für die Deutlichkeit des Sehens ein. Sie kann durch Erweiterung für eine größere Bildhelligkeit sorgen, ohne daß die gleichzeitig erfolgende Herabsetzung der Bildgüte von besonderen Folgen wäre.

2. Die Refraktion des normalen Auges unter Tageslichtbedingungen.

Die wesentlichen Funktionen der brechenden Medien, ihre Veränderlichkeit durch das Spiel der Pupille und der Akkomodation werden hier als bekannt vorausgesetzt. Weniger bekannt ist die Tatsache, daß die Refraktion des „normalen" Auges nicht die Emmetropie ist. Als man sich für die Häufigkeit der Refraktionen zu interessieren begann und an die Sammlung großen statistischen Materials ging, ich erinnere an die Zusammenstellungen in

Tab. 16. Der Astigmatismus von 433 Personen (866 Augen) und deren Sehschärfe (gewöhnliche Sehprobentafel). „s." der ersten Kolonnen bedeutet rein sphärische Refraktion.

	s.	0,25↑	0,5c↑	0,75↑	0,75c↑	0,25c→	0,50c→	0,75c→	0,25c↗	0,5c↗	Summe
6/4	69	22	16	6		6		1	3		123
6/4?	85	39	15	6	1	7	2		3		158
6/5	77	26	24	5	3	5	5	1	5		151
6/5?	87	49	48	14	4	11	8	4	5	4	234
6/6	21	14	14	6	1	2	3		4		65
6/6?	16	20	20	10	6	5	2	1		4	84
6/7	9	2	3	2	5	1					22
6/7?		1	2		1	1		1	1		7
6/8	1	1	1	2	3	1				1	10
6/8?	2	2	1	1	2			1		1	10
6/10					2						2
Summe	367	176	144	52	28	30	20	9	21	10	866

dem Buche Steigers, begnügte man sich meistens mit der subjektiven Refraktionsbestimmung ohne Lähmung der Akkomodation. Jeder Prüfling mit der normalen Sehschärfe $^6/_6$ wurde als emmetrop angesehen, wenn er nicht Plusgläser annahm. Das gilt für die Untersuchung großer Reihen, wie von Schulkindern oder Rekruten, auch heute noch.

Nun ist uns seit 25 Jahren mit der Lindnerschen Zylinderskiaskopie und der Entwicklung entsprechend guter Retinoskope ein Mittel gegeben, die Refraktion ganz genau objektiv zu bestimmen. Ich hatte in den Jahren 1942 bis 1943 Gelegenheit, die Sehschärfe und Refraktion von 575 Personen im Alter von 18 bis 21 Jahren durch Homatropin-Skiaskopie zu prüfen. Tab. 16 zeigt die Verteilung der Refraktionen. Man sieht, daß über die Hälfte aller Augen astigmatisch war, wenn auch gering, und daß von 575 „normalen" Personen nur 28 einwandfrei emmetrop waren (Abb. 19). Der Ausdruck „normal" bezieht sich auf die Sehschärfe, welche selbst bei Emmetropie oder ganz geringer Hypermetropie von $^6/_4$ bis $^6/_7$ ohne den geringsten Augenfehler (etwa der optischen Medien oder der Netzhaut) schwanken kann. Da es sich um vorher ausgesuchte Leute mit besonders guter Sehschärfe handelte, darf man annehmen, daß Sehschärfe und Refraktion in der normalen Pupulation in noch viel größerer Breite streuen; ganz abgesehen von den Brillenträgern unter der Bevölkerung.

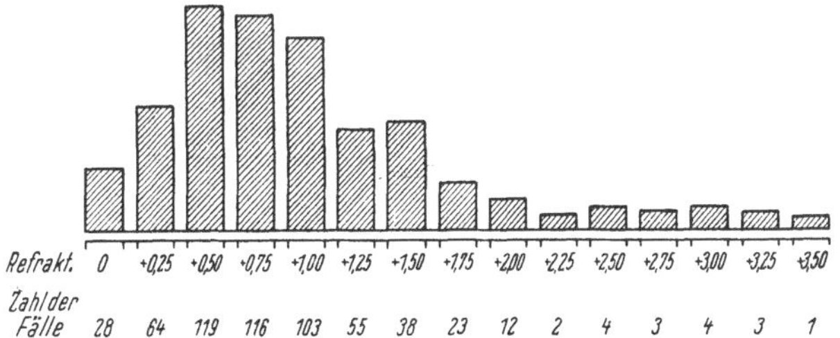

Abb. 19. Die Häufigkeit der Gesamtrefraktion des jeweils „schlechteren" Auges bei 575 beiderseits „normalsichtigen" Soldaten. Höhere Anisometropien als 1 D. kamen nicht vor.

Die „normale" Refraktion ist somit unter Tageslichtbedingungen und unter Ausschaltung der Akkomodation eine Hypermetropie von ca. 0,75 D. und ein Astigmatismus von 0,25 bis 0,5 D. cyl. 90°, welche beide, wenigstens beim Jugendlichen, unter Hilfe von Pupille und Akkomodation die Sehschärfe $^6/_4$ erlauben. Müssen wir den Astigmatismus als Fehler betrachten, der wegen seiner ungemeinen Häufigkeit geradezu physiologisch ist — es handelt sich natürlich um den totalen und nicht etwa um den physiologischen Hornhautastigmatismus nach J a v a l — so dürfen wir die geringe Hypermetropie als zweckmäßige Einrichtung ansehen. Denn wir prüfen im Dunkelzimmer wie an der Sehprobentafel mit relativ langwelligem Lichte, welches im Auge weniger stark gebrochen wird als das kurzwellige. Das für den Augenspiegel und die Sehprobentafel emmetrope Auge ist für blaues Licht myop, welcher Fehler bei schwacher Hypermetropie wegfällt.

Es kann hier nicht näher erörtert werden, was diese Tatsachen für den Augenarzt bedeuten. Die große Häufigkeit des geringen

Astigmatismus ist in den letzten Jahren von Galeazzi, Jackson, Kodema, Lindberg, Moscy und Ajtay, Tassmann, Vasileff erwähnt worden. Für unsere spezielle Studie sind diese Dinge nicht weniger wichtig, weil der Physiologe oder Physiker zu leicht verleitet wird, seine Prüflinge für emmetrop zu halten, wenn sie nur keine Brillen tragen und gut sehen. Die genaue Kenntnis über die Verhältnisse im Tagesauge ist Voraussetzung für unsere Betrachtungen der Refraktion des Auges in der Dämmerung.

3. Die Pupille des Auges in der Dämmerung.

Die Weite der Pupille in der Dämmerung ist vielfach gemessen worden. Die jüngeren Bestimmungen von Blanchard wurden 1936 von Klughardt und Nagel, 1937 von Hartinger (1) bestätigt. Nur Schröder hat 1926 andere, nämlich niedrigere Werte gefunden. Er wandte eine abweichende, und zwar indirekte Methode an, indem er aus einem subjektiven Helligkeitsvergleich, nämlich aus dem Auftreten des Pulfrichschen Stereoeffektes, auf die Pupillenweite schloß; noch dazu unter einer Beobachtungsentfernung von 30 cm. Vielleicht gelten die Werte Schröders für das akkomodierende Auge. Die von den Autoren bestimmten Werte sind in Tab. 17 angegeben.

Tab. 17. Pupillenweiten bei Tages- und bei Dämmerungsbeleuchtung.

Beleuchtungsbedingungen										
	Stilb	$3 \cdot 10^{-2}$	$6 \cdot 10^{-3}$	$3 \cdot 10^{-3}$	$3 \cdot 10^{-4}$	$3 \cdot 10^{-5}$	$3 \cdot 10^{-6}$	$3 \cdot 10^{-7}$	$3 \cdot 10^{-9}$	0
	lux	1000	200	100	10	1	0,1	0,01	0,00005	0
Pupillenweiten	Schröder	3,0	3,2	3,3	3,6	3,9	4,1	4,3		
	Blanchard	2,8	3,6	4,0	5,3	6,4	7,2	7,6		
	Hartinger	3,09		3,92	4,97	5,83	6,53			7,55
	Hamburger (in dieser Arbeit)	Jugendliche (18/22 Jahre)							7,6	8,01
		Ältere (um 50 Jahre)							5,6	5,77

Ich habe eigene Messungen mit der Frage vorgenommen, ob die Pupille im Dunkeln nicht individuell variiere und damit Einfluß auf die Dämmerungssehleistung nehme. Die Ergebnisse sind in dieser Hinsicht nicht so interessant als im Hinblick auf unsere weiteren optischen Erwägungen. Auch stammen sie aus dem Jahre 1943, als die Bestimmung der Dämmerungssehleistung noch nicht in der heute wünschenswerten Weise möglich war.

a) Versuchsanordnung. Die Messungen erfolgten auf photographischem Wege, den schon H a r t i n g e r beschritten hat. K l u g h a r d t und N a g e l hatten mit Ultra-Rotstrahlen und deren Photographie gearbeitet, doch könnte man dagegen sagen, daß die Ultra-Rotstrahlen vielleicht eine pupillomotorische Wirkung haben. Ich verwendete ein weißes Blitzlicht von 0,016 Sekunden

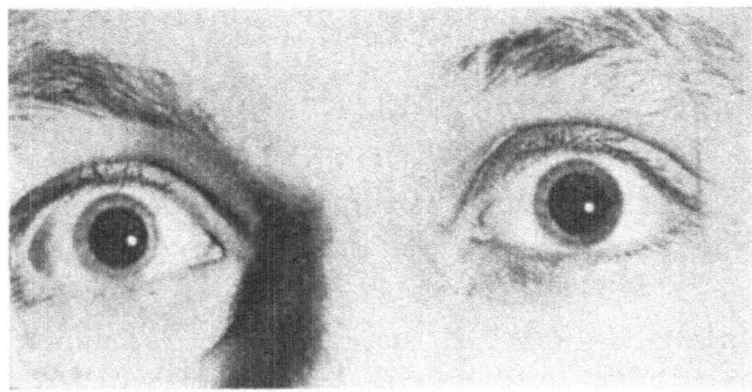

Abb. 20. Die Augen eines Jugendlichen in voller Dunkelheit.

Brenndauer. Damit erfolgt die Belichtung der photographischen Platte, längst bevor die Pupillenreaktion einsetzt. Ich bekam genügend scharfe Bilder (s. Abb. 18 und 19).

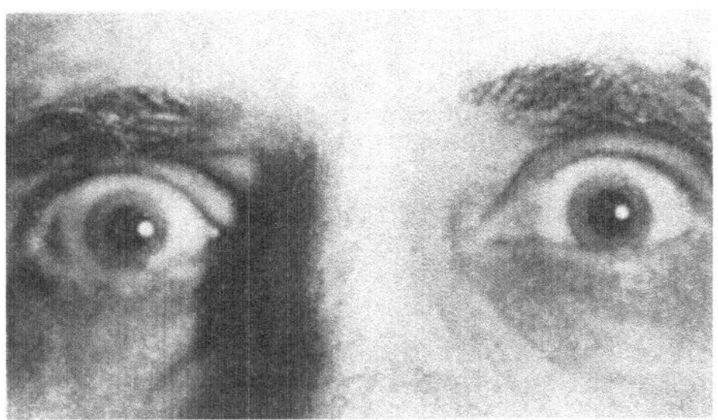

Abb. 21. Die Augen eines 55jährigen Mannes in voller Dunkelheit.

Die Aufnahme erfolgte unter Fixation des Kopfes durch Kinnstütze. Die Vergrößerung betrug 1 : 1. Um kleine Einstellfehler zu berücksichtigen, wurden beide Augen aufgenommen. Durch Vergleich zwischen der wahren und der photographischen Pupillendistanz wurde nach Abmessung der Pupille auf der Photographie die wahre Pupillenweite berechnet. Man könnte einwenden, daß während der Aufnahme vielleicht psychische Einflüsse auf die Pupillenweite Einfluß nahmen. Dagegen spricht die Konstanz der Werte, wenn auch psychische Einflüsse in die individuelle Variation hineinspielen mögen. Die Aufnahmen wurden in aller Ruhe unter Anwesenheit von zwei Personen vorgenommen. Die Prüflinge wurden auf den Moment der Aufnahme vorbereitet. Eine Schreckpupille konnte schon wegen der Kürze des Blitzes nicht in Erscheinung treten.

Folgende Bestimmungen wurden gemacht:

1. Pupille in voller Dunkelheit, eine Minute nach Eintritt in den Dunkelraum. Das Auge befand sich während der Messung also im Zustande der Helladaptation.

2. Pupille in voller Dunkelheit, 30 Minuten nach Eintritt in den Dunkelraum, also in Dunkeladaptation.

3. Nach 30 Minuten langer Dunkeladaptation, jedoch während der Beobachtung der N. W. G.-Tafel bei einer Leuchtdichte von $1{,}5 \,.\, 10^{-9}$ sb.

4. 30 Minuten Dunkelaufenthalt. Beobachtung einer Leuchtfarbentafel von 50 mal 100 cm Größe (Leuchtdichte ca. $6 \,.\, 10^{-8}$ sb) in vier Meter Abstand. Der Prüfling hatte das darauf befindliche Sehprobenzeichen unter den bekannten Fixationsregeln zu beobachten.

5. 30 Minuten Dunkelaufenthalt. Beobachtung einer Leuchtfarbentafel im Abstande von 30 cm. Die Tafel wurde jedoch so gewählt, daß sie im Sehwinkel flächengleich war mit der Tafel des Versuches 4, ebenso betrug die Leuchtdichte $6 \,.\, 10^{-8}$ sb. Der Prüfling hatte das Sehprobenzeichen der Tafel zu fixieren.

6. Homatropinpupille (1 Stunde nach einmaliger Einträufelung), die übrigen Bedingungen wie unter Versuch 4 und 5.

Während die photographischen Aufnahmen in voller Dunkelheit (Versuch 1 und 2) von geradeaus, also im rechten Winkel auf die Pupillenebene erfolgen konnten, mußte die Aufnahme während der Beobachtung der Sehproben (Versuch 3) von der Seite gemacht werden. Der Winkel zwischen der Blickrichtung und der optischen Achse der Kamera betrug etwa 10^0. Die auf den Bildern gemessenen Werte des horizontalen Pupillendurchmessers müßten also mit cos. 80^0 multipliziert werden, wenn man den wahren Wert erhalten will; darauf wurde wegen der Kleinheit des Fehlers verzichtet. Größer ist der Winkelfehler bei den Versuchen 4 bis 6, vor allem bei 5, gewesen, doch half ich mir dadurch, daß ich hier nur die vertikalen Durchmesser der Prüflinge verglich, welche ja keine photographische Verzerrung erfuhren.

b) Meßergebnisse. Die Messungen nach Versuch 1 bis 3 wurden bei achtzehn Jugendlichen und bei sechs älteren Männern zwischen 40 und 60 Jahren ausgeführt. Die Ergebnisse gehen aus Tab. 18 und 19 hervor. Die Fälle sind nach dem Grade der N. W. G.-Leistung geordnet. Man kann deutlich erkennen, daß die Pupille so gut wie keinen Einfluß auf die N. W. G.-Leistung hatte. Um dies besonders zu illustrieren, sind in der Spalte 5 die reduzierten Leuchtdichtenwerte eingetragen, d. h. jene Werte, welche durch Beziehung der Leistung auf die Einheitspupille von 8,0 mm erhalten werden. Da die Pupillen verschieden weit sind, entsprechen die unter Spalte 2 notierten Leuchtdichten nicht den auf der Netzhaut wirklich vorhandenen. Bei relativ enger Pupille ist das Netzhautbild lichtschwächer, als es aus der gefundenen Schwelle entnommen wird, bei relativ weiter lichtstärker. Diese Abhängigkeit ist zudem eine quadratische, da nicht der Pupillendurchmesser, sondern die Pupillenfläche entscheidet. Wie gering nun die Leistungsunterschiede unter Zugrundelegung der Einheitspupille verändert werden, zeigt die Spalte 5 der Tab. 18.

Tab. 18. Pupillenweiten von achtzehn Jugendlichen, nach der Leistung am Nowak-Wetthauer-Gerät (Schwellenleuchtdichte für 60') geordnet.

Lfd. Nr.	Schwellen-leuchtdichte in 10^{-9} sb	Pupille Versuch 1 in mm	Pupille Versuch 2 in mm	Pupille Versuch 3 in mm	Reduzierte Leuchtdichte in 10^{-9} sb
1	0,63	7,9	8,2	7,7	0,66
2	0,92	8,5	8,7		1,1
3	0,92	8,0	8,3	8,1	1,1
4	0,92	8,3	7,8	7,8	0,86
5	1,1	8,6	8,5	7,9	1,24
6	1,3	7,1	7,9		1,3
7	1,3	7,3	6,8		0,94
8	1,3	6,9	8,3		1,40
9	1,9	7,8	8,1		1,9
10	4,2	7,7	7,0		3,2
11	5,1	7,9	8,2	7,7	5,3
12	5,8	8,2	8,5		6,5
13	5,8	7,7	8,3	6,8	6,3
14	6,3	8,5	8,2	7,9	6,6
15	7,9	7,5	7,4	6,8	6,7
16	8,5	8,8	8,7		10,0
17	12,0	8,5	7,8		11,0
18	38,0	8,0	8,0		38,0
Mittel		8,0 ± 0,5	8,0 ± 0,5	7,6 ± 0,4	

Teilt man die Prüflinge in eine Gruppe mit guten N. W. G.-Leistungen (Mittel der Schwelle für 60' = 8,2 . 10^{-10} sb) und eine mit schlechter N. W. G.-Leistung (Mittel = 4,3 . 10^{-9} sb) ein, dann findet sich doch die gleiche mittlere Pupillenweite von 8,0 mm (Wert nach 30 Minuten Dunkeladaptation). Zieht man die Pupillenweite heran, die während der Prüfung vorliegt (s. Tab. 18, Spalte 5), dann ist die Pupille bei den „guten“ Nachtaugen 7,9 mm, bei den „schlechten“ jedoch nur 7,3 mm weit, obwohl die photographische Messung immer bei der gleichen Leuchtdichte von 1,5 . 10^{-9} sb erfolgt war. Das Verhältnis der Schwellen zwischen den „Guten“ und den „Schlechten“ betrug 5 : 1, das ihrer Pupillenquadrate nur 1,17 : 1.

Die bei der älteren Personengruppe gemessenen Werte sind in Tab. 19 zusammengestellt. Die Unterschiede zwischen den drei Versuchsanordnungen sind hier weniger deutlich, wahrscheinlich weil zu wenig Personen geprüft worden sind. Auch hier aber kann der Pupille kein entscheidender Einfluß auf die individuellen Unterschiede in der N. W. G.-Leistung zugebilligt werden. Freilich gilt das nur innerhalb der Altersgruppe. Denn wenn wir die Pupillenmittel der Gruppe der älteren Personen mit denen der jüngeren Gruppe vergleichen, dann finden wir, daß sich die Pupillenquadrate der jugendlichen zu denen der älteren Personen wie 1,9 : 1 verhalten. Die Schwellen des N. W. G. verhalten sich bei den Älteren und bei den Jugendlichen wie 1,4 : 1. Die Schwelle des älteren Menschen liegt also nicht wesentlich höher als die des jugendlichen und der Unterschied kann allein mit der engeren Pupille des älteren erklärt werden.

Tab. 19. Pupillenweiten von sechs Männern von 45 bis 60 Jahren (s. Tab. 18).

Lfd. Nr.	Alter	Schwellen-leuchtdichte in 10^{-9} sb	Pupille Versuch 1 in mm	Pupille Versuch 2 in mm	Pupille Versuch 3 in mm	Reduzierte Leuchtdichte in 10^{-9} sb
1	47	7,9	5,9	5,5		1,8
2	49	2,1	5,1	5,2	4,9	1,7
3	68	5,7	5,3	5,0	5,1	4,4
4	45	7,9	7,4	7,3	7,4	12,6
5	59	9,5	5,5	5,1	5,6	7,6
6	50	15,0	5,8	5,9		16,5
Mittel			5,8 ± 0,5	5,7 ± 0,6	5,8 ± 0,8	

Die Messungen 4 bis 6 galten der Frage, ob es im Dunkeln eine akkomodative Verengerung der Pupille gäbe. Leider wurden die Messungen erst einige Monate nach den Messungen 1 bis 3 vorgenommen, und zwar mit einer anderen Gruppe von Personen im Alter von 22 bis 30 Jahren. Die Ergebnisse zeigt Tab. 20. Die Pupillenweiten sind hier in der Senkrechten gemessen, wie erwähnt, und dürfen nicht mit denen der ersten Versuche verglichen werden. Das Netzhautbild und die von ihm ausgehende pupillomotorische Wirkung darf bei den Versuchsanordnungen für Fern- und für Nahblick als gleich groß und als gleich lichtstark gelten.

Tab. 20. Pupillenweite von sechs Personen von 20 bis 30 Jahren bei Fern- und Nahblick in Dunkeladaptation. Leuchtdichte ca. $5 \cdot 10^{-9}$ sb.

	Dunkelpupille		Homatropinpupille
Lfd. Nr.	Ferne	Nähe	unter etwa 10^{-4} sb gemessen
1	6,9	6,6	6,0
2	7,6	7,1	7,0
3	7,1	6,8	6,25
4	7,4	6,2	7,25
5	7,6	7,4	7,0
Mittel	7,3	6,8	6,7
6a[1]	7,7	6,9	7,25
6b[2]	9,4	9,3	

[1] Pupillenweite wie bei den Fällen 1 bis 5.
[2] Pupillenweite unter Homatropin in Dunkeladaptation.

c) Schlußfolgerungen. 1. Die Pupille wird unter völligem Lichtabschluß fast maximal weit. Gleichzeitig öffnen sich die Lider, wie wir das bei Tage nur unter Kokaineinwirkung kennen. Es ist, als ob der gesamte Muskelapparat mit dem Wunsche innerviert wäre, dem Auge die geringste Lichtmenge optimal zugänglich zu machen.

Der Vergleich mit der Pupille unter Homatropineinwirkung zeigt deutlich, daß diese selbst bei mäßiger Beleuchtung noch immer enger ist als die künstlich unbeeinflußte Pupille in voller Dunkelheit. Die pupillomotorische Wirkung des einfallenden Lichtes verhindert eine stärkere Erweiterung der Homatropinpupille. Besonders schön geht dies aus dem leider einzigen Falle hervor, wo die Pupillenweite im Dunkeln einmal mit und einmal ohne Homatropin gemessen werden konnte (Tab. 20). Die Pupille des Homatropinauges ist im Dunkeln noch um über 1 mm weiter als im Hellen (Adaptationsleuchtdichte etwa 10^{-4} sb). Die Dunkelpupille des Homatropinauges ist aber auch weiter als die des nicht künstlich beeinflußten Auges.

2. Die von mir gefundenen Pupillenweiten sind mit denen anderer Autoren (Tab. 17) schwer vergleichbar. Ich habe bei beträchtlich schwächerer Lichteinwirkung gemessen. Wenn Hartingers mittlere Pupillenweite in voller Dunkelheit nur 7,55 mm, meine jedoch 8,0 mm beträgt, so wohl deshalb, weil der Altersdurchschnitt seiner Prüflinge höher gewesen sein dürfte. Wie groß die Unterschiede zwischen älteren Menschen und Jugendlichen sind, zeigen die Abb. 18 und 19. Trotz den Unterschieden in den Methoden der einzelnen Autoren darf man die Werte der Tab. 17 doch mit den meinen vervollständigen und sagen:

Die Pupillenweite des dunkel- und des helladaptierten Auges ist unter völligem Lichtabschluß gleich. Der Adaptationszustand für sich allein hat also keinen Einfluß auf die Pupille. Die Pupille verengt sich jedoch — Dunkeladaptation wohl vorausgesetzt — schon bei dem geringsten Lichteinfall von ca. 10^{-9} sb um 0,5 mm, um dann in dem Bereiche von 10^{-9} sb bis 10^{-6} sb, also bis zu den Leuchtdichten, die die Zapfen in Funktion setzen, fast gleich weit zu bleiben. Auch der Dämmerungsapparat besitzt also einen gewissen pupillomotorischen Einfluß. Dieser Einfluß nimmt aber mit der stärkeren Lichtreizung fast nicht zu. Offenbar bedeutet der Eintritt der Zapfenfunktion mit zunehmender Beleuchtung einen plötzlich einsetzenden und starken Impuls zur Pupillenverengerung. Hess (1) und neuerdings Harms haben die pupillomotorische Erregbarkeit der Netzhaut genau studiert und dabei eine rapide Abnahme vom Zentrum der Netzhaut nach der Peripherie hin gefunden. Die entsprechende Kurve verläuft fast parallel zu der Kurve, welche den Abfall der Sehschärfe vom Zentrum nach der Peripherie hin illustriert. Offenbar sind es also die Zapfen, welche die Pupillomotorik vorwiegend beherrschen und deren Unempfindlichkeit im Dämmerungsbereiche, also unter 10^{-6} sb, die Pupille unverändert weit erhält.

3. Im Gegensatz zu Lukiesh fand ich die Pupillenweite bei guten „Nachtsehern“, also bei gutem Stäbchenapparat, weiter als bei schlechten, wenn auch in sehr geringem Maße, und ohne daß die bessere Leistung auf eine weitere Pupille zurückgeführt wer-

den dürfte. So wie aber eine stärkere Stäbchenreizung die Pupille nicht enger werden läßt, so scheint auch die individuelle höhere Stäbchenempfindlichkeit ohne stärkeren pupillomotorischen Einfluß zu sein. Wagmann spricht den Stäbchen pupillomotorische Eigenschaften ab.

Wir werden noch sehen, wie sehr der Einfluß der Pupille nur einen Teil der optischen Bedingungen für das Dämmerungssehen darstellt. Eine isolierte Gegenüberstellung von Pupillenweite und Sehschärfe in der Dämmerung ohne Berücksichtigung der übrigen Faktoren ist daher von fraglichem Wert. Die großen individuellen Unterschiede in der Dämmerungssehleistung sind jedenfalls nicht durch die unterschiedliche Pupillenweite bedingt; zumindesten fallen die Unterschiede nicht ins Gewicht (s. Lodato). Dennoch dürfen wir die schlechtere Dämmerungssehleistung des älteren Menschen auf die bei ihm engere Pupille zurückführen.

4. Die individuelle Variation der Pupillenweite ist innerhalb derselben Altersgruppe nicht gering und beträgt 2 mm. Braune Augen erweitern sich im Dunkeln schlechter als helle Augen. Dies steht in Analogie zu der geringeren Wirkung der Mydriatica auf die pigmentierte Iris, welche offenbar unter einem höheren, wohl lokal bedingten Sphinktertonus steht als die helle Iris.

5. Stiles und Crawford (1, 2) haben gezeigt, daß die mit Zunahme der Pupillenweite laufende Schwellenerniedrigung von Reizlichtern (an Fernrohren mit veränderlicher Austrittspupille geprüft) nicht proportional erfolgt. Mit dem wachsenden Pupillenquadrat sinkt zwar die Reizschwelle, aber nicht in derselben Progression. Die Ursache für diesen Widerspruch ist bis heute unklar. Die Autoren meinen, daß Strahlen, welche der erweiterten Pupille ihren Eintritt in das Auge verdanken, zunehmend schräg die Netzhaut durchdringen, um sich bei ideal punktförmiger Abbildung in der Schicht des Sinnesepithels zu vereinigen. Die extrem schräg die Sinneszelle treffenden Strahlen haben anscheinend einen geringeren Effekt als die zentral passierenden und damit parallel zur Zapfen- und Stäbchenachse auftreffenden Strahlen. Dies ist aber, wie gesagt, nur eine der möglichen Erklärungen für das Stiles-Crawford-Phänomen. Man könnte auch sagen, das Netzhautbild werde mit Erweiterung der Pupille zwar heller, doch verschlechtere sich seine Bildschärfe. Ekke hat bei den Beleuchtungsbedingungen des N. W. G. die optimale Weite der Austrittspupille für Nachtgläser bestimmt und bei 7,5 gefunden. Diese ist also enger, als es der möglichen Maximalweite des menschlichen Auges entspricht, und etwa gleich weit mit den von mir gefundenen Durchschnittswerten bei schwacher Dämmerungsbeleuchtung.

6. Lindner und Rößler haben im Anschluß an die erste Veröffentlichung Nowaks gemeint, daß mit Erweiterung der Pupille die Peripherie des optischen Querschnittes stärker zum Tragen komme; diese aber sei im Sinne

von Myopie stärker brechend als die Mitte und auch oft stärker astigmatisch. Die individuellen Verschiedenheiten in den Refraktionsverhältnissen der Hornhaut- und Linsenperipherie könnten die individuellen Unterschiede in der N. W. G.-Leistung erklären. Diese Überlegung würde für den Stiles-Crawford-Effekt ebenfalls zutreffen.

7. Die Pupille des akkomodierenden Auges ist, auch im Bereiche geringster Leuchtdichten, enger als die des Auges, das auf die Unendlichkeit eingestellt ist. Daß die akkomodative Verengerung der Pupille im Dunkeln aber so gering ist, war von vornherein nicht selbstverständlich und erscheint mir sehr wichtig. Es wäre z. B. denkbar, daß das schlechte Sehen im Dunkeln Akkomodationsimpulse nach sich zöge, wie dies im Bereiche der Tageshelligkeit bei ungenügender Bildschärfe oft geschieht. Warum sollten solche Akkomodationsimpulse im Dunkeln nicht auch vorkommen und eine vielleicht starke Pupillenverengerung nach sich ziehen? Meine Messungen haben gezeigt, daß die akkomodative Miosis in der Dämmerung so gut wie unmöglich ist. Wir werden das später noch an dem allmählichen Einschlummern der Akkomodation in der Dämmerung erkennen.

8. Vom praktischen Standpunkte aus dürften zwei Fragen interessant sein. Die eine betrifft die Behandlung der Pupille bei der Prüfung des Lichtsinnes und der Adaptation. Man hat nämlich vorgeschlagen, die Pupille zu diesem Zwecke mit Homatropin zu erweitern. Das dürfte nach meinen Befunden unnötig sein. Gewiß erweitert das Mydraticum die Pupille auch im Dunkeln noch minimal, es vereinheitlicht die Pupillenweite aber durchaus nicht. Im übrigen spielt die Pupillenweite für die individuellen Unterschiede des Dämmerungssehens keine Rolle, weil die letzteren um fast das Zehnfache stärker variieren, als es die Pupille tun kann. Eine 8,0 mm weite Pupille würde gegenüber einer 7 mm weiten eine 1,3fache Lichtempfindlichkeit bedingen. Dieser Unterschied von 30 % aber ist der durchschnittliche Fehler, wie ihn die Unterschiedsempfindlichkeit des Dunkelauges allein bedingt.

Wichtiger erscheint mir die Wirkung einer künstlichen oder pathologischen Miosis auf das Dunkelsehen. Eine Pupille von 2 mm Durchmesser läßt gegenüber der 8 mm weiten die Leuchtdichte des Netzhautbildes auf $^1/_{16}$ sinken. Glaukomkranke und Kranke mit Secclusio pupillae klagen daher oft über Sehstörungen in der Dämmerung. Diese sind optisch bedingt, können aber natürlich außerdem der Schädigung der Netzhaut oder des Sehnerven zugeschrieben werden, was man im Einzelfalle klären muß.

4. Die Akkomodation.

Die Akkomodation, die für Tageslichtbedingungen seit Donders Gegenstand des Interesses gewesen ist, ist auf dem Gebiete des Dämmerungssehens bis in jüngste Zeit unbeachtet geblieben. Gerade sie sollte den Schlüssel liefern zu den rätselhaften Unstimmigkeiten, wie sie die individuellen Unterschiede in der Güte des Dämmerungssehens bieten. Zu den entscheidenden Versuchen von Otero und Duran, später von Kühl (4) habe ich nur ein Scherflein beizutragen. Ich möchte zunächst den Umfang meiner klinischen Untersuchungen darstellen.

Die Untersuchungen wurden unter dem Motto „Nachtmyopie" begonnen, welcher Ausdruck erst im letzten Kriege Verbreitung gefunden hat. Er geht auf die Erfahrung zurück, daß manche Menschen ihre Sehschärfe in der Dämmerung durch Minusgläser verbessern können, wie schon Erggelet (1), später Hartinger (3) erwähnen. Die nähere Beschäftigung mit dem Problem ist aber erst durch Beobachtungen in Gang gekommen, die man an Fernrohren in der Dämmerung gemacht hat.

a) Versuchsanordnung. I. Bei einer Gruppe von 30 Prüflingen im Alter von 20 bis 30 Jahren wurden folgende Befunde erhoben.

1. Refraktion nach Zylinderskiaskopie unter Homatropin.
2. Die Sehleistung bzw. Sehschärfe unter Tageslichtbedingungen, sie betrug ausschließlich $^6/_4$ bis $^6/_7$.
3. Die Pupillenweite unter Homatropin, gemessen beim Blick in den Abendhimmel (16^h Ende Oktober, Ostrichtung), also bei einer Adaptationsleuchtdichte von ca. 10^{-4} sb.
4. Die Pupillenweite von sechs Personen ohne Homatropin in voller Dunkelheit. Es handelt sich um dieselben Prüflinge des Versuches 4—6 der Pupillenstudien (s. S. 84).
5. Die Nyktometerkurve bei $i = 1$ und $i = ^1/_4$ (Entfernung der Prüfzeichen 30 cm). Nach Bestimmung der Kurve wurde die Sehschärfe in den vier Leuchtdichtenstufen des Gerätes geprüft. Dasselbe wurde im Untersuchungsgang 8 wiederholt.
6. Die Nyktometerkurve, wie bei Versuch 5, jedoch unter Vorsetzen von + 2,5 D. sph vor beide Augen. Dies wurde durch die Überlegung veranlaßt, daß die Akkomodation im Dunkeln möglicherweise erschwert oder eingeschränkt sei und daß durch Vorsetzen der Plusgläser vielleicht eine Besserung der Nyktometerkurve erzielt werden könne. Die Prüfung schloß sich unmittelbar an Versuch 5 an.
7. Die Nyktometerkurve wurde, wie unter 5, jedoch eine Stunde nach Instillation von Homatropin, geprüft. Der Prüfling erhielt ein Brillengestell mit der skiaskopisch gefundenen Korrektur plus ca. + 3,0 sph. Dabei wurde immer das für die Sehschärfe 1,0 ($i = 64$) optimale Glas am Nyktometer gesucht. Manche Prüflinge bevorzugten einen Zusatz von + 4,0 sph, manche nur einen von + 2,0 sph plus der Vollkorrektur. Die Untersuchung wurde erst begonnen, wenn der Prüfling mit der Korrektur die Sehschärfe 1,0 ($i = 64$) am Nyktometer nachgewiesen hatte.
8. Die Sehschärfen-Leuchtdichtenbeziehung für L. R. (Landoltsche Ringe) mit der Ausschnittsgröße 10' bis 60', wie sie

schon oben erwähnt worden ist. Die Prüfung erfolgte am N. W. G. ohne besondere optische Hilfen im Abstand von 4 m. Brillenträger hatten die Brille auf. Nach Bestimmung der Schwelle für die Sehschärfe 15' wurden Brillen mit der Stärke — 1,75 sph beiderseits vorgesetzt und neuerlich die Schwelle bestimmt. Auch das subjektive Urteil des Prüflings über die Verschlechterung oder Verbesserung wurde notiert.

9. Derselbe Versuch, wie unter 8, wurde nach Instillation von Homatropin gemacht. Die nahezu emmetropen Personen wurden nicht unter Vorsetzen der nach 1 gefundenen Vollkorrektur, sondern freiäugig geprüft. Nur bei der Schwellenbestimmung für 15' wurde die Vollkorrektur aufgesetzt und ihre Wirkung geprüft. Anschließend wurde die Vollkorrektur durch — 1,75 sph ergänzt und neuerdings die Schwelle bestimmt.

10. Schließlich wurde die Sehschärfen-Leuchtdichtenbeziehung, wie sie mit dem Nyktometer und dem N. W. G. gefunden worden war, für jeden Prüfling als Kurve gezeichnet. Wie schon erwähnt, zeigen die Kurven einen Knick, der durch die Methodik bedingt ist und mangels anderer Möglichkeiten in Kauf genommen werden mußte.

II. Bei acht Personen im Alter von 48 bis 52 Jahren wurden fast dieselben Untersuchungen wie bei Versuchsgruppe I gemacht, und zwar nach den Punkten 1 bis 3 und nach 5, 7, 8 und 9. Der Versuch 5 wurde unter Korrektur mit der Presbyopenbrille vorgenommen, wodurch Versuch 6 wegfiel.

III. Bei 125 Personen wurde die optimale Okulareinstellung für ein und dasselbe Fernrohr bei Tage und bei Nacht, und zwar für beide Augen getrennt, unter Beobachtung im Freien bestimmt. Der Prüfling blickte auf ein fernes Ziel und entschied, ob ihm bei Drehung der Okulare durch eine Hilfsperson das Ziel optimal deutlich erschien. Die Prüfung erfolgte dreimal hintereinander, das Ergebnis wurde gemittelt.

IV. Bei siebzehn der nach Anordnung III untersuchten Personen wurde noch gesondert, und zwar folgendermaßen nach der Nachtmyopie gefahndet. Sieben der Prüflinge hatten bei Versuch III eine Nachtmyopie in dem Sinne gezeigt, daß die Okulareinstellung bei Nacht von der bei Tage um durchschnittlich — 2,0 D. differierte. Bei zehn weiteren Prüflingen war keine Nachtmyopie festzustellen gewesen, ja sogar eher eine „Tagesmyopie“. Die insgesamt siebzehn Prüflinge wurden nun noch einmal auf ihre Dämmerungssehleistung (Untersuchung im Freien unter Beobachtung eines L. R. gegen den Nachthimmel aus 8 bis 20 m Entfernung) beidäugig geprüft. Dann wurde eine Brille mit — 1,75 sph vorgesetzt und neuerlich die Dämmerungssehschärfe bestimmt. Außerdem wurde bei den Prüflingen die Refraktion für

Tageslichtbedingungen unter Homatropin und durch Skiaskopie bestimmt.

b) Befunde mit dem Nyktometer. Schon bei der Einführung des Gerätes ist oben erwähnt worden, daß die Entfernung der Sehproben von 30 cm eine Fehlerquelle darstellt, solange wir die Rolle der Akkomodation bei herabgesetzter Beleuchtung nicht genau kennen. Die Bedeutung der Akkomodation sollte nun näher studiert werden.

Zunächst müssen wir berücksichtigen, daß wir die Akkomodation nicht ausschalten, ohne gleichzeitig die Pupille zu beeinflussen, damit aber auch die Wirkung des peripheren Anteils des optischen Querschnittes. Wirkt die Akkomodation für sich allein durch Brechkraftzunahme, also im Sinne von Myopie, so tut dies die Pupillenerweiterung gleichermaßen, da die brechenden Flächen vom Zentrum nach der Peripherie hin stärker wirksam werden. Wenn wir also Homatropin instillieren, dann lähmen wir die Akkomodation und schalten die durch sie bedingte Myopie aus, wir führen aber mit der Pupillenerweiterung die Myopie wieder ein. Für die Untersuchung mit dem Nyktometer dürfte das besonders gelten, weil wir hier die Pupille ohne Homatropinwirkung mit etwa 6,0 mm (s. Tab. 17) annehmen müssen; wobei der noch wirksame Akkomodationsfaktor die Pupille noch stärker verengen mag. Für i = 1/4 dürfte mit einer Pupillenweite bis zu 4,5 mm gerechnet werden können. Unter Homatropin jedoch ist die Pupille mit 7,0 mm bei 10^{-5} sb gemessen, dürfte also bei i = 1/4 7,5 mm sein. Die Pupille ist somit unter Homatropin ca. 1,5mal so weit als ohne Homatropin; die Netzhautbilder sind 2,5mal so hell, sie sind aber weniger scharf konturiert als ohne Homatropin.

Daß die schlechtere Akkomodation des erwachsenen und älteren Menschen den Hauptgrund für seine gegenüber dem Jugendlichen schlechtere Nyktometerleistung liefert, soll zunächst folgende Selbstbeobachtung darstellen:

Ich bin myop (— 6,0 sph. 6/4 beiderseits) und 40 Jahre alt. Während ich unter Vollkorrektur und vor Beginn der Helladaptation am Nyktometer bei i = 1/4 ohne weiteres die dritte Zeile (0,3) lesen kann, benötige ich nach der üblichen Helladaptation über 120 Sekunden, um auch nur die erste Zeile (0,1) lesen zu können. Bis ich 0,3 lesen kann, ist eine viel längere Wartezeit nötig. Setze ich aber statt — 6,0 sph nur — 4,0 sph auf, dann kann ich 0,3 nach 80 Sekunden lesen, habe also eine brauchbare, wenn auch nicht gute Nyktometerkurve. Es ist offenbar nicht meine verzögerte Adaptation, sondern die verzögerte Akkomodation, die das Nyktometerergebnis so stark beeinträchtigt. Dabei ist besonders bemerkenswert, daß man während der Helladaptation schon auf den Abstand 30 cm akkomodiert ist. Die Akkomodationsbreite von 3 D. geht jedoch mit Ausschalten des Adaptationslichtes verloren und muß mit der nun beginnenden Zapfenadaptation anscheinend neu erworben werden. Dieser Mechanismus ist bei mir gehemmt.

Wir entnehmen nun aus Abb. 22, daß bei Vorsetzen von + 2,5 sph fast immer eine Verschlechterung der Kurve, und zwar vielfach eine sehr beträchtliche, eintritt. Bei einem Prüfling konnte unter Vorsetzen von + 2,5 sph die Kurve gar nicht aufgenommen werden. Nur bei zwei Personen wurde eine Besserung bemerkt. Ihre Refraktion betrug (unter Homatropin) + 1,0 D., war also normal und kann nicht als Ursache für das Verhalten angesehen werden. Die beiden Prüflinge waren „akkomodationsfaul“, wie man es bei der gewöhnlichen okulistischen Prüfung gelegentlich beobachtet. Sowohl die Akkomodationsfaulheit dieser Prüflinge wie die Unfähigkeit des anderen Prüflings, der die Akkomodation nicht um 2,5 D. entspannen konnte, wenn sie durch ein Glas ersetzt war, weist auf eine Starre des Akkomodationsmechanismus hin, wie sie unter Tageslichtbedingungen unbekannt ist.

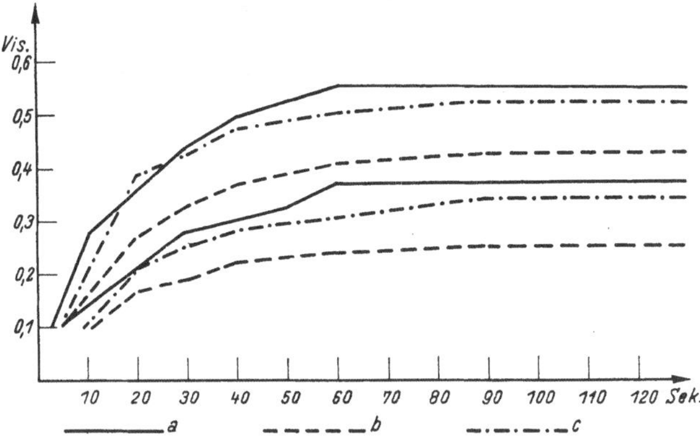

Abb. 22. Mittlere Nyktometerkurve bei 30 Jugendlichen (i = 1, i = 1/4).
a) Normaler Prüfungsgang (Versuch 5).
b) Nach Vorsetzen von 2,5 sph (Versuch 6).
c) Unter Homatropin und Vollkorrektur (Versuch 7).

Tab. 21 beleuchtet die Frage noch von einer anderen Seite. Hier werden die Kurven des Versuches 5 mit denen von 7 verglichen. Die Fälle sind nach drei Leistungsstufen (Nyktometer) auf die verschiedenen Refraktionen verteilt. Es soll damit entschieden werden, ob die Prüfungsmethode 7 die beste ist, was ja theoretisch zu fordern wäre. Denn hier ist die Akkomodation so gut wie unmöglich, das Auge ist von vornherein auf die Prüfentfernung eingestellt. Tatsächlich scheinen die Bedingungen der Methode 7 günstiger zu sein als die von 5. Wie die untersten drei Zeilen von Tab. 21 angeben, sind die Verbesserungen durch Methode 7 häufiger als die Verschlechterungen; besonders bei Astigmatismus. Die Mittelung der Kurven (Abb. 20) zeigt zwar nicht dasselbe Bild, doch sind bei der Zusammenstellung der Tabelle nur deutliche Verbesserungen gewertet worden; Tabelle und Bild haben nicht die absolut gleichen Voraussetzungen.

Versuch 7 bringt gegenüber Versuch 5 eine Verbesserung, vielleicht infolge der Korrektur des Astigmatismus; die Verbesserung ist aber gering. Wie wir sehen, zieht die Instillation mit Homatropin zwar eine Akkomodationslähmung nach sich, doch wird deren Vorteil durch das Wirksamwerden der peripheren Aberration kompensiert. Die erhöhte Bildhelligkeit wirkt im entgegengesetzten Sinne, d. h. im Sinne von Verbesserung. Bei der Sichtung der Fälle hinsichtlich der Nyktometerleistung und der kurz vorher gemessenen Homatropinpupille fand sich ebenfalls ein Zusammenhang; die Leistungen waren bei Fällen mit der weiteren Pupille um eine Spur besser.

Bei älteren Menschen fällt der Akkomodationsfaktor stärker ins Gewicht. Hier ist die Nyktometerprüfung nur im Sinne des Versuches 6, nämlich nur möglich, wenn man den Prüfling vor

Tab. 21. Die Abhängigkeit der Leistung am Nyktometer (Sehschärfe nach zwei Minuten Adaptation auf $i = 1 = 7 \cdot 10^{-6}$ sb und $i = 1/4 = 1{,}7 \cdot 10^{-6}$ sb) von der Refraktion bei 28 jugendlichen Personen.

				Sphärische Fälle					Astigmatismus						Anisometropie	
		Bel.	Summe	>-3	>-1	0	+1	>+1	0,5c	1,0c	1,5c	2,0c	0,5 →	±c ↑	0,5	1,0
a	>	1	11		1	6					1		1		2	
		1/4	6			3					1				2	
	∾	1	11			4	1	1		2	1			1		1
		1/4	17			7	2	1		3	1		1	1		1
	<	1	1						1							
		1/4	1				1									
b	>	1	3	1	2											
		1/4	2	1	1											
	∾	1	1											1		
		1/4	2		1									1		
	<	1	1									1				
		1/4	1									1				
c	>	1	16	1	1	5	2	1	1	1				2	2	
		1/4	9	1		2	2			1				1	2	
	∾	1	10			4	1		2		1		1			1
		1/4	14		1	5	1	1	3		1		1			1
	<	1	2		1							1				
		1/4	5		1	2						1		1		
d	++	1	11	1		2	1	1	1	1				2	2	
		1/4	7			1	2		1	1				1	1	
	±	1	12		1	5	1		2			1			1	1
		1/4	13	1	1	4	1	1	2			1			1	1
	—	1	6		1	2	1				1			1		
		1/4	8		1	4					1			1		1

a) Gewöhnliche Prüfung ohne Korrektur (Nichtbrillenträger).
b) Gewöhnliche Prüfung mit Korrektur (Brillenträger).
c) Prüfung unter Homatropin mit Vollkorrektur und entsprechendem Naheglas (ca. + 3,0 sph).
d) Besserung oder Verschlechterung von c gegenüber a und b.

Zeichenerklärung: >: V = > 0,5 (Bel. 1) oder 0,35 (Bel. 1/4).
∼: V = 0,4—0,5 (Bel. 1) oder 0,25—0,35 (Bel. 1/4).
<: V = < 0,4 (Bel. 1) oder 0,25 (Bel. 1/4).
++: Verbesserung über 1 Zeile.
±: ± Differenz von 1 Zeile und weniger.
—: Verschlechterung über 1 Zeile.

Prüfungsbeginn auf die Entfernung 30 cm korrigiert. Dementsprechend ist zwischen Versuch 6 und 7 noch weniger Unterschied zu sehen als bei den Jugendlichen. Man beachte, um wieviel später, auch unter den günstigsten optischen Voraussetzungen, die Adaptation beginnt und um wieviel niedriger der erreichte Durchschnittswert ist. Die engere Pupille des älteren Menschen kann dies wohl nicht hinreichend erklären (s. Abb. 23).

Die Versuchspersonen, deren Refraktion unmittelbar vor der Nyktometerprüfung unter Homatropin skiaskopisch bestimmt worden war, verlangten nun für das Lesen der Prüftafel in 30 cm Abstand nicht alle den gleichen Zusatz von Plusgläsern. Er betrug im Mittel + 3,0 D., schwankte jedoch individuell zwischen + 2,5 D. und + 4,0 D. Dies könnte zwar so erklärt werden, daß bei den

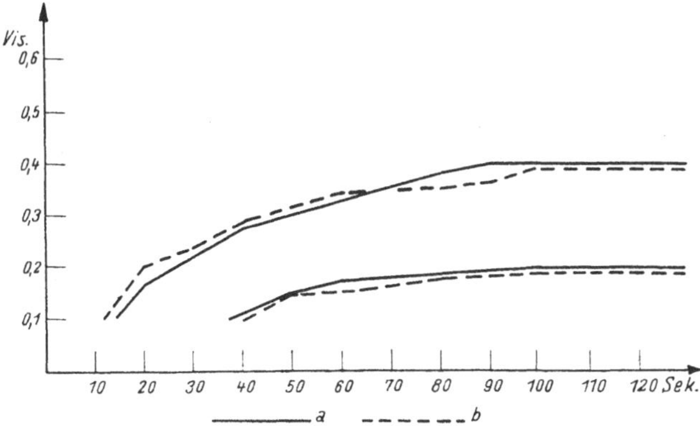

Abb. 23. Mittlere Nyktometerkurve bei acht Männern von 45 bis 58 Jahren (i = 1, i = 1/4).
a) Normaler Prüfungsgang mit Presbyopenbrille.
b) Vollkorrektur unter Homatropin.

Prüflingen verschieden große Akkomodationsreste zurückgeblieben waren. Vielleicht kam aber auch die individuell verschiedene Randbrechung und eine dadurch bewirkte Vor- oder Rückverschiebung der Kaustik (Brennebene) zum Tragen. Fälle mit dem Zusatze von + 2,5 D. könnten dann als relativ „nachtmyop“, solche mit dem Zusatz von + 4,0 D. als relativ „nachthyperop“ gelten. Diese „Nachtmyopie“ wurde in Beziehung gesetzt zu der bei der N. W. G.-Prüfung gefundenen „Nachtmyopie“, die unten näher behandelt wird. Tatsächlich fanden sich gewisse Beziehungen, so daß ein und dieselbe Person am Nyktometer nur + 2,5 D. annahm und am N. W. G. bei Vorsetzen von — 1,75 D. besser sah.

c) Befunde mit dem N. W. G. Die Untersuchungen wurden mit dem erweiterten N. W. G. (Modell I) ausgeführt, so daß für die Sehschärfe von 10' bis 60' die nötigen Schwellenleuchtdichten gesucht werden konnten. Es wurden die schon erwähnten Sehschärfen-Leuchtdichtenkurven aufgenommen (Abb. 24 und 25).

Der Vergleich der unter Homatropin und der ohne Homatropin gewonnenen Kurven (s. Abb. 26) läßt einen Unterschied, und zwar in höheren Lichtstärken, erkennen, welcher über mögliche Feh-

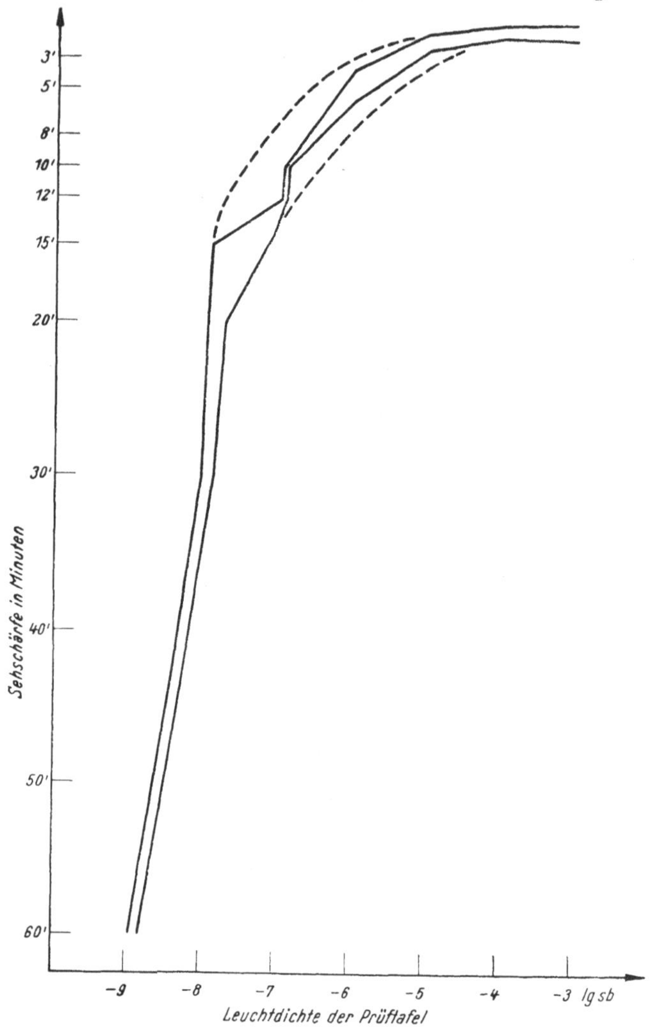

Abb. 24. Die mittlere Streuung der Sehschärfen-Leuchtdichtenbeziehung bei 30 Jugendlichen, mit dem N. W. G. und dem Nyktometer geprüft. Der starke Knick geht z. T. auf die mangelhafte Methodik (Wechsel von dem einen zum anderen Gerät) zurück. Der vermutlich wahre Kurvenverlauf gestrichelt (s. Abb. 25).

ler hinausgeht. Die Kurve ist unter Homatropin besser als ohne Homatropin. Hiefür wäre die nächste Erklärung, daß die Pupille unter Homatropin weiter ist als ohne Homatropin, und zwar um ca. 1,5 mm. Gegen diesen Zusammenhang spricht jedoch, daß die Besserung nur bei höheren Lichtstärken besteht und nicht bei geringeren. Der Stiles-Crawford-Effekt bedeutet überdies,

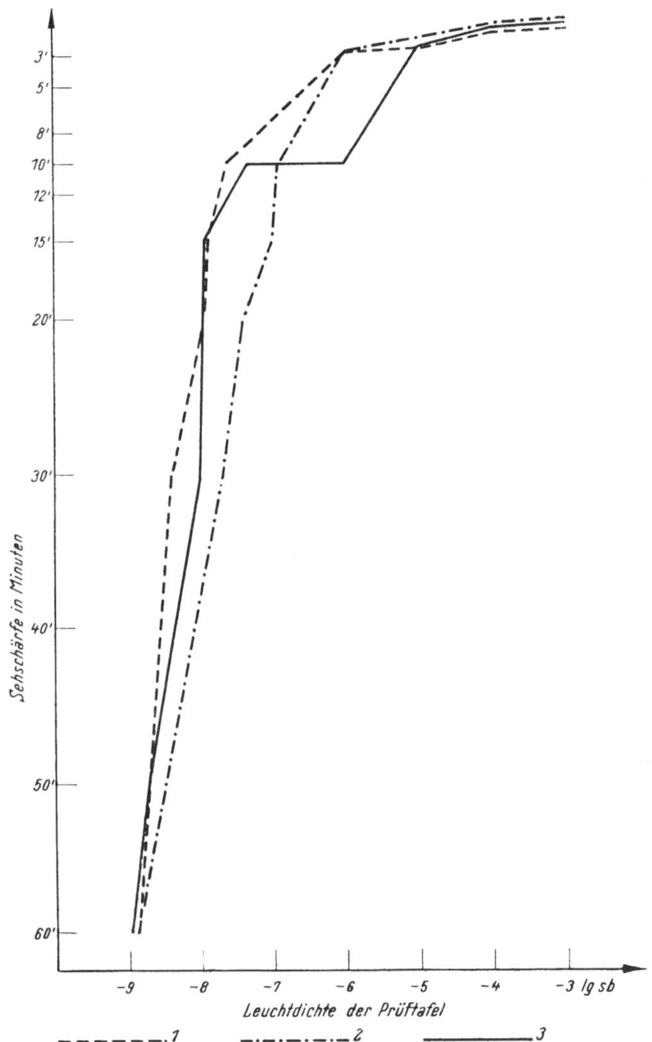

Abb. 25. Einzelkurven wie bei Abb. 24 gewonnen. Die Kurven überschneiden sich im Mittelteil, da einer guten Zapfenleistung keine gute Stäbchenleistung entsprechen muß.

daß der Leistungsgewinn mit Erweiterung der Pupille über 5 mm hinaus gering ist. Da die Nachtmyopie hier mit im Spiele ist, wie wir noch sehen werden, kommt eine andere Erklärung in Betracht: Wenn auch die Akkomodationsbreite des dunkeladaptierten Auges herabgesetzt ist, so können unter dem Eindrucke des

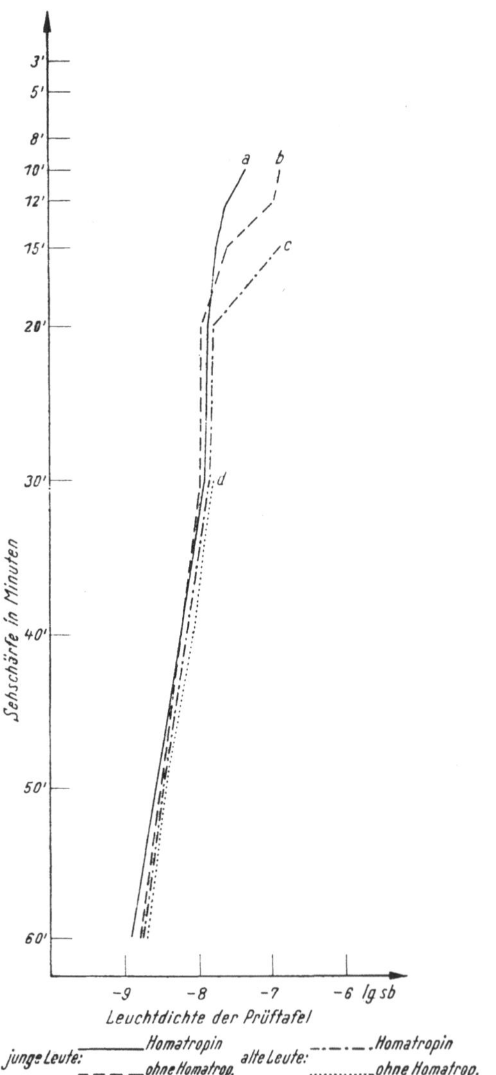

Abb. 26. Mittel der Sehschärfen-Leuchtdichtenbeziehung.
a) Bei Jugendlichen unter Homatropin.
b) Bei Jugendlichen ohne Homatropin.
c) Bei älteren Männern unter Homatropin.
d) Bei älteren Männern ohne Homatropin.
Bei d) konnten die Sehschärfenwerte über 30' wegen der zu hohen Schwellenleuchtdichte, die das N. W. G. nicht mehr liefert, nicht bestimmt werden. Die Unterschiede betreffen wieder den Mittelteil der Kurve (Zwielicht).

Schlechtsehens doch geringe Akkomodationsimpulse auftreten, die allerdings das Gegenteil des gewünschten Erfolges bewirken; man erinnere sich an den Akkomodationskrampf, wie ihn Hypermetrope unter Tageslichtbedingungen gelegentlich zeigen. Freilich dürfte es sich in unserem Falle mehr um ein ständiges Lavieren der Akkomodation handeln, ohne daß die Person zu einer befriedigenden Sehschärfe gelangte. Bei anderen Individuen mag ein Akkomodationskrampf vorliegen, der dann als Nachtmyopie manifest würde.

Die Kurven (Abb. 26) zeigen nun, daß nicht nur die individuellen Sehschärfenunterschiede im Leuchtdichtenbereich von 10^{-5} sb bis 10^{-7} sb am größten sind, sondern daß gerade hier das Homatropin auch am günstigsten wirkt. In dem Bereich von 10^{-5} sb bis 10^{-7} sb, den Trendelenburg Zwielicht nennt, erlischt die Zapfenfunktion und beginnt die Funktion der Stäbchen. Ähnlich wie die Pupillenreaktion scheint auch die Akkomodation den Zapfen unterworfen zu sein. Das Aufhören der Zapfenfunktion stellt im Übergang zur vollen Dämmerung also nicht nur eine Krise hinsichtlich der Netzhautfunktion dar — man denke an den Kohlrauschschen Knick — die Krise betrifft ebenso die Refraktion. Zwar kommt im Zwielichte die Akkomodation zum Erliegen, wie wir noch sehen werden, sie kann hier aber gerade noch wirken und stören. Diese Störung wurde bei den Versuchen mit Homatropin beseitigt.

Allerdings sieht man aus dem Vergleich von Versuch 8 und 9, daß das Minusglas (— 1,75 D.) unter Homatropin häufiger angenommen wird als von dem unbeeinflußten Auge. Das Homatropin, dem wir eben noch die Beseitigung der Akkomodation und damit die Ausschaltung der Myopie zugeschrieben haben, müßte danach erst recht Myopie, wahrscheinlich durch Wirksammachen der Randstrahlen, erzeugen. Wir drehen uns in dieser Frage offenbar noch im Kreise.

Die volle Korrektur, besonders die des Astigmatismus, ist am N. W. G. sichtlich von geringerer Bedeutung gewesen als am Nyktometer. Der Befund erinnert an die Betrachtungen, die wir bei den Versuchen mit den Gittern angestellt haben (s. S. 79 ff.); die Bildschärfe verliert mit sinkender Beleuchtungsstärke ihren Einfluß. Auch bei den älteren Personen sind unter Homatropin bessere N. W. G.-Resultate erzielt worden. Hatten wir für die Homatropinwirkung eben noch die Akkomodationsimpulse verantwortlich gemacht, so fallen diese hier erst recht weg. Wir werden neuerdings auf die Rolle der peripheren Aberration hingewiesen. Selbstverständlich bringt das Homatropin mit der Pupillenerweiterung eine Erhöhung der Bildhelligkeit, die verbessernd wirken muß.

d) Untersuchungsergebnisse mit Fernrohren. Bei der Untersuchungsgruppe III ist keine einheitliche Bevorzugung der Minusstellung der Okulare bemerkt worden. Es fanden sich beträchtliche individuelle Unterschiede, wie Tab. 22 zeigt. Die Nachtmyopie schwankte in den Grenzen — 1,0 bis — 2,5 D. und betrug im Mittel — 1,8 D.

Aufschlußreicher ist der Versuch IV, dessen Ergebnisse in Tab. 23 zusammengefaßt sind. Es fand sich, daß bei freiäugiger Nachuntersuchung der vorher mit dem Fernrohre ausgewählten siebzehn Personen wieder sieben nachtmyop waren, aber nicht dieselben! Lediglich bei drei Prüflingen bestand mit freiem Auge und mit dem Fernrohre dieselbe Nachtmyopie, bei vier Prüflingen bestand sie nur entweder mit dem Fernrohr oder mit freiem Auge. Allerdings wurde bei der freiäugigen Untersuchung eine

Tab. 22. Okulareinstellung des Fernrohres bei 125 Prüflingen.

	Mittlere Tageseinstellung	Mittlere Nachteinstellung	Zahl der Personen
a	— 0,55 D. sph	— 1,55 D. sph	80
b	— 0,8 D. sph	— 0,8 D. sph	22
c	— 1,28 D. sph	— 1,1 D. sph	23

a) Bevorzugung von Minus D. bei Nacht.
b) Gleiche Einstellung bei Tag und Nacht (Unterschied geringer als 1 D.).
a) Bevorzugung von Minus D. bei Tag.

Nachtmyopie nur anerkannt, wenn die Sehschärfe mit dem Glase — 1,75 D. um mindestens 2' gebessert wurde. Die Sehschärfe wurde zwar durch Vorsetzen von — 1,75 sph so gut wie immer verändert. Zu meiner eigenen Überraschung aber wurde sie fast ebensooft verschlechtert wie verbessert. Prüflinge, die ohne Vorsetzen von — 1,75 D. eine gute Dämmerungssehleistung besaßen, lehnten das Minusglas mit einer einzigen Ausnahme ab und sahen mit ihm genau so schlecht, wie die andere Gruppe ohne den Vorsatz von — 1,75 D. gesehen hatte. Diese andere Gruppe aber wurde durch das Vorsetzen von — 1,75 D. auf den Stand gebessert, den die erste Gruppe ohne Glas eingenommen hatte. Tab. 23 zeigt also, daß die Streuung der Leistung im Dämmerungssehen beträchtlich vermindert wird, wenn man unter der optimalen Korrektur prüft. Die Korrektur ist der Hauptfaktor für die individuelle Variation der Dämmerungssehschärfe. Sie ist aber durchaus nicht immer — 1,5 D. bis — 2,0 D. im Sinne von Nachtmyopie, sondern variiert individuell. Ja, sie scheint sogar von den besonderen Bedingungen abzuhängen, unter welchen

Tab. 23. Optimale Einstellung am Fernrohr und die freiäugig-optimale Korrektur bei 17 jugendlichen Personen. Die Sehschärfe in Bogenminuten. In Kolonne e ist c und d gemittelt.

Nr.	Okulareinstellung am Nachtglase				Sehschärfe freiäugig		Quermittel einzelner VP.	Jeweils		Refraktion	Bemerkung
	Tag		Nacht		ohne -2,0 D.	mit -2,0 D.		Bessere	Schlechtere		
	R	L	R	L							
	a		b		c	d	e	f	g	h	
1	+ 2	+ 2	+3	+3	11,5	20,0	15,75	11,5	20,0	R + 4,5 sph + 0,75 cyl 110° L + 4,5 sph 7/6	
2	± 0	± 0	−3	−3	16,2	17,5	16,85	16,2	17,5	R = L ± 0 7/6	
3	−0,5	± 0	−3	−3	12,3	17,5	14,90	12,3	17,5	Pupille R 〉 L Emm 7/6	
4	± 0	± 0	±0	±0	10,0	13,3	11,65	10,0	13,3	R, L } + 0,5 7/6	
5	± 0	± 0	−2	−2	17,5	14,5	16,00	14,5	17,5	R, L } Emm 7/6	
6	−0,5	± 0	−3	-2,5	17,5	12,3	14,90	12,3	17,5	R − 0,5 sph ⚬ + 1 cyl ↑ 7/7 L + 0,5 sph 7/7	
7	−1,5	−1,5	±0	±0	11,5	8,5	10,00	8,5	11,5	R, L } + 0,5 cyl ↑ 7/6	
8	− 2	−1,5	−4	−4	23,0	12,3	17,65	12,3	23,0	R − 2,5 sph 7/6 L − 3,0 sph 7/6	Brillenträger m. Brille
9	−1,0	−1,0	−3	−3	10,0	14,5	12,25	10,0	14,5	R, L } + 0,5 cyl ↑	
10	−0,5	−0,5	−1	−1	16,2	20,0	18,10	16,2	20,0	R − 0,5 sph ⚬ + 0,5 cyl 80° 7/6 ? L + 0,5 sph ⚬ + 0,5 cyl 90° 7/6	
11	± 0	± 0	±0	±0	12,3	16,2	14,25	12,3	16,2	R, L } Emm 7/6	
12	± 0	± 0	−1	−1	12,3	20,0	16,15	12,3	20,0	R, L } +0,5 sph (cyl → 0,5 ?) 7/7	
13	− 2	− 2	−1	−1	16,2	12,3	14,25	12,3	16,2	R − 1,5 sph 7/6 L − 1,0 sph 7/6	
14	− 2	− 2	−2	−2	13,3	16,2	14,75	13,3	16,2	R − 1,0 sph 7/7 L − 0,75 sph ⚬ − 0,25 cyl → 7/6	
15	−1,5	−1,5	−1	−1	11,5	13,3	12,40	11,5	13,3	R − 0,5 sph 7/6 L − 1,5 sph 7/6	
16	− 2	− 2	−2	−2	20,0	13,3	16,65	13,3	20,0	R -2,25 sph -0,5 cyl → 7/6 ? L -2,25 sph -0,25 cyl → 7/6 ?	Brillenträger m. Brille
17	− 1	− 1	+2	+2	20,0	16,2	18,10	16,2	20,0	R -2,5 sph -0,25 cyl → 7/7 ? L -2,5 sph -0,25 cyl → 7/7 ?	
Mittelwerte					14,6	15,2	15,20	12,7	17,3		
Mittlere Abweichung					3,1	2,6	2,2	1,6	2,3		

der Beobachter sein Auge beansprucht. Es gibt eine Korrektur für Tageslichtbedingungen und eine für die Dämmerung, wovon die letztere bei etwa 50 % der Menschen um — 1,75 D. sph von der ersteren abweichen kann.

Oben wurde gezeigt, daß die Bildschärfe im Dunkeln ihre Bedeutung verliert. Nicht nur die Versuche mit Gittern, auch der Vergleich zwischen dem Nyktometer und dem N. W. G. spricht dafür. Einen weiteren Anhaltspunkt liefert unser Versuch IV. Denn wenn auch die bei den „Nachtmyopen" gefundene Korrektur von — 1,75 D. nicht immer die optimale gewesen sein mag, so darf doch ein Vergleich gezogen werden zwischen der Wirkung desselben Glases unter Tageslichtbedingungen und unter den Bedingungen der Dämmerung. Während unter Tageslichtbedingungen, wie ich erprobt habe, die Sehschärfe von $^6/_{24}$ mit — 1,75 sph auf $^6/_6$ gebessert wird, also auf den vierfachen Wert, war das Besserungsmaximum bei den untersuchten Nachtmyopen eines von 17,5' auf 10'. Die Besserung betrug hier nur das 1,7fache. Aus dem Maße der Sehschärfenbesserung oder Minderung mit — 1,75 D. sph läßt sich auch die Wirkung von astigmatischen Fehlern ungefähr abschätzen. Obwohl wir aus dem Bereiche der Tageslichtverhältnisse den großen Einfluß astigmatischer Fehler kennen, dürfte er unter Dämmerungsbedingungen doch geringer sein, selbst wenn er bei weiter Pupille stärker zum Tragen kommt. Dies zeigten ja auch unsere praktischen Versuche mit astigmatischen Personen. Der physiologische Astigmatismus von + 0,25 cyl. bis + 0,5 cyl. 90° spielt im Dämmerungssehen sicher keine Rolle.

5. Zu den Ursachen der sogenannten Nachtmyopie.

Wir haben unter den optischen Bedingungen für das Dämmerungssehen bisher die Pupille und die Akkomodation betrachtet und dabei gesehen, wie schwer die letztere zu fassen ist. Als sicheres Faktum bleibt die Nachtmyopie von etwa 50 % der bisher untersuchten Personen. Von anderer Seite wird der Prozentsatz als noch viel höher angegeben. Wir haben dafür bisher die Akkomodation, z. T. auch die sphärische Aberration verantwortlich gemacht und müssen nun weiter fahnden.

Zunächst ein Hinweis, den uns die praktische Ophthalmologie liefert: Wer unter Homatropin die Refraktion skiaskopisch und subjektiv häufig bestimmt, kennt die große Bedeutung des Astigmatismus für die Sehschärfe. 0,25 cyl. weniger oder mehr und in der richtigen Achse kann die Sehschärfe von $^6/_8$ auf $^6/_6$, also um 25 % bessern; besonders bei weiter Pupille. Dies ist umso auffallender, als die starke sphärische Aberration, ebenfalls bei weiter Pupille, nur wenig stört. Denn bekanntlich kann man bei der Skiaskopie nur den zentralen Teil des Pupillenquerschnittes, also in einem Durchmesser von etwa 4,0 mm, korrigieren, während der

Randteil der Pupille, also ca. 3,0 mm Durchmesser zusätzlich, überkorrigiert, nämlich myopisch, wird. Trotzdem ist die Sehschärfe bei der subjektiven Kontrolle unter Homatropin, also bei der Pupillenweite 7,0 mm, immer $^6/_6$ und mehr; man muß nur von Ausnahmen, wie bei sehr hohem Astigmatismus oder bei Amblyopie, absehen.

Nehmen wir punktförmige Lichtquellen an, dann würden von dem gesamten Lichtstrom, der von einem Lichtpunkte aus den Pupillenquerschnitt von 7,0 mm Durchmesser (38,5 mm²) trifft, nur 12,5 mm² im Bildpunkte der Netzhaut vereinigt werden, während die übrigen 25,9 mm², also die doppelte Lichtmenge, die Netzhaut als Streulicht erreichen. Freilich verteilt sich die zerstreute Lichtmenge auf einen relativ großen Bezirk, wie eingangs erwähnt worden ist, und die geringe Leuchtdichtendifferenz zwischen dem Kern und dem Halo des Zerstreuungskreises genügt, um den physiologischen Kontrast in Funktion zu setzen. Der geringste Astigmatismus aber zerstört die runde Gestalt des Zerstreuungskreises und damit des Kernes, vergrößert seine Ausdehnung nach zwei bevorzugten Richtungen hin und bedingt die Herabsetzung der Sehschärfe. Eine andere Erklärung für die einschneidende Wirkung des Astigmatismus gegenüber der geringen der sphärischen Aberration erscheint mir nicht denkbar.

Daß im übrigen die skiaskopisch gefundene sphärische Korrektur nicht voll mit der subjektiv gefundenen übereinstimmt, ändert an unseren Überlegungen nichts. Das hängt mit der verschiedenen Lichtfarbe, unter der untersucht wird, zusammen. Die Vorstellung, daß die Nachtmyopie nur durch die weite Pupille und die von ihr abhängige sphärische Aberration herbeigeführt wird, erscheint, wie wir sehen, schon nach okulistischer Erfahrung unstatthaft. Immer ist doch eine skiaskopisch und bei weiter Pupille gefundene Myopie oder Emmetropie auch bei enger Pupille eine solche, und zwar meist auf 0,25 D. genau!

a) Die Sehschärfenverteilung in der Netzhaut. Diese läßt im Dämmerungssehen weniger die Refraktion der Fovea als die der Peripherie wichtig erscheinen. Das gilt besonders für die Leuchtdichten unter 10^{-6} sb, in welchen das Dämmerungsskotom zum Tragen kommt. Die Refraktion der Netzhautperipherie ist nur ungefähr bekannt und individuell wohl verschieden. Bei dem skiaskopischen Vergleich zwischen Fovea und Papille findet man, daß die Papille gegenüber der Fovea meistens um 1,5 D. hypermetrop ist. Eine etwas geringere Hypermetropie dürfen wir für die übrige Umgebung der Fovea annehmen, also für den Bezirk, der für das Dämmerungssehen maßgeblich ist. Dazu dürfte in der weiteren Peripherie der Astigmatismus schräger Büschel treten. Für die Nachtmyopie aber finden wir in der Lage der Netzhaut zur Kaustik des optischen Systems keinen Anhaltspunkt.

b) Die Lichtfarbe. Nach den Untersuchungen von Löhle (2), Siedentopf und Holl findet sich im Freien zur Zeit des Sonnenunterganges ein starker Rotgehalt des Himmelslichtes, von der ersten bis zur dritten Stunde nach Sonnenuntergang ein relativ starker Blaugehalt, in volldunkler Nacht jedoch wieder ein überwiegender Rotgehalt. Haben wir damit zwar gefunden, daß nicht nur das Licht unserer Geräte, sondern auch das der natürlichen Beleuchtung bei Nacht, man denke an die Wirkung des Nebels auf kurzwellige Strahlung, langwellig ist, also im Sinne von hypermetroper Refraktion wirkt; so bedeutet der Durchtritt durch Hornhaut, Linse und Glaskörper erst recht eine weitere Verlagerung des Spektrums nach der langwelligen Seite hin. Die Linse wird im Alter zunehmend gelb, und es ist anzunehmen, daß sie an der Altershemeralopie besonderen Anteil hat. Für die Nachtmyopie gibt uns diese Betrachtung jedoch keine Anhaltspunkte.

Freilich beträgt der Unterschied in der Refraktion roten und blauen Lichtes ziemlich genau 1,5 D. Man kann sich davon an einem Stereoskop leicht überzeugen. Setzt man, nachdem man ein recht scharf konturiertes Bild für die stereoskopische Betrachtung ausgewählt hat, vor das rechte Auge ein rotes und vor das linke Auge ein blaues Glas, dann können bei beidäugig gleicher Refraktion des Beobachters die beiden Halbbilder nicht gleichzeitig scharf gesehen werden. Man überzeugt sich davon durch abwechselndes Schließen eines Auges. Bekanntlich wird die Akkomodation auf beiden Augen immer völlig gleich stark angestrengt, die Refraktionsdifferenz kann also akkomodativ nicht ausgeglichen werden. Setzt man aber vor das Blauglas — 1,5 D. vor, dann sind die beiden Halbbilder genau gleich scharf.

Die Identität zwischen dem Grade der Nachtmyopie und der Differenz in der Refraktion blauen und roten Lichtes veranlaßte Legrand und Roncchi, das „blaue" Licht der Nacht für die Nachtmyopie verantwortlich zu machen. Das Licht des Nachthimmels ist aber nicht „blau". Dieser Eindruck wird uns nur durch den Simultankontrast gegenüber den langwelligen Lichtquellen vorgetäuscht, wie sie hinter den Fenstern der Häuser leuchten. Stehen wir nicht unter dem Eindrucke solcher Lichtquellen, dann erscheint uns sogar der lichte Himmel einer Vollmondnacht in reinem Grau. Roncchi bezog sich bei seinen Erklärungsversuchen auf das Purkinje-Phänomen und auf die chromatische Aberration der Linse. Da das Helligkeitsmaximum des Spektrums im Dunkelauge nach dem kurzwelligen Ende des Spektrums verschoben sei, müsse im Vergleich zu Tageslichtbedingungen eine Zurückverlagerung des Brennpunktes die Folge sein. Wie jedoch Palacios zeigte, ist die Verlagerung des Helligkeitsmaximums vom Tages- nach dem Dämmerungssehen für die Refraktion von so geringer Bedeutung, daß die Differenz nur 0,1 D. ausmacht.

c) Die Veränderung der Akkomodation. Schon oben wurde darauf hingewiesen, daß die Akkomodationsbreite mit abnehmender Beleuchtungsstärke absinkt. Das dürfte am auffallendsten mit dem Leuchtzifferblatt einer Uhr demonstriert werden. Man suche im Dunkeln den Nahepunkt für das Zifferblatt auf und schalte dann eine künstliche Lichtquelle ein, der Nahepunkt rückt dann um vieles näher an das Auge heran. Unsere Untersuchungen mit dem Nyktometer ließen die Herabsetzung der Akkomodationsbreite im Dunkeln auch deutlich erkennen. Ferree und Rand sowie Hirasawa haben bei eingehenden Untersuchungen unter abnehmender Beleuchtung nicht nur eine Abnahme der Akkomodationsbreite, sondern auch eine der Akkomodationszeit gefunden, was mit der oben erwähnten Selbstbeobachtung übereinstimmt (s. S. 92).

Otero und Duran haben zunächst gezeigt, daß die Nachtmyopie auch bei Abschwächung monochromatischer Lichter eintreten kann, also keinesfalls mit der Änderung der Lichtfarbe oder mit dem Purkinje-Phänomen erklärbar ist. Ihr entscheidender Versuch bestand in folgendem: Durch ein einfaches Kollimatorsystem wurde ein Liniengitter unter veränderlicher Leuchtdichtendifferenz von In- und Umfeld und unter veränderlicher Umfeldleuchtdichte beobachtet. Gleichzeitig konnte man mit der Apparatur, ähnlich wie mit dem Okular eines Fernrohres, die Einstellung im Sinne von Hypermetropie und Myopie verändern. Unter Verminderung der Leuchtdichtendifferenz oder der Umfeldleuchtdichte wurde zunächst die Schwelle gesucht, bei welcher die Linien eben sichtbar waren. Nun wurde die Refraktion des Systems jeweils nach Plus und Minus so lange verschoben, bis die Linien verschwanden. Es wurde somit die Akkomodationsbreite für die jeweilige Leuchtdichte des Prüffeldes bestimmt. Dabei fand sich aber nun nicht nur ein zunehmendes Abrücken des Nahepunktes mit abnehmender Leuchtdichte, sondern gleichzeitig ein Näherrücken des Fernpunktes. Bei völligem Unsichtbarwerden des Objektes durch Herabsetzen der Umfeldleuchtdichte hörte die Akkomodation ganz auf, nachdem unmittelbar vorher Nahe- und Fernpunkt fast miteinander verschmolzen waren. Nahepunkt und Fernpunkt trafen sich aber nicht bei der Einstellung „Unendlich", sondern bei der Einstellung „0,5 m". Das entspricht nun ziemlich genau der Nachtmyopie. So wenigstens deutet Palacios die Befunde. Kühl hat sie bestätigt und gibt an, daß die Akkomodation etwa zwischen 10^{-5} sb und 10^{-6} sb ihre Wirksamkeit verliere. Wie wir jedoch am Nyktometer sahen, können Jugendliche bei 10^{-6} sb noch recht gut akkomodieren, ja, es scheinen Akkomodationsreste bis gegen 10^{-8} sb möglich zu sein (s. S. 86 ff.).

So einleuchtend die Befunde von Otero, Duran und Kühl sind, so sehr sie die Fragen beantworten, die die Nachtmyopie uns stellt, sie dürfen doch nicht verallgemeinert werden. Das zeigen die Versuche mit größeren Reihen von Personen und ist später auch von Schober zugegeben worden. Es wird nicht bezweifelt, daß es sich bei den Befunden von Otero, Duran und Kühl um einen bei ihren Prüflingen gesetzmäßig wiederkehrenden Vorgang gehandelt hat. Es ist nur unwahrscheinlich, daß bei jedem Menschen, wenn wir von seiner individuellen Tagesrefraktion absehen, jenes Verschmelzen von Nahe- und Fernpunkt durchwegs im Abstand 0,5 m erfolgt. Die Versuche nach Anordnung IV zeigen sogar, daß bei ein und demselben Individuum je nach der gerade herrschenden Art der Beobachtung Unterschiede vorkommen können. Worauf bisher auch zu wenig geachtet wurde, ist m. E. die Tatsache, daß die Beobachtung mit irgendwelchen optischen Hilfen (Mikroskope, Fernrohre, Entfernungsmeßgeräte) schon bei Tage eine scheinbare Myopie vielfach entstehen läßt, nämlich durch Akkomodation. Das schlechtere Sehen in der Dämmerung verstärkt diesen Akkomodationsimpuls. Er stört in der Dämmerung, besonders bei der Entfernungsmessung sehr stark.

Der in der Dämmerung auftretende Akkomodationsimpuls ist ein individueller. In diesem Sinne sind auch die Befunde von Otero und Duran aufzufassen. Er allein dürfte aber die Nachtmyopie nicht bewirken können, wenn sie auch im akkomodationslosen Auge gefunden wird. Palacios behauptet, daß auch im atropinisierten Auge der Fernpunkt in 0,5 m Abstand liege. In absoluter Ruhelage der Linse bestünde also Myopie! Aber auch das kann wohl nur individuell und nur für die Beobachtungen in der Dämmerung gelten. Wie anders wollen wir die uns zu Tausenden vorliegenden objektiven und subjektiven Befunde über die Refraktion des atropinisierten Auges erklären?

Diese Einwände ändern freilich nichts an dem Wesen der Nachtmyopie, die zu offensichtlich die Folge der erlöschenden Zapfenfunktion bei abnehmender Beleuchtung ist. Nicht nur die Pupille, auch die Akkomodation wird von dem Zapfenapparat beherrscht. Auch die Akkomodation erlischt bei der Leuchtdichte von etwa 10^{-6} sb. So wie aber der Stäbchenapparat nicht ohne Einfluß auf die Pupillenweite ist, so scheint er auch die Akkomodation zu beeinflussen, und zwar im Sinne der Nachtmyopie. Da, wo das Zapfen- und Stäbchensehen ineinandergreifen, also im Zwielicht, sind die individuellen Unterschiede der Sehschärfe am größten, offenbar nicht nur wegen irgendwelcher, zwischen Zapfen und Stäbchen laufender und ihren Lichtsinn beeinflussender Beziehungen, sondern wegen der hier besonders schwierigen akkomodativen Verhältnisse. Damit dürfte auch die starke individuelle Variation der Nachtmyopie am besten erklärt sein. Die Veränderung der Akkomodationsbreite, das aufeinander Zuwandern von Nahe- und Fernpunkt nach Palacios, mag bei jedem Individuum stattfinden, nur erfolgt ihre endliche Verschmelzung nicht bei jedem Menschen im Abstand von 0,5 m. Würde die Nachtmyopie ein starr gesetzmäßiger Vorgang sein, dann dürfte sie nicht individuell so stark variieren, sie müßte vor allem bei hypermetropen Menschen fehlen. Deshalb wurden die siebzehn Personen des Versuches IV unter Homatropin skiaskopiert. Es fand sich keine Beziehung zwischen der objektiven Refraktion und der Nachtmyopie, wenn auch die Fälle ein endgültiges Urteil noch nicht erlauben.

Gehen wir von der allgemeinen Erfahrung aus, daß kein physiologisches Phänomen ohne Zweck ist, selbst wenn wir diesen Zweck im Augenblick noch nicht begreifen, so müssen wir schließlich nach dem Zweck der Nachtmyopie fragen. Die physiologische Refraktion des Normalsichtigen ist etwa +1,0 sph. Daß sie nicht die Emmetropie ist, findet seinen Sinn in der Refraktion kurzwelligen, also blauen Lichtes. Wäre die Nachtmyopie eine ähnlich zweckmäßige und physiologische Erscheinung, dann läge der Sinn der Hypermetropie des Normalen auch in der durch sie möglichen Kompensation der Nachtmyopie. Das scheint aber nicht immer der Fall zu sein. Die Nachtmyopie ist ein individuelles Symptom und kann einen schweren Fehler bedeuten; bedingt sie doch eine Verschlechterung der Sehschärfe um fast 50 %. Dieser Fehler ist ebensowenig physiologisch wie die Myopie unter Tageslichtbedingungen. Daher bleibt vorläufig nur die Erklärung, daß der zivilisierte Städter vom Sehen ohne künstliche Beleuchtung entwöhnt ist. Förster, Seeleute, Naturmenschen haben, wie vielfach festgestellt, eine besonders gute Dämmerungssehschärfe. Das aber ist nicht nur auf eine gesündere Lebensweise, auf einen empfindlicheren Stäbchenapparat, auf die unbewußt angewandte periphere Fixation, sondern wohl auch auf ein Fehlen der Nachtmyopie bei solchen Menschen zurückzuführen.

VI. Zur Pathologie des Sehens in der Dämmerung.

Alle bisher erwähnten Abweichungen in der Adaptation und in der Dämmerungssehschärfe fallen noch in den physiologischen Bereich; selbst die schlechtere Leistung des Alterssichtigen, auch die Nachtmyopie ist hier einzureihen. Im Gegensatz hiezu weisen kranke Augen Störungen auf, die bis zum Verluste jeder Adaptation, ja eben bis zur Erblindung gehen können. Die Störungen bei den verschiedensten Erkrankungen des Pigmentepithels, der Netzhaut und des Sehnerven sind der Fachwelt bekannt und vielfach untersucht. Ich verweise auf die Darstellung Dieters (1, 2) und Metzgers. Wenn die Patienten den Arzt das erste Mal aufsuchen, sind die Störungen des Lichtsinnes bei den üblichen Untersuchungsmethoden meist schon so massiv, daß kein Zweifel über den Zusammenhang aufkommt. In jüngster Zeit haben sich die Untersuchungsmethoden zur Lichtsinnuntersuchung des kranken Auges sehr verfeinert. Ich erinnere an die Projektionsperimeter, an die Lichtpunktwerfer und an die subtilen Studien Laubers und Goldmanns. Leider hatte ich bisher keine Gelegenheit, meine Methoden, ich denke vor allem an die Prüfung der Readaptation und der Dämmerungssehschärfe, bei Kranken anzuwenden. Man bedient sich ähnlicher Methoden bei der Leberfunktionsprüfung, doch dürfte ihrer auch in der optischen Neurologie ein breites Feld warten. In unserer Betrachtung seien nur pathologische Erscheinungen bei Personen angeführt, deren klinische und besonders augenärztliche Untersuchung keine anatomischen Anhaltspunkte für die Ursache der Lichtsinnstörung ergeben hat.

1. Das Dämmerungssehen der Myopen.

Auffallenderweise ist kein direkter Zusammenhang zwischen dem Grade der Myopie und dem Grade der Lichtsinnstörung zu erkennen. Selbst höhergradig Myope von — 6,0 bis — 10,0 D. weisen oft normale Leistungen auf. Damit stimmen die Angaben der Literatur überein, die sich allerdings z. T. widersprechen (Comberg [1], Best, Brändstedt). Ganz schwach Myope sind manchmal erheblich gestört. Nur die Nachtmyopie ist vielleicht bei Myopen häufiger als bei Emmetropen und Hypermetropen. Von Myopen über —10,0 D. kann ich leider nicht berichten.

Der Myope hat meist eine verzögerte Adaptation. Das drückt sich in der üblichen Adaptationskurve aus und wird schon von Matthey, in einem gewissen Gegensatz zu Brückner und Franceschetti, mitgeteilt. Wir erkennen diese Verzögerung noch leichter bei Prüfung der Readaptation und am verzögerten Beginn der Nyktometerkurve. Das letztere dürfte allerdings zusätzlich durch eine verzögerte Akkomodation bedingt sein, wie wir sahen, und dürfte damit schon auf die Ursache der Störungen des Myopen hinweisen. Denn die seitliche Blendung stört den Myopen nicht mehr als den Normalen und die N. W. G.-Leistung weist bei Gleichaltrigen keine Abweichungen auf. Es ist offenbar nur der Zapfenapparat, der bei den Myopen nicht ganz normal funktioniert. Zwar vermittelt er unter ausreichender Beleuchtung (Tageslichtbedingungen) eine gute, oft sehr gute Sehschärfe, aber seinen übrigen Funktionen wird der Zapfenapparat nicht voll gerecht. Zu den schon besprochenen Störungen (s. Abb. 7) kommt die dem Augenarzt bekannte Akkomodationsfaulheit des Myopen, selbst bei hinreichender Beleuchtung, hinzu. Ja, vielleicht ist auch die schwächere Pupillomotorik des Myopen als Symptom der gestörten Zapfenfunktion zu deuten. Bekanntlich haben Myope vielfach eine abnorm weite Pupille.

Alle Störungen, die wir beim Myopen, selbst bei ophthalmoskopisch normaler Macula, finden, deuten auf eine elektive Minderwertigkeit der Zapfen, also der Netzhautmitte, hin. Lindner hat in jüngster Zeit neue Beweise dafür gesucht, daß das Myopwerden eines Auges kein Wachstumsprozeß, sondern eine auf den hinteren Pol beschränkte Dehnung des Augapfels sei. Der Prozeß beginne mit der übermäßigen Beanspruchung des zentralen Netzhautabschnittes durch übermäßiges Lesen. Dieses zöge eine dauernde und unphysiologische Beanspruchung der Choriocapillaris im Bereich des hinteren Augenpoles nach sich, deren Blutüberfüllung ihrerseits eine seröse Entzündung bewirke. Diese Entzündung aber beeinträchtige den Stoffwechsel der Sklera unter dem geschädigten Bezirk, welche nun weich würde und dem normalen Augendruck durch Ausweitung nachgebe. Die elektive Störung der Zapfenfunktion, die wir bei Myopen gefunden haben, spricht wohl nur in Lindners Sinn. Es entwickelt sich bei Myopen eine Störung, die bei Emmetropen und Hypermetropen erst im Alter zustande kommt. Sie dürfte z. T. in den Zapfen selbst und im Pigmentepithel zu suchen sein, im Sinne einer verzögerten Regeneration der Sehstoffe (Adaptation), man muß sie aber auch in den inneren Schichten der Netzhaut suchen, die die Reizleitung und damit die Motorik der Akkomodation und des Pupillenspiels über die entsprechenden Hirnzentren besorgen. Hier stecken wir freilich noch tief in der Hypothese. Ist es doch noch umstritten, ob der Sehnerv überhaupt gesonderte pupillomotorische, geschweige denn akkomodativ wirkende Fasern führt.

2. Das Dämmerungssehen Rot-Grünblinder.

Farbenblinde und Farbenschwache zeigen keine charakteristischen Abweichungen in der Dämmerungssehleistung. Man spricht ihnen, besonders den Rot-Grün-Anomalen, eine gesteigerte Kontrastempfindlichkeit zu; allerdings für die entsprechenden Komplementärfarben. Immerhin war es von Interesse, das Dämmerungssehen dieser Menschen zu untersuchen. In der Literatur der jüngeren Zeit finden sich darüber auch keine Angaben. Ich untersuchte einmal eine Gruppe von 26, in einem zweiten Untersuchungsgang 20 farbenuntüchtige Personen mit dem N. W. G. Dabei gewann ich anfangs den Eindruck, daß Deuteranope und Deuteranomale gute und daß Protanope schlechte Leistungen hätten. Die erste Gruppe hatte siebzehn Deuteranomale und neun Protanope, deren Leistung im Mittel 11 und 14 (Irisblende) betrug, sich somit wie 2 : 1 verhielt. Bei der zweiten Gruppe war das Verhältnis ähnlich, nur waren von den zwanzig Personen nur zwei protanop. Im einzelnen fanden sich aber zu viele Ausnahmen, um den Zusammenhang als sicher anzuerkennen. Die isolierte Vererbung der Rot-Grün-Blindheit und der kongenitalen Hemeralopie, wie schließlich der totalen Farbenblindheit bei ungestörter Stäbchenfunktion (D i e t e r [1, 2]), weist doch auf eine große Unabhängigkeit von Zapfen- und Stäbchenapparat hin. Dennoch wäre die weitere Verfolgung der hier nur angeschnittenen Frage wünschenswert.

3. Über die Erkennung der Simulation.

Während des Krieges, als das gute Sehen in der Dämmerung in nahezu allen Kreisen der Bevölkerung von großer Bedeutung war, wurden viele Untersuchungen mit dem E. H. A. und mit anderen Geräten ausgeführt (s. u. a. S i e g e r t). Auch ich hatte Gelegenheit, eine Reihe von Personen wegen Störungen des Dämmerungssehens bei sonst gutem Gesundheitszustand zu untersuchen. Die Störungen betrafen die Adaptationskurve im Sinne der allgemeinen Herabsetzung aller Werte, sie betrafen auch die Ergebnisse am N. W. G. Wie schon im Ersten Weltkrieg spielte auch diesmal die Simulation eine große Rolle. Um sie zu entlarven, hat R i e k e n ein eigenes Verfahren auf Basis des optokinetischen Nystagmus erdacht. Sind nämlich die Streifen der Nystagmustrommel so breit, daß sie für die Sehschärfe des dunkeladaptierten Auges überschwellig sind, und werden sie mit angemessener Geschwindigkeit an dem Auge vorbeibewegt, dann tritt Nystagmus auf; läßt sich dieser nachweisen, bevor der Prüfling angeben will, daß er die

Streifen sieht, dann liegt Simulation vor. So einfach dieses Prinzip ist, so ist es doch nicht leicht, es in ein praktisches Schema zu ordnen. Vor allem kann man den Nystagmus ohne entsprechende Aufzeichnungsapparate nicht so leicht im Dunkelzimmer nachweisen. Ich verweise auf die Apparaturen von Colombi und Schupfer sowie von Ohm. Es war mir nicht möglich, ähnliche Methoden anzuwenden, so daß ich mich bei Verdacht auf Simulation mit der wiederholten Bestimmung der Adaptationskurve (Kyrieleis) oder mit Simulationsproben, wie man sie unter Tageslichtbedingungen schon lange übt, begnügen mußte (s. Abb. 27 und 28). Recht einfach ist es auch, die Auftrittschwelle des Reizlichtes

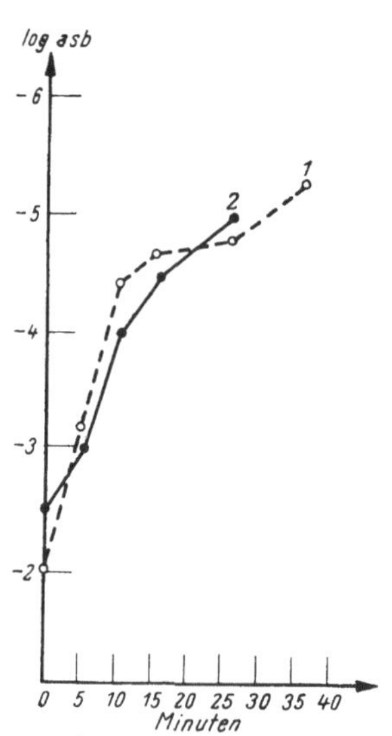

Abb. 27. Normale Adaptationskurve ein und derselben Person an zwei verschiedenen Tagen, zur selben Tageszeit.

1. 13. Dez. 1944.
2. 21. Dez. 1944.

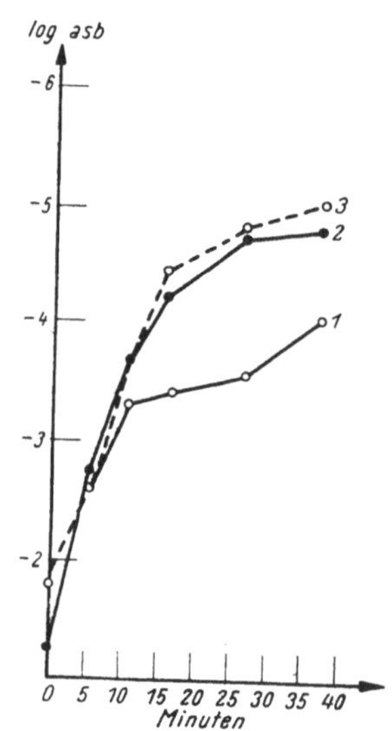

Abb. 28. Adaptationskurven eines Simulanten mit normaler Adaptation.

1. 6. Dez. 1944.
2. 13. Dez. 1944.
3. Normalkurve (gemittelt aus den Einzelkurven von 50 Personen).

am E. H. A. mit der Verschwindenschwelle zu vergleichen. Simulanten glauben nämlich, sie müßten in beiden Fällen ihre Angaben verzögern. Die Verschwindenschwelle liegt dann unverhältnismäßig viel tiefer als die Auftrittschwelle, so daß eine der beiden Angaben falsch sein muß.

Die sogenannte objektive Bestimmung der Dämmerungssehleistung auf Basis des optokinetischen Nystagmus ist gewiß ein wertvoller Fortschritt in der augenärztlichen Methodik. Eine bessere ist für die Entlarvung von Simulanten und für die Bestimmung der tatsächlichen Funktionstüchtigkeit kaum denkbar. Das darf aber nicht den Eindruck erwecken, als sei die „objektive" Methodik Riekens den bisherigen „subjektiven" überlegen. Tatsächlich sieht der Ungeübte die Streifen der Nystagmustrommel früher, als man den Nystagmus bei ihm nachweisen kann. Es ist auch einleuchtend, daß nicht nur die Sehgröße der schwarzen und weißen Streifen, sondern auch die Geschwindigkeit, mit der sie vor dem Auge vorbeigeführt werden, für die Schwelle ausschlaggebend sind. Das von Rieken entworfene Gerät ist erst in den letzten Kriegsjahren von C. Zeiss in wenigen Exemplaren fertig gestellt worden und vorläufig zu wenig erprobt. Es ist durchaus möglich, daß man es später allgemein zur Prüfung des Lichtsinnes wird heranziehen können.

4. Das Dämmerungssehen bei nervös Erschöpften.

Obwohl ich in allen Zweifelsfällen Simulationsproben anwendete, habe ich doch etwa 40 Fälle beobachtet, deren Leistungen in allen Qualitäten des Dämmerungssehens sicher herabgesetzt waren. Es handelte sich um Männer reifen Alters zwischen 30 und 40 Jahren, oft von robuster Konstitution und in voller Gesundheit. Gerade sie waren friedensmäßig ernährt und ließen die Diagnose Mangelhemeralopie ausschließen. Die Störungen werden durch Abb. 29 angedeutet, sind aber auch am N. W. G. erheblich gewesen. Die Schwelle war etwa auf das fünffache der Norm erhöht. Die Personen waren in den Monaten vorher einer schweren und anhaltenden Überbeanspruchung des Nervensystems, wie z. B. schwerem Dienst in wochen- und monatelanger Seefahrt, ausgesetzt gewesen (s. Abb. 29).

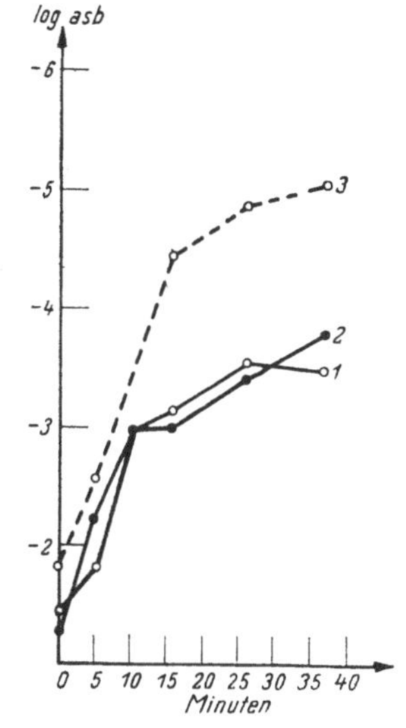

Abb. 29. Adaptationskurven bei Adaptationsstörung.
1. 8. Nov. 1944.
2. 13. Nov. 1944.
3. Normalkurve wie Abb. 28.

Ob es eine Hemeralopie infolge nervöser Erschöpfung gäbe, wurde schon im Ersten Weltkrieg diskutiert und damals vielfach abgelehnt. Wessely, Best, Birch-Hirschfeld u. a. erkannten, wie naheliegend und einfach es für Unlustige ist, eine Hemeralopie vorzutäuschen. Als sie nun in den meisten Fällen Simulation nachweisen konnten, zweifelten sie an der Möglichkeit des Zusammenhanges zwischen nervöser Erschöpfung und Hemeralopie überhaupt. Auch Metzger nimmt diese Stellung ein. In jüngster Zeit haben Brandis (2) und Dienesco auf die schwächere Dämmerungssehleistung nach starker geistiger Arbeit und nach nervöser Erschöpfung hingewiesen. Die zentral-nervöse Steuerung oder wenigstens Beeinflussung der Adaptation, welche schon v. Tschermak (3) annimmt und die neuerdings Crozier und Wolf auf Grund neuer Versuche vertreten, spricht nur dafür, daß die Überbeanspruchung des Nervensystems auch Folgen für die Adaptation haben kann. Die Schädigung ist eine kortikale, im weitesten Sinne psychische Störung. Vielleicht spielt eine Art unbewußten Schwindels oder Hysterie mit hinein.

Die Möglichkeit, die Dämmerungssehleistung mit Erregungsmitteln zu bessern — wir kommen darauf zurück — weist auf den Zusammenhang ebenfalls hin. Schließlich zeigt uns der Tagesrhythmus, wie ihn Graf auch für Leistungen des Lichtsinnes nachwies, daß hohe Wachsamkeit oder Müdigkeit auf das Dämmerungssehen Einfluß nehmen. Die Frage: „Können Sie die Scheibe sehen?", also die einfache Reizschwellenbestimmung, verlangt schon hohe Konzentration vom Geprüften, wie viel mehr die Prüfung mit dem N. W.-G. Alles Beobachten im Schwellenbereiche bedeutet eine hervorragende Sinnesleistung, die durch den bewußten Willen, durch die Intention zu sehen, stark gefördert wird. Das gilt für jeden Gebrauch optischen Gerätes, es gilt für den einfachen Ausguck des Piloten, des Seemannes, des Lokomotivführers, es gilt vor allem in der Dunkelheit. Auch bei meinen wiederholt untersuchten Prüflingen (s. die Readaptationsversuche) beobachtete ich Leistungsverminderungen nach schwererem Nachtdienst. Wie viel stärker muß die Störung bei chronisch überanstrengten Menschen sein.

Daß die schwere Erschöpfung auch Einfluß auf den Vitamin-A-Stoffwechsel und damit auf die Sehstoffregeneration nehmen kann, ist naheliegend. Wir wissen darüber nichts Näheres. Bei den von mir untersuchten Fällen konnte ein allgemeiner Vitamin-A-Mangel nie festgestellt werden. Versuche, die gestörte Leistung durch gesteigerte Vitamin-A-Zufuhr zu heben, sind leider vorzeitig unterbrochen worden. Pillat (2) macht über solche Fragen nähere Angaben.

5. Das Dämmerungssehen unter der Wirkung von Alkohol und Nikotin.

Einen weiteren Hinweis auf solche Zusammenhänge bietet ein Versuch, der die Bedeutung des Alkohols betraf. I. Schmidt hatte mir aus einer amerikanischen Publikation mitgeteilt, daß landesübliche Alkoholmengen eine deutliche Steigerung der Dämmerungssehleistung herbeigeführt hätte. Die angegebene Menge war jedoch so hoch, daß sie einen beträchtlichen Rauschzustand bewirkt haben muß.

Ich selbst hatte nach einem Gelage den Eindruck gewonnen, daß meine Dämmerungssehleistung vermindert sei. Deshalb führte ich folgenden Versuch mit zwölf Personen im Alter von 30 bis 45 Jahren aus:

a) Zunächst wurde die N. W. G.-Leistung bestimmt, dann wurden innerhalb von zwei Stunden je 100 ccm 45 %igen Alkohols geleert. Die Prüflinge waren in „guter" Laune, zeigten aber keinerlei Zeichen von Intoxikation. Trotzdem war die Schwelle im Mittel von $8{,}2 \cdot 10^{-10}$ sb auf $1{,}2 \cdot 10^{-9}$ sb gestiegen.

b) An einem anderen Tage wurde von sieben Personen die dreifache Menge, also 300 ccm, in der gleichen Zeit geleert. Es wurde damit eine stärkere, aber bei keinem Prüfling pathologische Trunkenheit erreicht. Störungen des Gleichgewichtsinnes, Doppeltsehen u. ä. wurden nicht beobachtet. Die Schwelle aber war von $8{,}2 \cdot 10^{-10}$ sb auf $2{,}0 \cdot 10^{-9}$ sb im Mittel gestiegen! Die Kontrolle am nächsten Tage, etwa zehn Stunden nach der Prüfung, also im Alkoholkater, ergab ebenso $2{,}0 \cdot 10^{-9}$ sb!

Im Zustande starker Alkoholisierung findet man die N. W. G.-Tafel dunkler als im Zustande der Nüchternheit. Den Hauptanteil an der Leistungsstörung hat aber wohl die verminderte Konzentration. Bekannt ist der starke Sauerstoffhunger der Alkoholisierten, auch noch im Katerzustand, und tatsächlich führt der Sauerstoffmangel allein eine Minderung der Adaptationsleistung herbei, wie dies in schlecht belüfteten Räumen Zirlin, in der Unterdruckkammer Fischer und Jongbloed, später Bunge (1, 2), Mc Farland, Ross und Evans nachgewiesen haben. Bunge hat auch gezeigt, daß der Sauerstoffmangel nicht nur die Sehpurpurregeneration selbst gefährde, sondern, wie wir das beim Alkohol sahen, auch im Bereiche der Hirnrinde wirke. Wir werden darauf zurückkommen (s. auch die Studie von Tansley).

Fraglich ist es, ob das Nikotin eine Schädigung der Dämmerungssehleistung bewirke. Heinsius (3) hat die Frage aufgeworfen, aber nichts Eindeutiges gefunden. Dasselbe gilt für meine Untersuchungen. Ich fand sowohl hervorragende Leistungen bei starken Rauchern wie sehr schlechte bei Nichtrauchern. Daß bei besonders nikotinempfindlichen Menschen die geistige Leistungsfähigkeit leidet, wenn sie trotzdem rauchen, ist mir unzweifelhaft. Auch sei darauf hingewiesen, daß der Prozentsatz der Nichtraucher unter angestrengt und erfolgreich tätigen Geistesarbeitern höher ist als in der allgemeinen Population.

6. Zur Mangelhemeralopie.

Wir kommen schließlich zu jener Störung, welche relativ häufig diagnostiziert wird und wahrscheinlich weniger häufig vorkommt, nämlich zur Hemeralopie infolge von Vitamin-A-Mangel. Welch große Rolle die Armut oder der Reichtum der Netzhaut an Sehstoffen spielt, wird unten ausführlich behandelt werden. Anderseits ist von mehreren Autoren gezeigt worden, daß der Körper den Vitamin-A-Mangel lange erduldet, bis das Auge so sehr an Sehpurpur verarmt, daß es hemeralop wird (Drigalsky, Dann und Yarbrough). Offenbar hält die Netzhaut das Vitamin A von allen Organen am allerlängsten fest. Man hat früher schon bei subnormalen Leistungen im Dämmerungssehen gerne den Mangel an Vitamin A verantwortlich gemacht, bevor man die Möglichkeit ausschloß, daß die Hemeralopie nicht eine des Prüflings, sondern eine Hemeralopie des Gerätes war; wenn man so sagen darf.

Deshalb soll an den Zusammenhängen durchaus nicht gezweifelt werden. Mir will nur scheinen, daß man mit dem Urteil Adaptationsstörung — Leberschädigung — Vitamin-A-Mangel manchmal zu freigebig ist. Ich erinnere mich keines Falles unter den sicher hundert Fällen mit subnormalen Leistungen, bei dem eine Mangelhemeralopie einwandfrei vorgelegen hätte. Ich halte die Mangelhemeralopie bei gesunden Menschen und unter normaler Ernährung, wie sie bis vor wenigen Jahren in Europa noch die Regel war, für nicht sehr häufig und würde sie im Einzelfalle nur anerkennen, wenn die Zufuhr mittlerer Vitamin-A-Dosen einen deutlichen Erfolg bringt.

Unter schlechten Ernährungsverhältnissen, wie sie in China fast zur Regel gehören und in Europa nach dem Ersten Weltkrieg und neuerdings herrschten, tritt die Mangelhemeralopie gelegentlich epidemisch auf. Darüber teilen Birnbacher und Pillat Näheres mit. Die erhöhte Inanspruchnahme des Stoffwechsels Schwangerer führt zur Hemeralopie (s. Klaften u. a.). Über die Bedeutung des Vitamins A in allgemein ophthalmologischer Hinsicht geben unter vielen anderen die Publikationen von van Beuningen, Bietti, Patek, Pies, Pillat, Rissel und Zaffke Auskunft.

Nach den Untersuchungen von van Beuningen, v. Drigalsky und Rissel ist die Adaptationskurve bei Mangelhemeralopie vor allem im Anfangsteil herabgesetzt. Es ist das eine wichtige Parallele zur Wirkung des Vitamin A beim Normalen.

VII. Zur künstlichen Verbesserung der Dämmerungssehleistung.

Bevor man an eine künstliche Verbesserung des Sehens in der Dämmerung denkt, erinnere man sich an die Erlernbarkeit dieser Funktion. Sie geht auf die einfache Schärfung unserer Aufmerksamkeit für minimale Helligkeitsunterschiede, auf die Steigerung des Wachzustandes infolge zunehmenden Interesses, sie geht vor allem auf das Erlernen der peripheren Fixation zurück. Die Verbesserung der Leistung ist in stärkerem oder geringerem Maße bei allen Geräten und von allen Autoren, ich nenne nur Graf, Heinsius (2, 3), I. Schmidt gefunden worden; sie ist am N. W. G. am auffallendsten. Man muß dies im Auge behalten, nicht nur, weil die Übung im Dämmerungssehen einfacher und billiger zum Ziele führt als jede künstliche Einwirkung, sondern weil gerade sie unsere vergleichenden Untersuchungen stark beeinflußt und unser Urteil trüben kann. Es sind schon vor längerer Zeit Versuche zur Verbesserung des Dämmerungssehens angestellt und oft positiv beurteilt worden. Man darf sie m. E. nur anerkennen, wenn das Moment der Übung berücksichtigt worden ist. Eine wesentliche Verbesserung des Dämmerungssehens ist nur mit Vitamin A und seinen Verwandten möglich. Ich möchte die Darstellung solcher Versuche jedoch an den Schluß setzen und vorher kurz über Versuche mit anderen Mitteln berichten.

Oben wurde die Wirkung des Sauerstoffmangels erwähnt. Es war also naheliegend, mit gesteigerter Sauerstoffzufuhr eine übermäßige Leistung im Dunkelsehen zu erzielen. Nachdem Lehmann und Graf die positive Wirkung der Sauerstoffzufuhr in einem Arbeitsversuche erkannt hatten, der der Nachahmung des Autolenkens, also dem Zusammenwirken optischer und manueller Leistungen entsprach, führte ich Versuche unter Kontrolle des N. W. G. aus. Ich fand eine fördernde Wirkung der Sauerstoffzufuhr. Graf hat ähnliche Versuche in größerem Umfange und mit den verschiedensten Geräten zur Prüfung des Dämmerungssehens unternommen. Er führte die günstige Wirkung des O_2 auf eine bessere O_2-Versorgung von Gehirn und Netzhaut zurück. Später stellte er jedoch fest, daß der O_2-Gehalt des Blutes bei solchen Versuchen gar nicht erhöht war. Als Lehmann und Graf ähnliche Versuche unter einfacher Erhöhung des Atemvolumens vornahmen, fand sich fast die gleiche Verbesserung der Arbeitsleistung. Die Autoren nahmen daher an, daß die Wirkung des O_2 sowohl wie der Tiefatmung nicht die Retina selbst, sondern den Cortex cerebri betreffe. Sie meinten, daß die Anreicherung der Atemluft mit O_2 oder auch nur die Erhöhung des Atemvolumens im Sinne eines ergotropen Reflexes die Steigerung der Aufmerksamkeit durch Adrenalinausschüttung bewirke (Lehmann und Michaelis). Ich habe diese Versuche nachgeprüft und mich bei dem Gebrauch des N. W. G. an Vorschriften gehalten, die inzwischen Mulzer bei Studien der Sauerstoffwirkung auf die Dämmerungssehleistung angewendet hatte. Dieser Versuch ergab auch Aufschlüsse von allgemeiner Bedeutung, weshalb über ihn ausführlicher berichtet sei.

1. Die Wirkung des erhöhten Atemvolumens auf die Dämmerungssehleistung.

Die Leistungskontrolle erfolgte mit dem N. W. G. Die Prüfung wurde bei ausreichender Umfeldhelligkeit begonnen; das jeweils positive oder negative Ergebnis wurde notiert (Abb. 30). Die Verminderung der Umfeldhelligkeit wurde solange fortgesetzt, bis von fünf Einstellungen des L. R. drei falsch gelesen wurden, dann begann der Atemversuch.

Bei den Versuchen ist die Atemtechnik von Bedeutung. Die Luft soll ohne Pressen ein- und ausstreichen, ähnlich dem Atmen eines Dauerläufers oder eines Menschen, der durch Anstrengung außer Atem gekommen ist. Nachdem die letzte Umfeldhelligkeit (z. B. Blende 10) nicht mehr ausgereicht hatte, wurden zehn tiefe Atemzüge in aufrechter Haltung gemacht und nun neuerlich bei der gleichen Umfeldhelligkeit geprüft. Während der Atmung war die N. W. G.-Tafel abgeblendet. Kam der Prüfling bei der nächsten Umfeldhelligkeit wieder nicht weiter, dann wurde neuerlich geatmet. Dies alles wurde fortgesetzt, bis trotz wiederholten Atmens bei der niedrigsten Umfeldleuchtdichte von fünf L. R.-Stellungen nur mehr zwei richtig angegeben wurden.

Für diese Versuche war aber nun eine Kontrolle nötig. Denn die Leistung kann allein durch Warten zwischen den einzelnen Prüfungen, also ohne Atmen besser werden. Allein die Lokaladaptation bedingt innerhalb weniger Sekunden eine Leistungsverschlechterung, die durch Warten wieder behoben wird. Die Versuche wurden daher derart abgewandelt, daß die Zeit der Atmung, nachdem sie mit der Stoppuhr festgelegt war, durch einfaches Warten ersetzt wurde. Es wurde wieder bis zur Leistungsgrenze untersucht, dann die Atmungszeit abgewartet und weitergeprüft.

Die Versuche wurden mit fünf Prüflingen an vier verschiedenen Tagen ausgeführt. Sie erfolgten nach 40 Minuten Dunkelaufenthalt mit den L. R.-Größen 40' und 60'. Neben der N. W. G.-Leistung wurde auch die Nyktometerleistung und ihre Beeinflußbarkeit durch die Tiefatmung studiert. Sie erfolgte jeweils zu Beginn und am Ende des N. W. G.-Versuches, so daß die Prüflinge vor Beginn der ersten Nyktometerprüfung jeweils helladaptiert, vor dem zweiten dunkeladaptiert waren. Nach drei Minuten Helladaptation wurde die Sehschärfe bei i = 1/4 am Ende der zweiten Dunkelminute geprüft. Dann wurden zehn Atemzüge gemacht und der Prüfling mußte ohne weitere Helladaptation angeben, ob er nun besser sehen könne. Ein entsprechender Warteversuch wurde nicht ausgeführt.

Auf diese Weise kam ein großes Zahlenmaterial zustande, welches auf folgende Weise in die Abb. 30 einging. In der Ordinate sind die Blendenzahlen des N. W. G. eingetragen, in der Abszisse das Ergebnis der fünf gegebenen Antworten (+ richtig, — falsch). Man sieht, wie mit abnehmenden Leuchtdichten die Antworten zunehmend falsch werden, aber nicht mit einem Male. In den sechs Unterabschnitten der Tabelle sind die Einzelergebnisse derart vereinigt, daß die ersten zwei übereinanderstehenden Blöcke die Leistung bei dem üblichen Verfahren, die nächsten die Leistung bei dem Warteversuch und die letzten bei dem Atemversuch angeben. Die Verbesserung ist unverkennbar und zwar bringt das einfache Warten, also die genügende Readaptation nach jedem einzelnen Versuch, eine Verbesserung um eine Blendenstufe, das bedeutet eine Senkung der Schwelle auf 75 %, die Tiefatmung eine Besserung um zwei Stufen, das bedeutet 50 % des Normalwertes. Die Wirkung war bei den fünf Prüflingen nicht gleich. Bei einigen war sie recht gering, bei anderen höher, als es Abb. 30 zeigt. Auch hatte ich den Eindruck, als ob nicht nur die N. W. G.-Leistung an sich durch wiederholte Prüfung gebessert würde, sondern daß auch die Wirkung der Tiefatmung selbst durch fortgesetzte Übung zunähme.

Die Verbesserung war am Nyktometer viel geringer. Sie betrug nur etwa 7 %. Rechnet man die am N. W. G. gefundene Schwellensenkung in Sehschärfesteigerung nach der Sehschärfen-Leuchtdichtenkurve um, dann entspricht eine Schwellensenkung von 50 % einer Sehschärfensteigerung von 15 % bis 20 %. Die Sehschärfe wird also in tiefer Dämmerung durch den Atemversuch stärker beeinflußt als im Zwielicht. G r a f und L e h m a n n haben eine Steigerung um 15 % erzielt, doch sind die Resultate bei verschiedenen Versuchsbedingungen schwer vergleichbar. Wichtig scheint mir an diesem Versuch zu sein, daß die Dämmerungssehleistung auf dem natürlichsten Wege nicht unwesentlich gebessert

Sehgröße 60'

ohne Atmen ohne Warten

	1	2	3	4	5
12	+	+	+	+	+
11	+	+	+	+	+
10	+	+	+	+	+
9	+	+	+	—	—
8	+	+	+	—	—
7	+	—	—	—	—
6	+	—	—	—	—
5	—	—	—	—	—
4	—	—	—	—	—
3	—	—	—	—	—

Warteversuch

	1	2	3	4	5
12	+	+	+	+	+
11	+	+	+	+	+
10	+	+	+	+	+
9	+	+	+	+°	—°
8	+	+	+	+°	—°
7	+	+	+°	—°	—°
6	+	+°	—°	—°	—°
5	+	+°	—°	—°	—°
4	+°	—°	—°	—°	—°
3	—°	—°	—°	—°	—°

Atemversuch

	1	2	3	4	5
12	+	+	+	+	+
11	+	+	+	+	+
10	+	+	+	+	+
9	+	+	+	+	—•
8	+	+	+	+	—•
7	+	+	+	+	—•
6	+	+	+•	—•	—•
5	+	+	—•	—•	—•
4	+	—•	—•	—•	—•
3	+•	—•	—•	—•	—•

Sehgröße 40'

ohne Atmen ohne Warten

	1	2	3	4	5
15	+	+	+	+	+
14	+	+	+	+	+
13	+	+	+	+	—
12	+	+	+	+	—
11	+	+	+	—	—
10	+	+	—	—	—
9	+	—	—	—	—
8	+	—	—	—	—
7	+	—	—	—	—
6	—	—	—	—	—

Warteversuch

	1	2	3	4	5
15	+	+	+	+	+
14	+	+	+	+	+
13	+	+	+	+	—°
12	+	+	+	+	—°
11	+	+	+	+°	—°
10	+	+	+°	—°	—°
9	+	+°	—°	—°	—°
8	+	—°	—°	—°	—°
7	+	—°	—°	—°	—°
6	+°	—°	—°	—°	—°

Atemversuch

	1	2	3	4	5
15	+	+	+	+	+
14	+	+	+	+	+
13	+	+	+	+	—•
12	+	+	+	+	—•
11	+	+	+	+•	—•
10	+	+	+	+•	—•
9	+	+	+•	—•	—•
8	+	+•	—•	—•	—•
7	+	—•	—•	—•	—•
6	+	—•	—•	—•	—•

Abb. 30. Die Verbesserung der N. W. G.-Leistung durch Tief-Atmung, im Mittel bei fünf Personen. In der Senkrechten die Blendenziffern des N. W. G., in der Horizontalen fünf Wiederholungen des Versuches.
+ richtige, — falsche Anwort, ⁰ unter Hilfe des Wartens, unter Hilfe der Tief-Atmung. Strichliert die falschen Antworten.

werden kann und daß der Zapfen- und der Stäbchenapparat anscheinend nicht gleich gut ansprechen. Im übrigen zeigt sich die Bedeutung der Readaptation bei Wiederholung eines Prüfungsganges. Offenbar genügt schon die kurze Belichtungszeit von drei Sekunden, um den Sehpurpurgehalt lokal zu vermindern und diese minimale Verminderung ist erst nach einer beträchtlichen Zeit durch Regeneration ausgeglichen. Aber das gilt nur für den reinen Schwellenbereich im Gegensatz zu den anderen Versuchen über Readaptation.

2. Die Wirkung von Exzitantien auf die Dämmerungssehleistung.

Da das Sehen im Bereiche der Schwelle ein so hohes Maß an Konzentration erfordert, ist die günstige Wirkung aller Mittel, die die Konzentration steigern, begreiflich. Sie wirken auch um so stärker, je mehr das Dämmerungssehen durch Übermüdung oder gar Erschöpfung gelitten hat. Das Coffein steht hier wohl an erster Stelle. B r a n d i s (1) berichtet über eine deutliche Schwellensenkung nach Coffein.

Die nachhaltigere Wirkung dürfte das Pervitin haben, wie eigene Versuche mit fünf Personen zeigten. Nachdem die Leistungen am N. W. G. und am Nyktometer durch Übermüdung merklich herabgesetzt waren, brachte Pervitin eine Leistungssteigerung sogar über den Normalwert hinaus. Die Prüflinge waren vor Beginn des Versuches schon 24 Stunden auf den Beinen gewesen, so daß der Pervitinmedikation körperliche und geistige Anstrengungen, durch mathematische Übungen, vorausgegangen waren. Der Erfolg bezüglich der Dämmerungssehleistung war aber mit einer so langen Periode gesteigerter Geistestätigkeit und Wachsamkeit verknüpft, daß in den folgenden Nächten der Schlaf ausblieb, bis ein starker Kater mit Abgeschlagenheit und hohem Schlafbedürfnis für mehrere Tage einsetzte. Die Prüflinge hatten allerdings im Abstand von drei Stunden vier Tabletten Pervitin genommen. Man sollte das Pervitin jedenfalls nur beschränkt und in Notfällen geben. Der permanente Gebrauch ist nicht ungefährlich.

Brecher hat nach Pervitingaben eine Erhöhung des Simultankontrastes unter sehr mäßiger Inanspruchnahme des Auflösungsvermögens, also unter Verwendung großer Vergleichsflächen, nachgewiesen. Es ist klar, daß das eine Verbesserung der Sehschärfe nach sich ziehen muß. Das Pervitin wirkt außer auf das Gehirn auch auf die Netzhaut ein, wie die jüngste Mitteilung von v. Studnitz (3) neuerlich zeigt.

Eine weitere Droge, deren Wirkung ich kennenzulernen suchte, war das Strychnin.

Dieses wird in der Ophthalmologie bis heute bei tabischer Optikusatrophie angewandt, wenn es auch nur palliativ wirkt (s. Lövenstein und Wölfflin). So spritzt man in den Wiener Augenkliniken 0,001 g Strychn. nitr. in die Schläfe. Ich verglich einmal die Sehschärfe eines Falles mit tabischer Optikusatrophie vor und nach der Injektion und fand eine Verbesserung von $^{2}/_{60}$ auf $^{2}/_{30}$. Das wäre, besonders im Vergleich zu den möglichen Verbesserungen des Dämmerungssehens, ganz beträchtlich. Aber schließlich sind das pathologische Fälle mit ihren besonderen Eigenheiten in physiologischer und anatomischer Hinsicht. Die Strychnos nux vomica war früher auch auf dem Lande käuflich und Jäger und Wilddiebe nagten an diesen „Krähenäugeln“, um bei Nacht besser zu sehen. v. Tschermak ist darauf aufmerksam geworden und hat Versuche mit dieser Droge empfohlen. Ich mußte mich mit Tct. Strychni begnügen.

Zunächst habe ich mir selbst Strychn. nitr. 1 % je 0,5 ccm in beide Schläfen subkutan spritzen lassen und dabei eine Verbesserung der zentralen Sehschärfe von 1,3 auf 1,8 (Sehprobentafel) bemerkt. Nach 20 Tropfen Tct. Strychni stieg meine Noniussehschärfe von 15" auf 7,5" an. Auch objektiv hatte ich den Eindruck, daß die Kontraste nun kräftiger seien. Am N. W. G. konnte keine Verbesserung bemerkt werden. Anschließend prüfte ich bei fünf Personen die Wirkung von fünfzehn Tropfen Tct. Strychni. Es fand sich eine Verbesserung der Noniussehschärfe von 36" auf 23" im Mittel. Am N. W. G. war die Verbesserung weniger als 25 % der Schwellenleuchtdichte für 40' Sehschärfe. Die Wirkung des Strychnin geht angeblich auf einen engeren Kontakt der Synapsen zurück, den es zwischen den Neuronen schafft. Seine spezielle Wirkung könnte dann im Sinne der Steigerung der Wechselwirkung nach Hering, also im Sinne der Steigerung des physiologischen Kontrastes gedeutet werden.

3. Die Wirkung hoher Vitamin-A-Dosen auf die Dämmerungssehleistung.

Daß dieser Wirkstoff für das Sehen von Bedeutung ist. weiß man in den nördlichen Ländern seit langem. Dort nehmen Fischer und Jäger den Dorschlebertran in großen Mengen ein, wenn im Herbste die langen Nächte kommen. Sie sagen, daß sie dadurch besser sehen könnten. Im Wiener „Gelben Augenwasser", dem Collyrium adstringens luteum, einem seit Generationen geschätzten Mittel, das vielleicht noch aus der Zeit stammt, da der Wunderglaube und ein von der Wissenschaft wenig geleitetes Experimentieren Ingredientien und Mixturen in immer neuen Abwandlungen umlaufen ließ, ist das Carotin Saffran enthalten. Alte Patienten schätzen das Mittel besonders und meinen, sie sähen bei dessen regelmäßiger Anwendung besser. Es ist durchaus denkbar, daß der Saffran durch die Augenhäute diffundiert und hier ähnlich wirkt, wie wir das unten sehen werden.

Die Wissenschaft wurde auf die Bedeutung des Vitamin A aufmerksam, als man die Xerosis conjunctivae und Keratomalazie, schließlich die Hemeralopie als Folge des Vitamin-A-Mangels erkennen lernte. In China, wo ein großer Teil der Bevölkerung nahezu Vitamin A frei lebt, hat Pillat die Erscheinungen der Xerosis conjunctivae und der Hemeralopie auch beim Erwachsenen eingehend studieren können. Man hat dann in Europa, schon zu einer Zeit des Wohlstandes und der besten Ernährungsverhältnisse in allen Fällen von Hemeralopie, die klinisch ungeklärt waren, an Vitamin-A-Mangel gedacht, und dies, wie mir scheinen will, zu bereitwillig. Denn die Experimente und Beobachtungen der letzten Jahre, da gewiß in großen Populationen Vitamin-A-Mangel, wenn auch nicht Vitamin-A-Hunger, herrschte, sprechen dafür, daß der Körper genug lange das Vitamin A speichern kann, um den Bedarf der Netzhaut zu decken.

Daß das Vitamin A sehr lange im Körper festgehalten wird, hat vor allem v. Drigalsky an Versuchstieren gezeigt. Ich habe dasselbe in anderem Zusammenhang 1938 beobachtet. Lewis hat gezeigt, daß Kinder, bei einer Zufuhr von 140 I. E. Vitamin A täglich, genau dieselbe Dämmerungssehleistung (absolute Reizschwelle) aufwiesen wie solche, die täglich 17 000 I. E. bekamen. Goll hat bei Vitamin A frei ernährten Kindern durch Monate nicht die geringsten Erscheinungen an Horn- und Bindehaut bemerken können. Derselbe Autor betont, daß der Vitamin-A-Hunger individuell sehr verschiedene Folgen haben kann. Der Vitamin-A-Haushalt ist offenbar starken individuellen Schwankungen unterworfen.

Wenn somit für ein Vitamin-A-Minimum im Körper auch auf lange Sicht gesorgt ist, so scheint die Adaptation doch ein verläßlicher Indikator für Vitamin-A-Mangel zu sein. v. Drigalsky (1, 2) gibt an, daß bei einem Selbstversuche weniger die Endschwelle als die Anfangsadaptation gelitten habe; dies bestätigt van Beuningen. Schon am fünften Tage nach Beginn des Vitamin-A-Hungers fand v. Drigalsky eine Herabsetzung der Adaptationskurve auf 10 % der Norm. Dieser Zustand blieb aber innerhalb von $2^1/_2$ Monaten des weiteren Vitamin-A-Hungers aufrecht. Sehr charakteristisch ist der Bericht von Lewis, daß bei Hemeralopie infolge Vitamin-A-Hungers die Reizschwelle schon 40 bis 60 Minuten nach der ersten Medikation mit 30 000 bis 40 000 I. E. normalisiert sei. Tatar hat bei Schwangeren eine Verminderung der Adaptation beobachtet und dies mit dem gestörten Vitamin-A-Haushalt in Zusammenhang gebracht. Sakselo fand bei steigendem Vitamin-A-Spiegel im Blute auch eine Steigerung der Adaptationsleistung, während dies Clemens, Leleux und Thomas bestreiten. Nach Edmund und Clemessen steigt die Hemeralopie bei Vitamin-A-Mangel sehr rasch wieder zur Norm an, wenn die Vitamin-A-Medikation eingesetzt hat. Wenn also auch sicher eine Abhängigkeit des Lichtsinnes vom Vitamin-A-Reichtum der Leber und des Blutes besteht, so scheinen die Netzhaut und das Pigmentepithel dank einer gewissen Selbständigkeit ihres Stoffwechsels doch nicht so leicht an Vitamin A zu verarmen. Wir werden unten sehen, daß diese Selbständigkeit auch durch die Wirkung der Vitamin-A-Überfütterung dargetan wird.

Der nähere Zusammenhang zwischen Vitamin A und dem Sehen in der Dämmerung ist durch die Untersuchungen Walds (1) klar geworden, der als erster das Vitamin A im gebleichten Sehpurpur nachgewiesen hat. Ob nun der Sehpurpur ein Oxyd des Vitamin A ist und seine Ausbleichung allein schon Vitamin A ergibt, aus welchem er sich durch Oxydation wieder aufbaut oder ob die chemischen Umsetzungen verwickelter sind, scheint noch nicht geklärt zu sein. Vielleicht sind es Carotine, die erst im Körper aus dem Vitamin A entstehen und die Grundlage für den Aufbau des Sehpurpurs abgeben. v. Studnitz hat das Vitamin A durch Fluoreszenzmikroskopie in der Netzhaut nachgewiesen und die Konzentration desselben nach erhöhter Vitamin-A-Dosierung gesteigert gefunden. Zu solchen Fragen haben dann weitere Studien von v. Studnitz beigetragen, der unter den im Pigmentepithel und in den Zapfen schon bekannten Ölkugeln verschiedene Typen mit verschiedenem Absorptionsvermögen fand und sie als fettige Lösungen verschiedener Carotine erkannte. Diese dürften zwar im Pigmentepithel aus einfacheren Bausteinen gebildet werden, kommen aber als chemisch identische Körper in tierischen oder pflanzlichen Farbstoffen der Natur vor. v. Studnitz (1) hat die in den Ölkugeln der Netzhaut gefundenen drei Carotine mit drei solchen natürlich vorkommenden Stoffen, wie z. B. in einer bestimmten Hummerart und in einer Blüte identifiziert.

An die Versuche, durch Zufuhr von Vitamin A oder anderen Carotinen die Dämmerungssehleistung zu bessern, bin ich nicht ohne Skepsis herangetreten. Ich ging von der Vorstellung aus, daß mit einem erhöhten Glykogenangebot an die Muskelzelle durch gesteigerte Kohlehydratkost, ja selbst bei reichlicher Traubenzuckerfütterung, nicht ohne weiteres eine Erhöhung der Muskelleistung bewirkt werden kann. Ja, ein solches Angebot wirkt bekanntlich unverhältnismäßig viel weniger als die Steigerung der Muskeltätigkeit im Training, was besonders für den Herzmuskel gilt. Es wollte mir zunächst nicht einleuchten, wie das erhöhte Angebot an Bausteinen der Sehstoffe im Sinnesepithel (Vitamin A und Carotin) so ohne weiteres wirken kann. Diese meine Skepsis hielt auch nach den ersten positiven Ergebnissen von v. Studnitz und seinen Mitarbeitern an und ist bei anderen Autoren bis heute nicht verstummt. Nachdem meine ersten Versuche negativ verlaufen, vor allem eben auch von mir negativ beurteilt worden waren, was ja nicht dasselbe ist, habe ich mich durch Einblick in die Arbeitsmethoden von v. Studnitz überzeugt, daß ich mit meinem ersten Urteil Unrecht gehabt hatte, und habe seine Ergebnisse mit meinen späteren Nachprüfungen bestätigt. Gerade weil die Versuche mit einem negativen Vorurteile begannen, gewinnen sie m. E. an Wert. Denn die Voraussetzungslosigkeit der Wissenschaft ist ein nie erreichtes Ideal. Letzten Endes werden alle Experimente unternommen, um Voraussetzungen und Theorien zu beweisen. Das Gegenteil des erwarteten Erfolges setzt uns nicht nur in Erstaunen, sondern gewinnt unser Vertrauen leichter, weil wir die geheime Lenkung kennen, die das unbewußte Streben den bewußt geführten Versuchsanordnungen zu geben weiß.

v. Studnitz war nicht der erste, der es versucht hat, das Dämmerungssehen durch Vitamin-A-Zufuhr zu beeinflussen. Es sei allein Lewis erwähnt, der mit 17 000 I. E. bei Kindern keinen Erfolg sah. Atzler sah gewisse Erfolge nach Anwendung von 100 000 I. E. durch vierzehn Tage, ebenso Heinsius (2, 3, 4) mit 120 000 I. E. täglich. Die Nyktometerkurven seiner Prüflinge verbesserten sich jedoch nur in subnormalen Fällen, die er als Ausdruck einer Mangelhemeralopie ansah. Ich selbst habe 1942 nach der Verabfolgung von 120 000 I. E. an vier Personen durch vier Tage eine Verbesserung der N. W. G.-Leistung um weniger als 25 % erzielt, blieb damit also innerhalb der Fehlerbreite der Prüfungsmethode. Nur bei lokaler Instillation des Vorganöls fand ich am vierten Tage eine Verbesserung um 50 % der Schwellenleuchtdichte. Das wäre etwa so viel, wie man mit dem einfachen Atemversuch erreichen kann. Aus diesen wenig versprechenden Resultaten hatte ich damals den Schluß gezogen, daß es wohl einen Vitamin-A-Spiegel im Blute gebe, den die Leber steuere und dessen Erhöhung wir auch mit übermäßigen Dosen nicht so ohne weiteres durchsetzen können. Dafür schien auch die relativ günstige Wirkung der lokalen Anwendung zu sprechen, obwohl eine beträchtliche Diffusion aus dem Öle in die wässerigen Medien des Auges hinein kaum erwartet werden darf.

Inzwischen hatte v. Studnitz (2) den Einfall gehabt, die Resorption des Vitamins A in das Blut durch feinste Emulgierung der fettigen Lösung zu fördern. Tatsächlich bewirken die von der Galle gelieferten Diastasen die Auflösung der im Darm zugeführten Fettstoffe vorzüglich durch Verkleinerung der Tröpfchen. Die verschiedene Resorption der in der Nahrung aufgenommenen Fettstoffe beruht bekanntlich auf ihrem verschieden hohen Schmelzpunkt und damit auf ihrer von vornherein verschieden günstigen

Mischung und Emulsion in wässerigen Lösungen; man denke an Milch und Butter. Dies bewirkt weiter ihre verschiedene Neigung, unter der Diastasenwirkung in feinere Emulsionen überzugehen. v. Studnitz (2) konnte nach übermäßigen Gaben von Vitamin-A-Emulsion eine hochgradige Steigerung des Vitamin-A-Gehaltes in der Leber seiner Versuchstiere, ja auch in deren Netzhäuten, nachweisen. Es ist also eine echte Anreicherung der Netzhaut mit Vitamin A oder mit Carotinen und somit auch mit Sehstoffen möglich; wenn auch die Methode des fluoreszenzmikroskopischen Nachweises des Vitamin A nicht unwidersprochen geblieben ist (Patzelt und Schairer). Ebenso bleibe dahingestellt, welche Rolle das Pigmentepithel und welche das Sinnesepithel selbst in dieser Hinsicht spielt, auch ob die in der Nahrung zugeführten Stoffe schon die Sehstoffe selbst sind. v. Studnitz hat neben seinen Tierversuchen mehrere Personen mit übermäßigen Dosen von Vitamin-A-Emulsion behandelt und eine ganz überraschende Verbesserung der Adaptationskurven erhalten.

An seiner Arbeit ist von mehreren Seiten Kritik geübt worden. Die Versuchsanordnung erschien, was die Bestimmung der Adaptationskurven anlangte, nicht einwandfrei. Seine Ergebnisse wurden von Kyrieleis, Holzlöhner, I. Schmidt und zunächst auch von mir nicht bestätigt. Nach meinen anderen Studien hatte ich den großen Einfluß der Voradaptation auf die nachfolgende Adaptationskurve erkannt und vermutete damals, daß die Ergebnisse von v. Studnitz durch eine zu wenig einheitliche Voradaptation vorgetäuscht waren. Ich erhielt ein Quantum der angeblich von v. Studnitz hergestellten und anerkannten Emulsion und stellte mit drei Prüflingen Versuche an. Sie verliefen negativ, d. h. ich beurteilte sie negativ. Denn die Endschwelle war nicht verbessert worden und die Schwellenerniedrigung im Anfangsteil der Kurve auf fast ein Zehntel des Normalwertes wollte ich damals als Beobachtungsfehler ansehen. Am N. W. G. fand ich keine Verbesserung und die Verbesserungen am Nyktometer sah ich als innerhalb der Fehlerbreite gelegen an.

v. Studnitz hat die ungünstige Beurteilung seiner Ergebnisse nicht anerkannt. Dies mit gutem Rechte deshalb, weil die allerwichtigste Voraussetzung bei sämtlichen Nachprüfungen nicht erfüllt gewesen war, nämlich die volle Identität des Vitamin-A-Präparates. Besonders galt dies für die von mir verwendete „Emulsion“, die nicht wie die von v. Studnitz rahmähnlich war und im Mikroskope die schönen Fettkügelchen zeigte, sondern ein trüb-schmutziges Gemisch. Aus diesem Grunde verstand ich mich zu einem zweiten Versuch, über den nun ausführlicher berichtet sei.

a) Die Verabreichung des Vitamin A. v. Studnitz hatte bis zu 200 000 I. E. täglich durch vierzehn Tage gegeben. Erst am Ende der ersten Woche bemerkte er eine Verbesserung seiner Adaptationskurven, die sich an den beiden folgenden Wochen noch weiter steigerten. Bei wiederholter Prüfung an einem Tage gewann er auch den Eindruck, daß immer sechs Stunden nach der Einnahme der Emulsion die Leistung am allerbesten sei. Heute meine ich, daß dies nicht auf irgendwelche besondere Zusammenhänge im Vitamin-A-Stoffwechsel zurückgehe, sondern daß auch bei solchen Versuchen der Tagesrhythmus im Sinne von Graf in Erscheinung tritt.

Für meine Versuche stand Voganöl der Firma Merck mit 120 000 I. E. pro ccm und eine von v. Studnitz selbst hergestellte Emulsion desselben Voganöls zur Verfügung, die in 1 ccm 35 000 I. E. enthielt. Die Einnahme der Medikamente begann, nachdem bei jedem Prüfling drei Leerkurven bestimmt worden waren. Das Medikament wurde um 8 Uhr morgens mit einem Stück Brot eingenommen, um es auf eine größere Menge von Speisebrei zu verteilen. Leider habe ich die Mahlzeiten der Prüflinge nicht selbst überwachen können, so daß, wie sich erst am Schlusse der Untersuchungen herausstellte, Unterschiede in den verabfolgten Vitamin-A-Mengen bestanden haben. Anstatt daß von allen Prüflingen, wie geplant, die gleiche Menge Vitamin A, nämlich 1,5 g Voganöl und 5 g Emulsion, somit ca. 180 000 I. E., täglich eingenommen worden wären, nahmen alle Prüflinge etwa 8 g täglich zu sich. Das aber waren in Emulsion täglich 280 000 I. E., im Voganöl gar 960 000 I. E. Die Überlegenheit der Emulsion gegenüber dem einfachen Öle kam daher in diesen Versuchen nicht so zutage wie bei v. Studnitz.

Bei der Überprüfung von Medikamenten wird gerne ein Leerversuch in der Weise ausgeführt, daß man einigen Personen ein unwirksames Substrat ohne ihr Wissen verabfolgt. Ein solches Vorgehen, wie es auch Heinsius (3) geübt hatte, wäre gerade bei Versuchen, die auf das subjektive Urteil des Prüflings angewiesen sind, zweckmäßig gewesen. Ich mußte trotzdem darauf verzichten. Denn ein solch unwirksames Substrat ist fast so schwer herzustellen wie das Mittel selbst, müßte es doch an Farbe, Konsistenz und Geschmack ihm ähnlich sein. Außerdem wäre die Zahl der Prüflinge, wie mir scheint, unnötig und auf Kosten der Genauigkeit der anderen Untersuchungen vermehrt worden. Es ist eben besser, an einer Person viele als an vielen Personen einige Zahlen zu gewinnen. Die sorgfältige Prüfung der wenigen Personen aber, es waren sieben, erforderte in der Zeit von vielen Wochen laufend einen Halbtag.

b) Versuchsanordnung. Sie nahm auf das Vorgehen von v. Studnitz Rücksicht. Er hatte die Adaptationskurve bestimmt und deren überaus günstige Beeinflussung durch Vitamin A sollte nun bestätigt werden. Bei der Nachprüfung wurde so sorgfältig wie möglich vorgegangen. Das E. H. A.-Gerät wurde neuerlich geeicht, seine absoluten Werte wurden in tagelanger Photometrie bestimmt und ihr mittlerer Fehler festgelegt. Die Prüfungen erfolgten immer zu derselben Tageszeit, um den Stromschwankungen und dem Tagesrhythmus der Prüflinge zu entgehen.

Die Kurven geben die Schwellen in absoluten Leuchtdichten an. Um ein Bild davon zu geben, inwieweit der Gerätefehler allein oder ob Beobachtungsfehler die Kurven schwanken lassen, sind die Kurven der Abb. 31 gezeichnet. Die Kurven stellen die relative Geringfügigkeit der Abweichungen dar, wie sie das Gerät allein erwarten läßt. Abb. 32 zeigt die individuelle Abweichung im extremsten Falle des Leerversuches. Was über diese Werte hinausgeht, darf als Wirkung des Medikamentes gedeutet werden.

Im übrigen wurden alle Vorschriften, wie sie oben gegeben wurden, besonders die Voradaptation, die periphere Fixation während der Reizschwellenprüfung und der Beobachtungsabstand, genau eingehalten. Um auch den ersten Kurvenpunkt genau zu bestimmen, wurde mit Ausschalten des Helladaptationslichtes ein Sekundenzeiger in Bewegung gesetzt und mit der 30. Sekunde die erste Schwellenbestimmung gemacht. Dabei wurde nur eine einzige Auftrittschwelle gemessen, weil die Wiederholung nach einigen Sekunden schon eine niedrigere Schwelle ergibt. Von der fünften Minute an wurde dann die Auftrittschwelle je dreimal bestimmt und das Mittel als Wert eingetragen. Neben der Prüfung mit dem E. H. A. erfolgte auch eine mit dem N. W. G. und eine mit dem Nyktometer, über deren Methodik weiter nichts zu sagen ist.

Täglich um 14h, also sechs Stunden nach Einnahme des Medikaments und zum Zeitpunkt der geringsten Stromschwankungen, wurden zwei Personen untersucht. Ein Untersuchungsgang benötigte fast zwei Stunden. Dadurch kam jeder Prüfling etwa zweimal wöchentlich zur Untersuchung. Die Medikation erfolgte

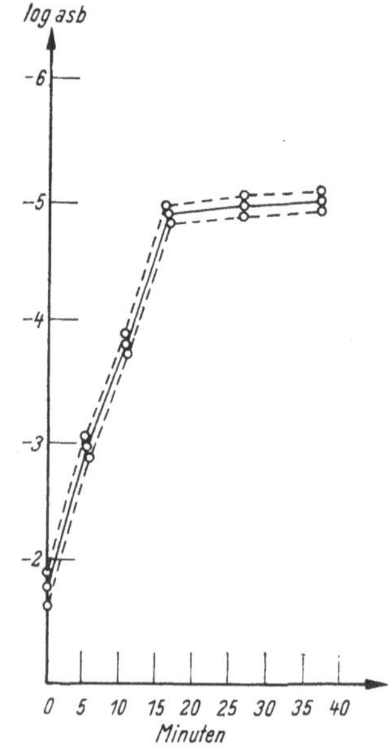

Abb. 31. Mittel der Adaptationskurven von sieben Prüflingen in je drei Untersuchungsgängen. Deren mögliche Fehler infolge von Stromschwankungen und infolge von Fehlern der Photometrie. Das Bild stimmt nahezu überein mit der mittleren Streuung der Prüflinge selbst.

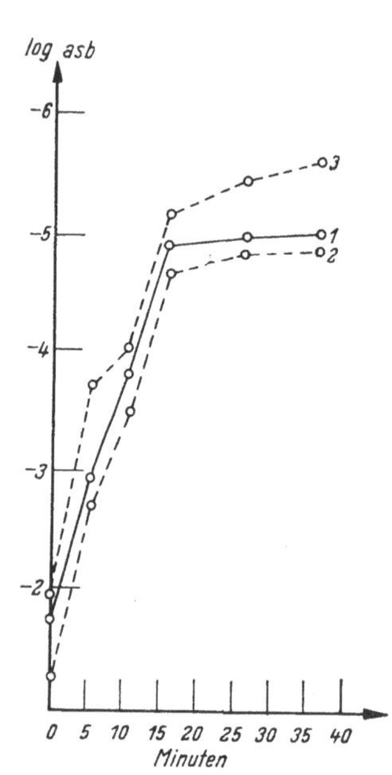

Abb. 32. Aus den 21 Kurven als Grundlage der Mittelwertkurve (s. Abb. 31) ist die beste und die schlechteste Kurve als Extremfall abgebildet (2 und 3). 1 = Mittelwertkurve.

vierzehn Tage lang, dann wurde eine Woche pausiert und schließlich in der vierten Woche noch einmal durch sieben Tage fortgesetzt. Mit der fünften Woche sistierte die Medikation, doch wurde der nun einsetzende Leistungsverlust durch sechs weitere Wochen verfolgt.

c) **Ergebnisse.** Sie gehen aus den Abb. 33 bis 36 hervor und zeigen eine Besserung auf den zehn- bis zwanzigfachen Empfindungswert im Anfangsteil der Adaptationskurve, während der Endteil weniger beeinflußt wird. Hier wiesen die Personen schon im Leerversuch große Schwankungen auf, die freilich auch methodisch bedingt sind. Solche Schwankungen sind schon von anderer Seite gelegentlich gefunden worden und Ebbeke hat sie damit erklärt, daß die Reizschwellenbestimmung unter dem Eigengrau der Netzhaut leide. Auch von v. Tschermak meint, daß die Intensität des Eigenlichtes Schwankungen unterliege. Das wäre mit den stark differierenden Endschwellen am E. H. A., aber auch mit den schwankenden Werten am N. W. G. dargestellt, wie sie oben schon vielfach erwähnt worden sind.

Mit der relativ geringen Vitamin-A-Wirkung auf den Endabschnitt der Kurve steht die wenig ausgesprochene Wirkung auf

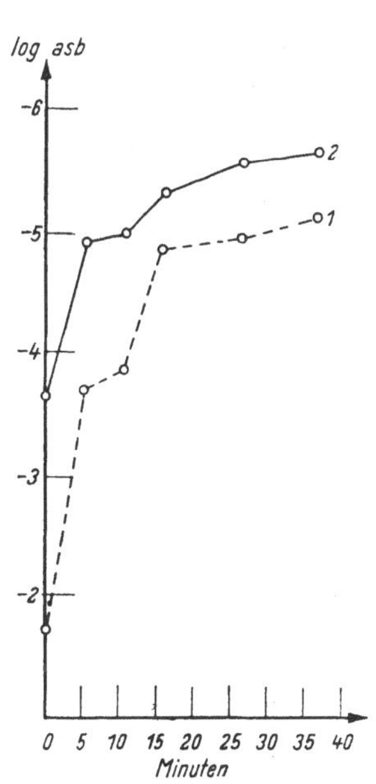

Abb. 33. Prüfling S.

1. Mittelwerte der Vorversuche.
2. Mittel der drei besten Kurven aus der 2. bis 5. Versuchswoche (Vitamin-A-Emulsion).

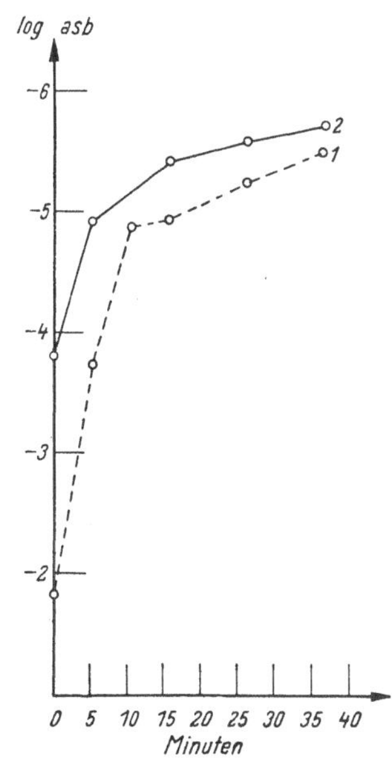

Abb. 34. Prüfling O.

1. Mittelwerte der Vorversuche.
2. Mittel der drei besten Kurven aus der 2. bis 5. Versuchswoche (Vogan-Öl).

die N. W. G.-Leistung im Einklang. Es fanden sich Schwellenerniedrigungen bis auf 30 % des Ausgangswertes. Ich habe deshalb später außer dem Schwellenwert für 60' und 40' Sehgröße auch den für 15' bestimmt und dabei eine günstigere Wirkung (20 %) gefunden. Viel stärker ausgesprochen ist die Wirkung des Vitamin A auf die Leistung am Nyktometer (s. auch Hecht [5]). Das ist schon nach der Wirkung auf die E. H. A.-Kurve vorauszusetzen. Leider sind die Untersuchungen mit dem Nyktometer erst im laufenden Versuch begonnen worden, da im Vordergrunde, wie gesagt, die Nachprüfung der Ergebnisse von v. Studnitz standen. Das aber erforderte die möglichste Kongruenz der Methodik.

Während v. Studnitz die emulgierte Darreichungsform der üblichen als weit überlegen fand, bestätigen meine Untersuchungen dies nicht. Aber da das Voganöl in der dreifachen Menge eingenommen worden ist, kann man keine Vergleiche ziehen. Das Voganöl ist übrigens auch in diesen enormen Mengen anstandslos vertragen worden und hat dann, wie wir annehmen müssen, den Vitamin-A-Spiegel des Blutes doch erhöht. Die Fortsetzung

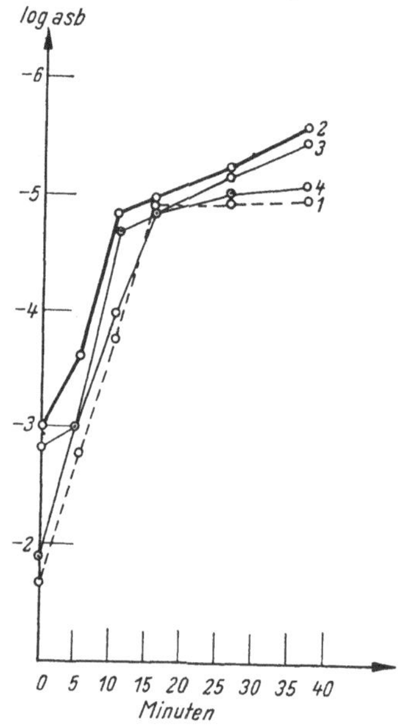

Abb. 35. Mittel aus den Kurven von drei Personen nach Verabreichung von Vitamin-A-Emulsion.
1. Vorversuch.
2. 2. bis 5. Woche.
3. 6. bis 7. Woche.
4. 9. Woche.

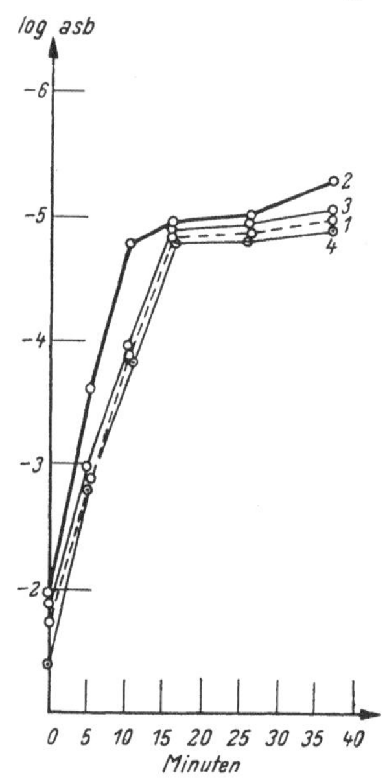

Abb. 36. Mittel aus den Kurven von drei Personen nach Verabreichung von Vogan-Öl.
1. Vorversuch.
2. 2. bis 5. Woche.
3. 6. bis 7. Woche.
4. 9. Woche.

unserer Kontrollen auch in der Zeit des Aussetzens der Vitamin-A-Medikation hat ergeben, daß die Wirkung offenbar sehr lange, nämlich mindestens sechs Wochen lang, anhält.

Mit diesen Versuchen sind die Angaben von v. Studnitz bestätigt. Man kann es wohl als bewiesen ansehen, daß gesteigerte Vitamin-A-Zufuhr, besonders in emulgierter Form, eine Anreicherung von Sehstoffen in der Netzhaut bewirkt und damit eine Beschleunigung der Adaptation und eine Steigerung des Adaptationserfolges nach sich zieht. Allerdings tritt die Wirkung erst bei sehr hohen Dosen und nach wochenlanger Medikation ein. Die praktische Bedeutung der erhöhten Vitamin-A-Zufuhr liegt auf der Hand, ihre theoretische soll am Schlusse behandelt werden.

4. Die Wirkung von Helenien auf das Dämmerungssehen.

Dieser Wirkstoff ist aus einer Pflanze gewonnen und ähnlich dem Vitamin A in Öl gelöst. Die Herstellung wie die Anwendung des Helenien geht auf v. Studnitz (3, 4) zurück, der es für eine Vorstufe des Sehstoffes Lutein hält. v. Studnitz und Loevenich vermuten, daß das Lutein außer in den Zapfen auch in den Stäbchen wirksam sei, und erwarteten deshalb von seiner übermäßigen Zufuhr eine ähnliche Wirkung wie vom Vitamin A. Tatsächlich hat sich bei seinen Versuchen eine Beschleunigung der Adaptation und eine Verbesserung der Dämmerungssehschärfe gefunden. Dies nachzuprüfen, wurde mir zur Aufgabe gestellt. Man sandte mir die nötigen Mengen an Helenien, einer ziegelfarbigen, dickrahmigen Flüssigkeit, zu.

Wie erwähnt, ist die Versuchsanordnung bei dem Studium der Vitamin-A-Wirkung insoferne nicht befriedigend gewesen, als nur die Dunkeladaptationskurve und ihre Abhängigkeit vom Vitamin-A-Reichtum der Nahrung genau geprüft werden konnte. Die Kurve gibt uns jedoch kein vollständiges Bild von der Dämmerungssehleistung. Auch war die Frage zu klären, ob die Beschleunigung der Adaptation, also das raschere Erreichen bestimmter Schwellen, bedeuten muß, daß man bei voller Adaptation an die entsprechende Leuchtdichte auch besser sehen, also eine höhere Sehschärfe haben müsse als im normalen Zustand. Aus diesem Grunde wurde diesmal die Methodik so eingerichtet, daß alle im Dämmerungssehen wichtigen Funktionen geprüft und ihre mögliche Verbesserung nach der Einverleibung von Helenien verfolgt werden konnte. Äußere Umstände zwangen mich dabei, mit einfacheren Hilfsmitteln zu arbeiten, doch waren diese den üblichen kaum unterlegen, wie man sehen wird. Die Anwendung der neuen Methodik schließt es freilich aus, die Wirkung des Helenien mit der des Vitamin A direkt zu vergleichen. Wir können also nicht sagen, ob die beiden Mittel gleich gut wirken oder ob vielleicht sogar eine qualitative Verschiedenheit bestehen mag.

a) Die Verabreichung des Helenien. Die zu den Untersuchungen nötigen Mengen Helenien standen mir nicht von Anfang an zur Verfügung. Dadurch teilen sich die neun Versuchspersonen in zwei Gruppen. Gruppe I bestand aus drei Personen im Alter von achtzehn bis zweiundzwanzig Jahren und aus einer Person im Alter von 40 Jahren, nämlich mir selbst. Gruppe II bestand aus drei Personen im Alter von achtzehn und zweiundzwanzig Jahren und aus zwei Ärzten, die sich an dem Versuche beteiligen wollten, ohne dazu besonders geeignet zu sein. In Gruppe I befanden sich somit zwei mit geringfügiger Hypermetropie, eine mit geringfügigem Astigmatismus und eine mit einer Myopie von —6,0 D. beiderseits. In Gruppe II befanden sich drei jugendliche Normale, ein 30jähriger mit geringem Astigmatismus und Schielaugenamblyopie und ein 28jähriger mit einer am Nyktometer störenden Akkomodationsfaulheit.

Gruppe I erhielt täglich vier Eßlöffel (60 g) Helenien, und zwar durch siebzehn Tage, so daß jede Person ziemlich genau 1000 g Helenien insgesamt einnahm. Nach sechzehn Tagen hörte die Medikation auf, die Untersuchungen wurden jedoch bis zur achten Woche nach Beginn fortgesetzt. Da bei der Gruppe II weniger bezweckt wurde, den Effekt des Heleniens überhaupt zu erforschen, als jene minimalen Mengen zu finden, mit der eine noch ausreichende Wirkung erzielt werden kann, erhielt Gruppe II eine kleinere Dosis. In den ersten sieben Tagen nahmen alle Personen dieser Gruppe täglich 30 g zu sich. In der zweiten Woche erhielten zwei Personen nichts mehr, während drei Personen noch 15 g täglich einnahmen. Gruppe I erhielt somit innerhalb von sechzehn Tagen 1000 g Helenien, Gruppe IIa nur 210 g in sieben Tagen und Gruppe IIb 315 g in vierzehn Tagen. Das Helenien wurde nicht pur genommen, sondern in gesüßte Puddingmasse eingerührt, die abgekühlt war, um die Emulsion nicht zu zerstören. Es entstand ein ziegelroter Brei, der wegen seines Ölgehaltes gerne genommen wurde. Bei der Einnahme des Medikamentes traten keine Störungen, insbesondere keine Durchfälle, ein.

b) Versuchsanordnung. Die Personen nahmen den Untersuchungsgang als Leerversuch fünfmal an fünf aufeinanderfolgenden Tagen durch, bevor mit der Medikation begonnen wurde. Während der Medikation ging die Untersuchung dreimal wöchentlich weiter und wurde nach deren Beendigung fortgesetzt. Die Untersuchung bestand aus vier Untersuchungsabschnitten.

Versuch a) diente zur Untersuchung der Adaptationszeit (Readaptation) in vereinfachter Form. Dazu wurden drei Leuchttafeln des Nyktoskopes gebraucht, welche verschieden lange vorher aktiviert worden waren; nämlich 24, 6 und 2 Stunden vor Beginn der Untersuchung. Die schon erwähnten Unregelmäßigkeiten in der Nachdunklung der einzelnen Tafeln, auch das zu Beginn sehr rasch fortschreitende Nachdunkeln machten eine laufende photometrische Kontrolle nötig. Sie wurde mit dem Frieserschen Photometer ausgeführt. Die Photometerwerte der Tafeln wurden alle zehn Minuten kontrolliert und für jede einzelne Bestimmung gesondert notiert. Damit waren die Werte mit der Fehlerbreite des Photometers genau. Die Tafeln hatten einen Durchmesser von 18 cm, wurden im Abstande von 2 m betrachtet und entsprachen damit einem Sehwinkel von 10^0. In Versuch a) wurde der Prüfling durch drei Minuten helladaptiert und dann vor die Leuchttafeln gestellt. Er hatte von der Helladaptation her zunächst ein starkes Nachbild, so daß er auch die hellste Tafel erst nach einiger Zeit, schließlich auch die dunkelste Tafel sehen konnte. Ähnlich wie bei der Lichtsinnprüfung von Starkranken deckte der Prüfer die Tafel immer wieder auf und zu, bis ihre Sichtbarkeit unzweifelhaft war. Erst dann wurde die verflossene Zeit auf der Stoppuhr abgelesen. Die Bestimmung der Adaptationszeit ist damit auf ca. zehn Sekunden genau. Auf den Kurvenbildern (Abb. 37—41) sind unter a) drei durch eine Kurve verbundene Punkte eingetragen, welche die Zeiten angeben, nach denen die drei Tafeln verschiedener Helligkeit erkannt worden sind. Die einzige Fehlerquelle der Methode sehe ich darin, daß kein Fixierlicht zur Verfügung stand. Zwar waren die Prüflinge durch die Wiederholung der Versuche im peripheren Fixieren geübt, aber ein anderer Umstand machte sich bemerkbar. Die Ausbleichung der gesamten Netzhaut ist nämlich vor dem Nyktometer nicht vollkommen möglich. Ganz peripher, etwa in einem Winkel von 45^0 oben und 70^0 temporal, bleiben dunkeladaptierte Randzonen zurück. Fixiert der Prüfling also genügend peripher, dann sieht er die Prüfscheibe schon unmittelbar nach der „Helladaptation". Dadurch können Fehler entstehen, worauf die Prüflinge aufmerksam gemacht wurden. Es liegt aber kein Grund vor, an der Verläßlichkeit der immer wieder instruierten Prüflinge zu zweifeln.

Versuch b) bestand in der Nyktometeruntersuchung. Um die Beschleunigung der Adaptation gut darstellen zu können, wurde die Kurve nur bei $i = 1/4 = 2 \cdot 10^{-6}$ sb aufgenommen, nachdem nicht eine Minute, sondern vier Minuten helladaptiert worden war.

Versuch c) ist eine Nyktoskopuntersuchung mit drei Leuchttafeln verschiedener Helligkeit. Es wurden dieselben Tafeln wie bei Versuch a) verwendet. Zuerst wurde die dunkelste Tafel genommen und die Entfernung gesucht, bei welcher über die Stellung des L. R. gerade noch drei richtige Angaben hintereinander gemacht werden konnten. Zum Schlusse kam die Prüfung mit der hellsten Tafel. Die Kurvenpunkte unter c) der Kurvenbilder geben die Beziehung: Umfeldleuchtdichte — Sehschärfe an.

Bei dieser Untersuchung, die im Abstand von 70 bis 200 cm erfolgte, konnte durch Vorsetzen von —1,75 D. auch die Nachtmyopie nachgewiesen werden. Einige Personen, aber wieder nicht alle, sahen mit dem Glase besser. Die verbesserten Werte wurden jeweils im Kurvenschema notiert. Dabei zeigte sich, nicht ganz übereinstimmend mit den Beobachtungen von früher (s. S. 100), eine große Konstanz der Nachtmyopie der betreffenden Personen. Nach der Wiederholung desselben Versuches durch sechs Wochen war immer die gleiche Wirkung des Minusglases im gleichen Grade festzustellen, bei den einen Prüflingen im Sinne von Verbesserung, bei den anderen im Sinne von Verschlechterung. Ich prüfte die nachtmyopen Personen deshalb weiterhin nur mehr unter Vorsetzen der Brille mit —1,75 D.

Versuch d) bestimmte die Sehschärfe bei den vier am Nyktometer möglichen Beleuchtungsstufen (s. Tab. 7 II). Dabei waren die Helladaptationslampe und das seitliche Blendlicht ausgeschaltet. Die Prüfung begann mit der schwächsten Beleuchtung und stieg zur stärkeren auf.

Der gesamte Untersuchungsgang war folgender: 40 Minuten Dunkeladaptation, dann Prüfung am Nyktoskop (Versuch c), meist alle vier Prüflinge hintereinander. Anschließend wurde der Prüfling helladaptiert ($8 \cdot 10^{-2}$ sb) und Versuch a) ausgeführt. Danach Versuch d), schließlich vier Minuten Helladaptation und Versuch b). Für die Abwicklung des Untersuchungsganges wurde etwa eine Stunde für einen Prüfling benötigt. Versuch c) erfolgte bei voller Dunkeladaptation. Ebenso begann die Helladaptation immer am voll dunkeladaptierten Auge. Die Prüflinge trugen in den Pausen Rotbrillen, um auch die geringste Zwischenbelichtung zu vermeiden.

Die Untersuchungen wurden streng schematisch und immer zu der gleichen Tageszeit vorgenommen. Bei jeder Versuchsperson wurden die Prüfungswerte auf der Rückseite eines Kurvenschemas notiert, ihr Äquivalent vorne als Punkt in das Schema eingetragen. Von jedem Prüfling sind daher aus jeder Woche drei Kurven vorhanden. Gruppe I lieferte acht Untersuchungswochen, Gruppe II vier. Bei der Gruppe I stehen je 24 Kurven plus 5 Kurven der Voruntersuchung für jeden Prüfling zur Verfügung.

c) Ergebnisse. Unter den Allgemeinwirkungen des Medikamentes ist eine sehr deutliche orangegelbe Verfärbung der Haut zu erwähnen, die besonders bei Gruppe I in Erscheinung trat. Sie wurde eine Woche nach Beginn der Medikation sichtbar. In der vierten Woche ging sie wieder zurück. Ihr endgültiges Verschwinden ist nicht zu datieren. Die Tatsache, daß die Haut den Farbstoff solange festhält, steht in Parallele zu der nachhaltigen Wirkung des Heleniens auf die Dunkeladaptation, wie wir sehen werden. Die Verfärbung entspricht im Farbtone dem des Helenien und ist sicher keine ikterische Verfärbung gewesen, wie durch Urinuntersuchungen sichergestellt wurde.

In den fast drei Wochen nach Beginn der Versuche, in welchen ich einen Teil der Prüflinge weiter beobachten konnte, waren keine weiteren Allgemeinwirkungen des Heleniens zu beobachten. Nur an mir selbst hatte ich schon während der Versuche ein erhöhtes Schlafbedürfnis bemerkt. Ein Jahr später bemerkte ich unter allgemeiner Hungerwirkung und der damit wohl zusam-

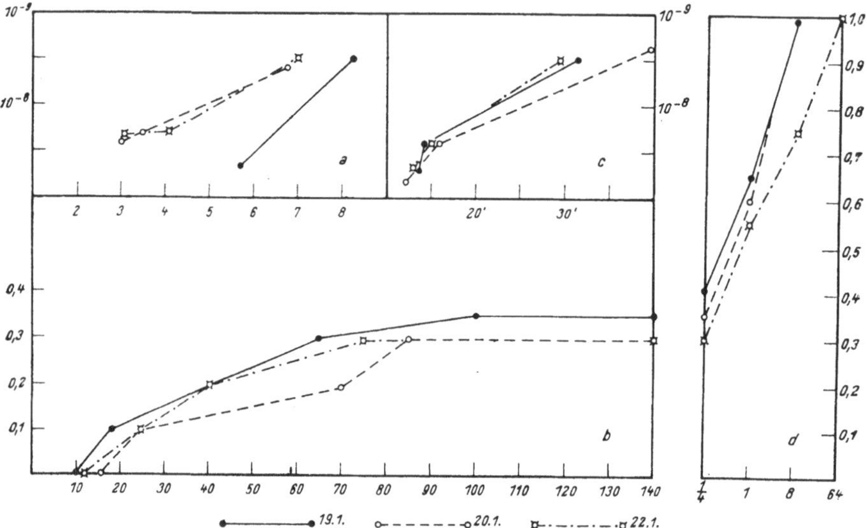

Abb. 37. Die Ergebnisse der drei Voruntersuchungen (drei Untersuchungstage) von Prüfling Ko. Es sind schon zwei Prüfungen vorangegangen. Trotzdem große Schwankungen der Leistung.

a) Gibt an, nach welcher Zeit (Horizontale) Scheiben von 10^0 Sehwinkel bei verschiedener Leuchtdichte (Senkrechte) erkannt werden. Angaben in sb und Zeitminuten;
b) Nyktometerkurven i = 1/4 nach vier Minuten Helladaptation ($8 . 10^{-2}$ sb);
c) die Sehschärfeabnahme (Horizontale) mit sinkender Umfeldleuchtdichte (Senkrechte). Angaben in Minuten Sehwinkel und sb;
d) die steigende Sehschärfe (Senkrechte) mit steigender Umfeldleuchtdichte i = 1/4 bis 64 (Horizontale) (Nyktometer).

menhängenden Dysthyriose eine sehr schlimme Verstärkung dieser Störungen, wenn ich in guter Absicht die Fettzufuhr durch Einnehmen des öligen Heleniens steigern wollte. Das nun hochgradige Schlafbedürfnis, der niedrige Blutdruck, die Akroanämie, die Bradycardie steigerten sich in außergewöhnlicher Weise. Auch trat bei diesem Allgemeinzustand die Gelbfärbung der Haut noch stärker zutage, obwohl schwächere Dosen Helenien genommen worden waren als bei den Versuchen von oben.

Inzwischen hat Holler neue Zusammenhänge zwischen den Dysfunktionen der Leber und der Schilddrüse aufgedeckt. Er fand dabei eine Art Polarität zwischen dem Vitamin-A-Haushalt und der Schilddrüsensekretion. Auch sei auf die Studien von

Bietti, Heimann, Jores und Schupfer verwiesen. Die hier angeführten Beobachtungen weisen darauf hin, daß die übermäßige Gabe von Vitamin A und ähnlichen Stoffen nicht ganz ohne Bedenken ist, auch wenn echte Schäden bisher unbekannt sind. In der Literatur findet sich nur ein einziger Fall von angeblicher Vitamin-A-Hypervitaminose. Die klinischen Symptome passen aber weder in das Bild der allgemeinen Vitamin-A-Wirkung noch zu den oben beschriebenen Erscheinungen. Es ist fraglich,

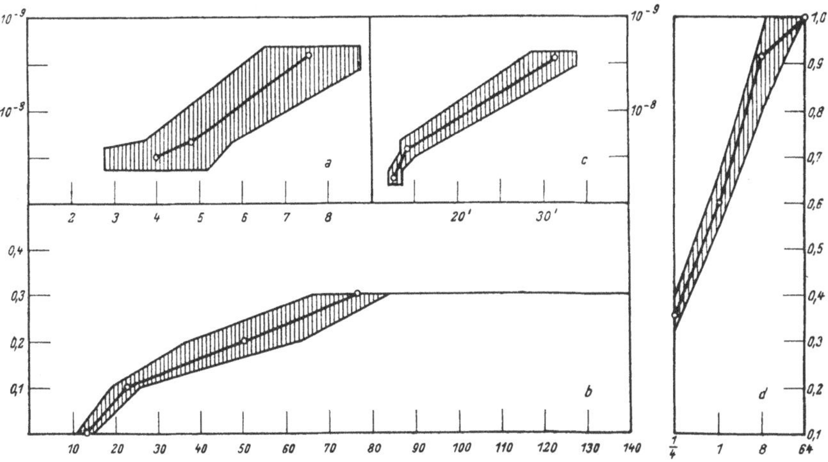

Abb. 38. Die Streuung der Kurven von Abb. 37 (Prüfling Ko).

ob der von Henschen verantwortlich gemachte Genuß von Karotten, wenn auch sehr übermäßig, eine so hochgradige Carotinanreicherung im Blute bewirken kann.

Die subjektiven Erscheinungen in optischer Hinsicht seien erwähnt, weil dies der einzige Versuch außer dem mit dem Pervitin und dem Strychnin war, an dem ich mich als Prüfling beteiligte.

Die anderen Personen haben spontan keine näheren Angaben über die Veränderung ihres Sehens gemacht, doch haben sie meine eigenen Beobachtungen bestätigt. Ich bin gegenüber Blendungen sehr empfindlich und muß in den Wintermonaten oft minutenlang adaptieren, bis ich mich auf der unbeleuchteten Straße bewegen kann. Vielleicht fiel es mir deshalb besonders auf, daß schon wenige Tage nach Beginn der Helenienmedikation diese lästigen Störungen wegfielen. Auch traten die Konturen der nächtlichen Landschaft stärker hervor, was in dunklen Nächten besonders auffiel. Die Blendung durch entgegenkommende Autoscheinwerfer verminderte sich bedeutend. Ich hatte den Eindruck, als könnte ich nun an blendenden Lichtern leichter vorbeisehen; vor allem schien mir die Nachblendung nach Passieren eines Automobils verschwunden zu sein. Die Dauer des fast unerträglichen Blendungsgefühles, das bei Beginn der Helladaptation auftritt und oben näher beschrieben wurde (s. S. 50), verminderte sich bei allen Prüflingen auf etwa die Hälfte.

Die objektiven Ergebnisse gehen am besten aus dem Kurvenmaterial von Gruppe I hervor (Abb. 37 bis 41). Von den vier hieher gehörigen Personen verhielten sich auch drei analog, nur ich selbst habe als Myoper und wahrscheinlich wegen des höheren Alters weniger gut angesprochen. Die Kurvenbilder stellen einen Auszug aus dem Material der ersten vier Wochen dar. Von da an fiel ein Prüfling der Gruppe I aus, so daß ein weiterer Vergleich der gemittelten Kurven nicht mehr möglich ist. Die späteren Beobachtungen gaben folgendes Gesamtbild: Die Wirkung setzt schon am ersten

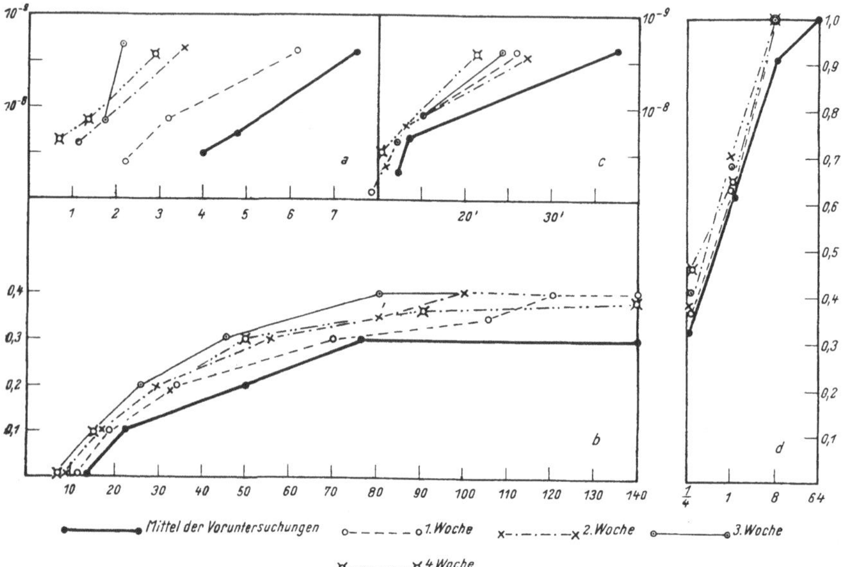

Abb. 39. Die Leistungsverbesserung von Prüfling Ko. (Jedem Kurvenmittel liegen drei Einzelkurven zu Grunde.)

Tage merkbar ein und ist am Ende der ersten Woche beträchtlich. Voll und maximal ist sie erst am Ende der vierten Woche; der Höhepunkt findet sich zehn Tage nach der letzten Medikation. Von da an nehmen die Leistungen wieder ab, befinden sich aber in der achten Woche noch deutlich über dem Ausgangswert. Am Ende der sechsten Woche nahm Gruppe I nur für einen Tag 30 g Helenien ein. Am folgenden Tage ließ sich ein Wiederaufstieg, vor allem in Versuch c), erkennen, in der Woche darauf war diese Wirkung verschwunden. Um auch zahlenmäßige Anhaltspunkte zu liefern, sind in Tab. 24 die in den Kurven unterlegten Zahlen, und zwar die der Ausgangswerte und die der vollen Wirkung zusammengestellt. Die Steigerung der Dämmerungssehleistung ist, wie man sieht, beträchtlich.

Gruppe II erhielt, wie gesagt, geringere Mengen von Helenien. Die Gruppe lieferte leider nicht einheitliche Resultate, offenbar wegen der geringen Eignung ihrer Teilnehmer. Immerhin waren bei einigen die Verbesserungen sehr deutlich, ja, kaum schwächer als bei Gruppe I. Die Helenienwirkung trat bei der Gruppe II langsamer ein, was besonders für Versuch a) galt. Das Leistungsoptimum wurde in der dritten Woche erreicht, also wieder vierzehn Tage nach Aufhören der Medikation. Auffallenderweise war die Gruppe IIb der Gruppe IIa deutlich überlegen. Als IIb in der zweiten Woche noch 15 g Helenien täglich eingenommen hatte, setzte schlagartig eine zusätzliche Verbesserung ein.

d) Schlußfolgerungen. Die Ergebnisse der Versuche mit Helenien können, wie erwähnt, nicht unmittelbar mit meinen Vitamin-A-Versuchen verglichen werden, vor allem auch nicht die des

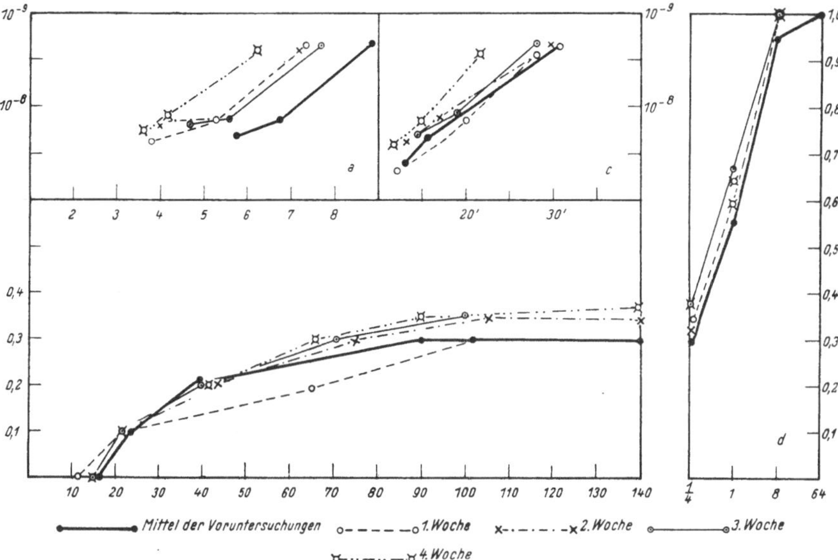

Abb. 40. Die Leistungsverbesserung von Prüfling Ha, dem schlechtesten Prüfling.

Versuches a). Denn diesem ging eine Helladaptation von drei Minuten voraus, während die Adaptationskurven des Vitamin-A-Versuches nach zehn Minuten Helladaptation begonnen worden sind. Es hat aber M o n j e Versuche mit dem Helenien angestellt, welche meinen Vitamin-A-Versuchen analog sind. Er fand Verbesserungen der Anfangsstrecke auf den zehn- bis zwanzigfachen Wert, so daß man dem Helenien etwa die gleiche Wirkung wie dem Vitamin A zuschreiben darf.

Betrachten wir Tab. 24, dann wäre die Verkürzung der Adaptationszeit (Versuch a) auf den dritten bis vierten Teil des Normalwertes ein ganz gewaltiger Erfolg. Aus den Adaptationskurven des Vitamin-A-Versuches läßt sich dieselbe Verkürzung der Adaptationszeit auf den dritten bis vierten Teil herauslesen. Ebenso eindrucksvoll ist die Beschleunigung der Zapfenadaptation (Nyktometer), die etwa auf das Doppelte ansteigt, und die Verbesserung der Sehschärfen. Sie beträgt für $i = 1/4 = 2 \cdot 10^{-6}$ sb um 50 % und für $5 \cdot 10^{-9}$ sb um 70 %.

Daß die Verbesserungen am Nyktometer (Versuch d) den Bereich schwacher Leuchtdichten betrifft ($i = \frac{1}{4}$ und 1), erscheint mir zunächst methodisch wichtig, denn wir werden die Überprüfung von anderen Mitteln danach einrichten müssen. Die Tatsache zeigt auch, daß gerade hier der kritische Punkt in der Sehschärfen-Leuchtdichtenkurve liegt, nicht nur durch optische Be-

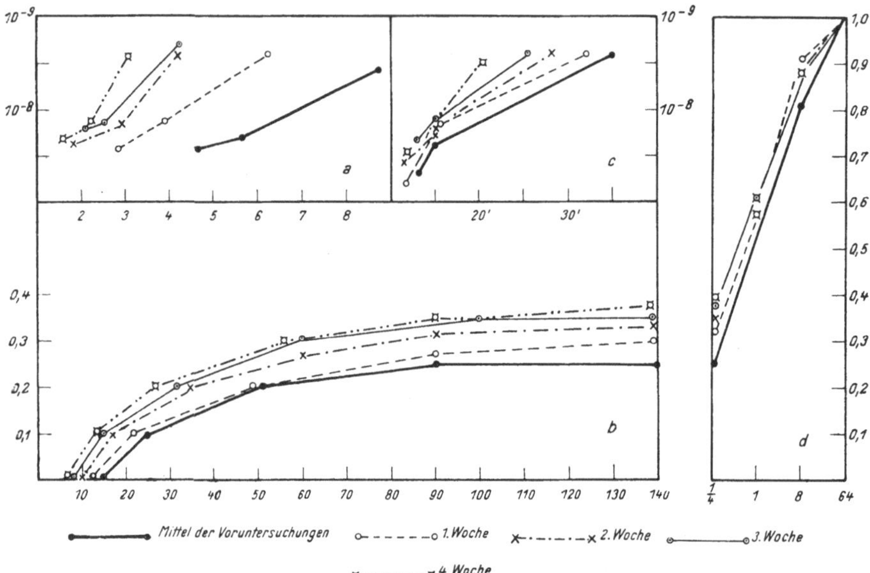

Abb. 41. Die Leistungsverbesserung im Mittel von vier Prüflingen.

dingungen hervorgerufen, nämlich durch das Aufhören der Akkomodation in diesem Bereich, sondern auch durch noch nicht ganz geklärte Vorgänge in der Netzhaut selbst.

Über die Wirkung des Helenien auf die Endschwelle der Adaptationskurve sagen meine Versuche nichts aus. Denn die niedrigste Leuchtdichte, die hier verwendet wurde, betrug $3 \cdot 10^{-9}$ sb, also den zehn- bis 30fachen Wert der absoluten Reizschwelle in voller Dunkeladaptation. Es darf deshalb nicht wundernehmen, wenn in dem untersuchten Bereich der Sehschärfen-Leuchtdichtenkurve so deutliche Verbesserungen auftraten. Sie können in tiefer gelegenen ohne weiters fehlen. Die Steigerung der Sehschärfe erfolgt bezeichnenderweise in jenem Bereich, in welchem auch die individuellen Unterschiede am größten sind.

Sehr merkwürdig sind die individuellen Tagesschwankungen im Adaptationsbeginn (Versuch a). Während die Personen am Nyktometer eine große Leistungskonstanz aufwiesen, fehlte diese bei Versuch a) in einem bis dahin unbekanntem Ausmaß. Der Versuch ist im Grunde eine Prüfung der Readaptation. Ich hatte schon bei den oben angeführten Versuchen (S. 53 ff.) den Eindruck, daß die Empfindlichkeit für Zwischenbelichtung keine konstante sei. Dies trat nun bei einigen Personen erneut in Erscheinung. Die Ursache kann weniger in einem wechselnden Sehstoffgehalt der Netzhaut als in der wechselnden Erregbarkeit der Nervenendigungen und damit in einer Inkonstanz der Nachbilddauer liegen. Wir wissen hierüber noch wenig. Vielleicht hilft uns die Tatsache weiter, daß die Personen auf die Medikation von Vitamin A oder Helenien verschieden gut ansprechen. Das zeigte vor allem Gruppe II.

Tab. 24. Vergleich der Leistungen nach dem Kurvenschema Abb. 41. (I Mittel der Voruntersuchungen, II Mittel der vierten Woche.)

	Adaptationszeit		Vergleich der Adaptationszeiten	
Versuch a)	II	I	II : I	
$5 \cdot 10^{-8}$ sb	1' 35"	4' 20"	1 : 3,65	II = 27,3 % I
$1 \cdot 10^{-8}$ sb	2' 25"	7'	1 : 2,9	II = 34,5 % I
$5 \cdot 10^{-9}$ sb	3'	9'	1 : 3	II = 33,3 % I
Versuch b) Visus	II	I	II : I	
0,025	7"	15"	1 : 2,1	II = 47,6 % I
0,1	13"	25"	1 : 1,9	II = 52,6 % I
0,2	27"	50"	1 : 1,8	II = 55,5 % I
	Sehschärfe		**Vergleich der Sehschärfe**	
Versuch c)	II	I	I : II	
$5 \cdot 10^{-8}$ sb	12'	14'	1 : 1,27	II = I + 12,7 % I
$1 \cdot 10^{-8}$ sb	15,5'	22,5'	1 : 1,45	II = I + 45 % I
$5 \cdot 10^{-9}$ sb	20'	34'	1 : 1,7	II = I + 70 % I
Versuch d)	II	I	I : II	
$4{,}1 \cdot 10^{-5}$ sb	0,9	0,8	1 : 1,125	II = I + 12,5 % I
$6{,}9 \cdot 10^{-6}$ sb	0,6	0,5	1 : 1,2	II = I + 20 % I
$1{,}7 \cdot 10^{-6}$ sb	0,38	0,25	1 : 1,52	II = I + 52 % I

a) Die Adaptationszeit nach drei Minuten Helladaptation ($8 \cdot 10^{-2}$ sb) für drei verschiedene Schwellen. Prüffläche 10° Durchmesser.
b) Die Adaptationszeit für verschieden große Schriftzeichen (Nyktometer $i = 1/4 = 1{,}7 \cdot 10^{-6}$ sb). Vier Minuten Helladaptation ($8 \cdot 10^{-2}$ sb).
c) Die Sehgröße bei drei verschiedenen Leuchtdichten unter hinreichender Adaptation. Die Sehschärfe als reziproker Wert der Sehgröße ist Unterlage für die Vergleichszahlen. II = I + 45 % I bedeutet: Die Sehschärfe hat sich um 45 % gebessert.
d) Sehschärfe bei drei verschiedenen Leuchtdichten (Nyktometer). Vergleichszahlen wie bei c).

Monjes Prüflinge waren weniger einheitlich als die meinen, sie waren zur Hälfte myop. Auch Monje fand beträchtliche individuelle Unterschiede, die offenbar, wie bei mir, mit dem Alter zusammenhingen. Man ersieht dies aus seinen Zahlenangaben (s. Tab. 13 seiner Arbeit), auch wenn er selbst die Beziehung nicht anerkennen will. Ich hatte bei meinen Versuchen den Eindruck, daß gerade junge Personen mit guter Dämmerungssehleistung besonders gut auf Helenien reagierten. Monjes Zahlen unterstützten diese Auffassung nicht unbedingt, doch mag das auch an seinem heterogenen Material liegen.

Als Nebenbefund der Versuche fiel, wie gesagt, die Konstanz der Nachtmyopie auf. Wieder war sie nur bei bestimmten Personen vorhanden und fehlte bei anderen. Nach der Korrektur wurde eine Verbesserung der Sehschärfe um 30 % bis 50 % erzielt. Da dieser Wert immer konstant blieb, ist auch erwiesen, daß die Helenienwirkung nicht etwa auch die optischen Bedingungen des Dämmerungssehens betrifft.

5. Zur Wirkung anderer Vitamine und Hormone.

Neben anderen Lipoiden sind aus den tierischen Netzhäuten das Xipoid retinale und das Laktoflavin als Bestandteil des Vitamin B extrahiert worden. Mit solchen Stoffen hat zunächst Guist bei Erkrankungen des Pigmentepithels Erfolge erzielt, die bei Normalen von Jungmann teilweise bestätigt werden konnten. Die Verbesserungen gehen m. E. nur wenig über die persönlichen Schwankungen der Prüflinge hinaus und sind viel geringer als die bei Vitamin-A-Zufuhr. Zewi berichtet nach ähnlichen Versuchen über negative Ergebnisse. Die Wirkungen dürfen wahrscheinlich mit jenen verglichen werden, die man mit Exzitantien, mit Sauerstoff u. ä. erzielt. Sie fördern anscheinend den lokalen Stoffwechsel, ohne den Sehstoffgehalt selbst zu steigern. Die weitere chemische Bearbeitung der Zapfensehstoffe wird wohl noch weitere Klärung bringen (s. v. Studnitz, Loevenich und Jungmann).

Auch dem Vitamin C ist von v. Studnitz eine fördernde Wirkung zuerkannt worden, besonders bei gleichzeitiger Verabreichung von Vitamin A. Das Ausmaß ist etwa dasselbe wie bei den Verwandten des Vitamin B.

Bietti, auch Jandelize und Thomas haben die Wirkung von Sympathicotropen, wie Adrenalin und Gynergen, geprüft. Sie fanden mit dem ersteren eine Steigerung, mit dem letzteren eine Verminderung der Dunkeladaptation. Ebenso hatten Patek und Haig Erfolge mit Schilddrüsenextrakten, Jores und Heimann mit Melanophorenhormon. Wie weit diese Wirkungen im Vergleich zu denen des Vitamin A gehen, ist mir nicht bekannt. Erinnern wir uns an den ergotropen Reflex Lehmanns, welcher Folge einer allgemeinen Adrenalinausschüttung in den Körper ist, dann kann man schwer festlegen, wieweit die Gabe sympathicotroper Mittel nun direkt auf die Adaptation oder nur auf die allgemeine Stimmung des Nervensystems wirke. Daß die gesteigerte Durchblutung der Choriocapillaris allein den Netzhautstoffwechsel und damit die Sehpurpurregeneration fördert, hat sehr schön Tansley gezeigt.

VIII. Zum Photochemismus des Sehens.

(Versuch einer chemischen Deutung empfindungsphysiologischer Erscheinungen.)

Die Entdeckung des Sehpurpurs und seiner Reversibilität zwischen Bleichung und Regeneration durch B o l l und K ü h n e, die Vermutungen über seine Rolle als Träger des Umsatzes von physikalischer in chemische und von da in neurophysiologische Energie, schließlich die Steigerung dieses Umsatzes durch Anreicherung der Sinneszelle mit Sehstoffen sind Meilensteine auf einem glänzenden Wege der Naturwissenschaft. Auf ihm bedeuten die Studien von W a l d und v. S t u d n i t z und deren Bestätigung den Schlußstein. Es sei deshalb erlaubt, Rückschau zu halten und unsere Vorstellungen von der Natur des Sehvorganges in der Netzhaut näher zu betrachten.

Chemisch reversible Prozesse sind das materielle Substrat vieler, ja, im Grunde aller Lebensvorgänge. In unserer Betrachtung drängt sich ein Vorgang motorischen Geschehens auf, nämlich der Aufbau und Abbau des Glykogens im Muskel. Er ist die Grundlage der Erschlaffung und Kontraktion der Muskelzelle und damit der Muskelbewegung. Dasselbe gilt, freilich im genauen Gegenteil, für die Netzhaut und ihre Sinneszellen. Die Strahlung als physikalische Energie, wirkt auf ein chemisch reversibles Medium, den Sehstoff ein und die chemische Veränderung, der Zerfall des Sehstoffes wird zum physiologisch adäquaten Reiz der Nervenendigung. Wie aber im Muskel auf die Kontraktion die Erschlaffung, dem Abbau des Glykogens der Wiederaufbau folgen muß, wenn die Muskeltätigkeit nicht sistieren soll, so muß dem Zerfalle des Sehstoffes dessen Wiederaufbau folgen. Sonst würde das Sehen sistieren. Wie die Dissimilation und die Assimilation — so nannte es H e r i n g — einander folgen, ist bei der Muskeltätigkeit nicht schwer zu erraten. Die Kontraktionszeit mag der Dissimilation, die Erschlaffungszeit der Assimilation dienen, und es tut unserem Schema wenig Abbruch, wenn es durch neu erforschte Einzelheiten abgewandelt oder ausgestaltet wird.

Auf dem Gebiete des Sehens ist die Frage nach dem zeitlichen Wechsel von Dissimilation und Assimilation nicht so einfach zu beantworten. Wir wissen, daß die volle Ausbleichung des Sehpurpurs und seine Regeneration lange Zeit in Anspruch nehmen und daß kurze Belichtungen den Sehpurpur nur bis zum Sehgelb bleichen (W a l d). Wir wissen nach v. S t u d n i t z, daß die Zapfensehstoffe so rasch zerfallen, daß man sie nur schwer in der Netzhaut finden kann; wahrscheinlich regenerieren sie aber auch rasch. Wir kennen die Verschmelzungsfrequenz für intermittierende Lichtreize als Ausdruck des Nachklingens der Erregung, aber vielleicht auch als Ausdruck der Wiederherstellungszeit der Sehstoffe; während der Reiz im Nerven nachklingt, vollzieht die

Zelle die Regeneration. Ja, vielleicht steht auch die Oszillation der Augenbewegung, welche eine punktförmige Fixation nicht zuläßt und es nicht erlaubt, daß von einer punktförmigen Lichtquelle aus ein einziges Sinneselement auch nur eine Sekunde lang gereizt wird, nebenbei im Dienste der Sehstoffregeneration (S. Marx und Trendelenburg, neuerdings besonders Münster und Schlaack). Auch der Lidschlag und die Blickbewegungen mögen zur Regeneration beitragen, so daß wir von auxiliären Einrichtungen zur Adaptationsförderung sprechen könnten.

In Anbetracht der scheinbaren Kontinuität des Sehens, das bei gleichbleibender Adaptation an gleichbleibende Leuchtdichten ohne Zäsuren fortschreitet, ja, im Vergleich zur beginnenden und wieder aufhörenden Muskeltätigkeit weder Anfang noch Ende kennt, helfen die bisherigen Vorstellungen nicht genügend weiter. Ist denn ein totaler Zerfall der Sehstoffmenge in einer Sinneszelle nötig, bis zu deren Wiederaufbau geschritten wird? Ist es nicht vielleicht so, daß beim Auftreffen geringster Lichtenergie mit Einsetzen des Zerfalles auch schon der Wiederaufbau beginnt? Im Gegensatz zum Chemismus der Muskelzelle wäre der Photochemismus keiner gröberen Rhythmik unterworfen, sondern ginge fließend vor sich, wobei dieser Fluß noch immer oszillierend, etwa gleichlaufend mit der Flimmerfrequenz von 20, 40 oder 60 pro Sekunde gedacht werden kann.

1. Mittlere Adaptationsleuchtdichte 10^{-5} sb.

Nehmen wir an, das Auge blicke auf eine mäßig leuchtende, homogene Fläche von 10^{-5} sb, ähnlich wie bei dem eingangs beschriebenen Versuche von Kühl. Wenn keine stärkere Helladaptation vorausgegangen ist, dürfte die Adaptation auf diese Leuchtdichte nach einigen Minuten beendet sein. Die Fläche, die fast das ganze Gesichtsfeld ausfüllen mag, erscheint dann in einem gleichmäßigen Grauweiß bestimmter Helligkeit. Da die Adaptation vollzogen ist, ändert sich an dem Eindruck des Grauweiß in der Folgezeit nichts mehr, selbst wenn wir die Beobachtung auf viele Stunden ausdehnen. Was geschieht aber photochemisch? Auf jede Sinneszelle, wobei wir von der Differenzierung in Zapfen und Stäbchen absehen, trifft laufend ein Strahlungsquantum, wie es der Leuchtdichte 10^{-5} sb entspricht. Es muß also laufend Sehstoff zerfallen, und zwar in der Zeiteinheit t ein uns nicht näher bekanntes Quantum p. Dieser Prozeß dehnt sich über Stunden aus, ohne daß sich an der Grauweiß-Empfindung etwas änderte; also muß auch der photochemische Prozeß immer in der gleichen Weise weitergehen.

Bezeichnen wir die Strahlung mit i (Lichtenergiequantum), so erhalten wir durch die Einwirkung auf P (Gesamtmenge an zerfallsbereitem und voll lichtempfindlichem Sehstoff in einer Sinneszelle) das Produkt i . p als Umsatzquantum; unsere Grauweiß-Empfindung ist diesem analog. In der Zeiteinheit t wäre der photochemische Vorgang mit t . i . p anzusetzen und mit dem Anwachsen der Zeit auf n . t müßte sich das Produkt auf n . t . i . p vergrößern. Nun sind die Werte i und p im Vergleich zu makrophysikalischen Vorgängen sehr klein, spielt sich der Prozeß doch in der mikroskopischen Sinneszelle ab. Die Zeit ist dagegen unendlich groß, denn wir haben den Versuch erst nach längerer Adaptation begonnen und verfolgen ihn jetzt schon viele Minuten lang, ja, können ihn durch Stunden fortsetzen. Immer noch sehen wir das gleiche Grauweiß, immer noch geht der Prozeß im gleichen Sinne weiter. Bei dem enormen Anwachsen der Zeit müßte P doch endlich aufgebraucht, nämlich zerfallen und zur Gänze in den Stoff Z umgewandelt sein. Von dem anfänglichen Gehalt an voll lichtempfindlichen Stoff P müßte, wenn wir mit voller Dunkeladaptation beginnen, in der Zeiteinheit t . i . p zerfallen, so lange, bis P völlig aufgebraucht ist. In derselben Zeit wäre durch Zerfall in der Zeiteinheit t . i . z entstanden, bis die Zelle schließlich mit Z angereichert ist; nach der Zeit n . t wäre n . t . i . p zerfallen und in n . t . i . z umgewandelt worden.

Nach dieser Überlegung bleiben nur zwei Möglichkeiten für die photochemische Grundlage kontinuierlicher Lichtempfindung. Entweder, daß das Produkt t . i . p im Vergleiche zu dem Gesamt-P so minimal ist, daß ein totaler Umsatz des P nicht eintreten kann oder daß gleichlaufend mit dem Zerfall von p auch eine Rückverwandlung des z in p stattfindet. Nur das letztere kommt ernstlich in Betracht. Denn der totale Umsatz von P erfolgt bei genügend großem i im Sinne der Helladaptation tatsächlich; ja, wir kennen sogar die Zeit, welche für den totalen Zerfall des P und dessen Wiederaufbau benötigt wird, die Adaptationszeit. Der Zustand der dauernden Adaptation auf die Leuchtdichte 10^{-5} sb kann also nichts anderes bedeuten, als daß in sämtlichen, von der Fläche bestrahlten Sinneszellen ein Äquilibrium erreicht ist, in welchem sich Abbau und Wiederaufbau von P die Waage halten. Man könnte höchstens annehmen, daß die Empfindung mittlerer Helligkeit dem Ruhen des Photochemismus entspreche, doch wird sich diese Annahme gleich ad absurdum führen.

Bei langsamer Verminderung der Adaptationsleuchtdichte und Schritthalten der Adaptation erfolgt keine Änderung unserer Grauweißempfindung. Offenbar vermindert sich mit Einschränkung des Abbauvorganges, also des Zerfalles von P, auch dessen Wiederaufbau.

Man mag fragen, ob ein Versuch dieser Art schon am Adaptationsschirm über viele Stunden hinaus ausgeführt worden sei? In präziser Weise mag das tatsächlich noch nicht geschehen sein. Der Vorgang entspricht aber dem Eindruck, den jedermann bei einem Spaziergang um die Dämmerstunde gewinnt;

am besten in gleichförmiger, konturlos weißer Schneelandschaft. Wir merken eine geringe Beleuchtungsabnahme gar nicht. Erst mit Eintreten der Nacht wird das Grau der Adaptationsfläche langsam dunkler, bis es in voller Dunkelheit (z. B. im Dunkelzimmer) zum Eigengrau wird. Dies ist ja zwar nicht schwarz, aber doch sehr viel dunkler als die Adaptationsfläche von 10^{-5} sb.

Umgekehrt bedeutet die Zunahme der Adaptationsleuchtdichte auf 10^{-4} sb und weiter bis zur Leuchtdichte 1 sb, bei langsamer Veränderung, ein kaum merkliches Hellerwerden des Grauweiß, bis es schließlich allerdings zu blendendem Weiß wird.

Diese sogenannte Konstanz der subjektiven Helligkeit ist vielfach Gegenstand der Betrachtung gewesen. Es sei auf Herings Darstellung besonders verwiesen, die durch die Studie von Hess und Pretori glücklich ergänzt sein dürfte. Neuerdings hat Kühl das Problem wieder aufgegriffen. Analysieren wir das Abnehmen der Adaptationsleuchtdichte von 10^{-5} sb auf 10^{-6} sb: In unserem photochemischen Produkte t.i.p wird i laufend kleiner, ohne daß sich an t und seiner Bedeutung etwas änderte. In der Zeit n.t würden nicht mehr n % von P zerfallen, sondern weniger. Wenn unsere Helligkeitsempfindung weitergeht, ja kaum vermindert erscheint, dann wahrscheinlich deshalb, weil mit dem geringeren Verbrauch von P auch der Wiederaufbau des zerstörten p, also des z, eingeschränkt worden ist. Das Gleichgewicht zwischen Abbau und Aufbau ist ungestört geblieben. Es hat sich nur der Umsatz von p in z und von z in p in der Zeiteinheit vermindert, bis er in voller Dunkelheit sistiert.

Die Empfindung mittlerer Helligkeit kann also nicht Ruhen des photochemischen Prozesses bedeuten, sondern nur Gleichgewicht zwischen Abbau und Aufbau, wobei ein stärkerer Umsatz in der Zeiteinheit eine kaum merkliche Helligkeitszunahme, eine Abnahme des Umsatzes, immer freilich in geringem Ausmaß und geringer Geschwindigkeit, eine kaum merkliche Helligkeitsabnahme bedeutet.

Wie bekannt, geht die Sehstoffregeneration unter Sauerstoffverbrauch vor sich. Es ist daher naheliegend, den Abbau von Sehstoff einer Reduktion und den Wiederaufbau einer Oxydation gleichzusetzen, wobei die tatsächlichen Vorgänge verwickelter sein mögen (Hecht, Wald, v. Studnitz). In dem gleichen Umfange, in dem die Strahlung das P der Sinneszelle reduziert, und zwar in der Zeiteinheit t.p Sehstoffeinheiten, wird, durch die Aufnahme von Sauerstoff aus dem Pigmentepithel, das zu z zerfallene p oxydiert und in p rückverwandelt. Immer noch den Zustand mittlerer Adaptation und Grauweiß-Empfindung vorausgesetzt, würden Reduktion und Oxydation in einer Art Äquilibrium stehen, und zwar in einem Umfange des Umsatzes, der genau dem Quantum an Strahlung in der Zeiteinheit entspricht. Sinkt die Strahlung, dann sinkt auch der Umfang an Reduktion und Oxydation. Da beides unmerklich langsam und regelmäßig erfolgt, bleibt ihr subjektives Äquivalent, nämlich die Helligkeitsempfindung, nahezu gleich; sie nimmt mit ihnen nur langsam ab, bis zum Aufhören der Strahlung und damit Aufhören jeder Reduktion und

Oxydation. Dann ist die Empfindung Grauweiß in die Empfindung Dunkel übergegangen; es ist das Eigengrau der Netzhaut, dessen materielles Substrat in jenen Reduktions- und Oxydationsprozessen liegen mag, welche auch in der unbelichteten Sinneszelle als Ausdruck normaler Nutrition, eben des Lebens der Zelle weitergehen müssen.

Daß mit Zunahme der Strahlung von 10^{-5} sb auf 10^{-4} sb genau das Umgekehrte unter Vermehrung des Umsatzquantums erfolgen muß, ist selbstverständlich. Die weitere Strahlungszunahme zieht eine weitere unmerkliche, aber immer deutlicher zunehmende Verstärkung der Helligkeitsempfindung nach sich und bedeutet photochemisch die Zunahme von Reduktion und Oxydation. Von einer bestimmten Leuchtdichte an tritt jedoch die Krise ein. Mit Anwachsen von i auf den 100- oder mehrfachen Wert ist die Reduktion übermäßig geworden, so daß die Oxydation nicht mehr nachkommen kann; der Sehstoff zerfällt. Wie rasch das erfolgt, sagen uns die Zeiten der Helladaptation. In der hereingebrochenen Krise aber kommt, soweit wir allein die Weißerregung im Auge haben, ein anderer Sehstoff, wie v. Studnitz (1) meint, das Lutein in Funktion. Auch für ihn mag sich ein Äquilibrium in analoger Weise entwickeln, bis zu jenen blendenden Leuchtdichten des Tageslichtes, bei welchen das Farbensehen und jede Differenzierung aufhört.

So weit wollen wir die Entwicklung jedoch nicht verfolgen, ja, wir wollen sogar von dem Wechsel der Zapfen- und Stäbchenfunktion absehen und bei der Annahme eines einzigen Sehstoffes bleiben, damit unser Schema so anschaulich wie möglich wird.

2. Wechsel der Adaptationsleuchtdichte.
(Successivkontrast.)

Kehren wir zu der Leuchtdichte von 10^{-5} sb zurück und nehmen genügende Adaptation auf diese an. Wenn wir im Gegensatz zu bisher die Adaptationsfläche plötzlich verdunkeln, dann schrumpft das Produkt t.i.p plötzlich auf Null. Die Reduktion sistiert im Augenblick, während die Oxydation, offenbar wegen der Trägheit der Zelltätigkeit, noch weitergeht; es tritt Schwarzempfindung ein. Wenn wir die Leuchtdichte sprunghaft auf das zehn- oder 100fache erhöhen, dann schnellt die Reduktion auf Werte, denen die Oxydation nicht zu folgen vermag, wir erhalten Weißempfindung. Man erkennt: Übermäßige Reduktion und damit Anwachsen von z auf Kosten von p bedeutet Weißerregung, übermäßige Oxydation und damit Anwachsen von p — vielleicht besser, Vermindern von z — bedeutet Schwarzerregung. Ihr Äquilibrium bedeutet Grau, wobei Äquilibrium aber durchaus nicht Ruhezustand bedeutet, wie wir sahen.

3. Sinn und spezielle Aufgabe der Adaptation.

Unsere Vorstellungen vom Photochemismus der Netzhaut lassen sich mit der Kontinuität der Lichtempfindung bei mittlerer Leuchtdichte nur vereinbaren, wenn wir unsere Vorstellungen von der Adaptation revidieren. Soweit wir darunter Aufbau und Zerfall von Sehstoff verstehen, können wir diesen Vorgang nicht mehr als einfach passiv unter Verdunkelung und Belichtung laufend ansehen. Wir müssen eine aktive Beteiligung der Sinneszelle fordern. Erinnern wir uns daran, was wir beim Studium der Readaptation gefunden haben, deren Dauer von dem Grade der Zwischenbelichtung abhing. Wir konnten Lichtintensität und Zeit miteinander vertauschen. Das Produkt i . t kam einem Wirkungsquantum gleich, das unverändert blieb, auch bei starkem Anwachsen von i, wenn man die Zeit nur genügend herabsetzte. Das bedeutet ein gleiches Maß von Sehstoffbleichung bei hohen Intensitäten in sehr kurzer und bei geringen in sehr langer Zeit. Wir sahen aber auch, daß dies nur innerhalb gewisser Grenzen galt. Verwandten wir mittlere Wirkungsquantitäten, also nicht zu große Intensitäten und kurze Zeiten und summierten diese, dann wurde das Gesetz von der Vertauschbarkeit der Intensität durch die Zeit anscheinend durchbrochen (s. S. 64). Die Readaptationszeit wurde trotz der Summierung nicht verlängert. Wir deuteten diesen Widerspruch damals noch als Ausdruck des Erregungsverzuges. Es sollte bei schwächeren Zwischenbelichtungen zu keinem Sehstoffzerfall kommen, sondern nur die Nacherregung des Nerven eine Erholung erfordern. Jetzt, nach unseren Betrachtungen über die Adaptation auf unveränderte mittlere Leuchtdichten, klärt sich dieser Widerspruch. Intensität und Zeit sind eben nicht miteinander vertauschbar. Es ist, wenn man über ein bestimmtes Wirkungsquantum hinausgeht, nicht mehr einerlei, ob die Steigerung des Produktes t . i . p durch übermäßige Vergrößerung von i oder durch übermäßige Vergrößerung von t erfolgt. Sonst müßte im Verlaufe eines Tages bald aller Sehstoff verbraucht sein.

Demnach muß es zwei Arten der Adaptation im Sinne der Sehstoffregeneration geben. Die eine ist die, welche wir lange kennen. Sie geht allein durch Lichteinfluß und Ausbleiben desselben, unter Umständen sogar in vitro vor sich. Auch dürfte sie vom Pigmentepithel her durch Lieferung der Aufbauprodukte unterstützt werden. Sie erfolgt selbstverständlich bei jedem Beleuchtungswechsel, sie erfolgte auch bei unseren Readaptationsversuchen. Sie sei die spontane oder passive Adaptation genannt. Diese uns allen bekannte Adaptation wird aber nun unterstützt durch einen aktiven Prozeß, der in der Sinneszelle stattfindet und von ihr, vielleicht auch noch von dem nächsten Neuron, nämlich der bipolaren Zelle, gesteuert wird. Die Zelle kann sozusagen nicht dulden, daß ihr der ganze Sehstoff durch das Wirkungsquantum i.t bei mittleren Leuchtdichten verloren geht. Wie wäre denn auch die so überaus kurze Adaptationszeit innerhalb geringer Leuchtdichtenunterschiede (s. Abb. 16 u. 17) anders möglich. Die Zelle sorgt aktiv durch die Erhöhung der Oxydationsvorgänge dafür, daß ihr bei Zunahme der Reduktion infolge Zunahme der Lichtintensität dennoch Sehstoff erhalten bleibt. Anderseits schränkt sie die Oxydation mit Abnahme der Strahlung und damit der Reduktion ein. Diese aktive Adaptation der Sinneszelle wirkt der passiven, nämlich dem Sehstoffzerfall bei Belichtung und der Regeneration bei Verdunkelung, in gewisser Hinsicht entgegen.

Somit bedeutet passive Adaptation Reduktion des Sehstoffes bei Belichtung und Oxydation bei Verdunkelung, während die aktive Adaptation Steigerung der Oxydationsvorgänge bei Belichtung und Verminderung derselben bei Verdunkelung bedeutet. Die passive Adaptation ist der Umwandlung des Sehstoffes durch Licht und Nichtlicht gleichzusetzen, so wie künstliche Leuchtfarben unter Strahlung leuchtend und bei fehlender Strahlung dunkel werden. Die passive Adaptation erfolgt bei starkem Beleuchtungswechsel in großem Umfang und rapide, bei geringem und langsamem Beleuchtungswechsel schrumpft sie zu dem Photochemismus des Sehens selbst, der durch die aktive Adaptation, eine Tätigkeit der Sinneszelle, in Gang gehalten wird. Van Beuningen sprach anläßlich seiner Readaptationsversuche von primärer und sekundärer Adaptation. Wir finden in diesen Worten unschwer das, was nun aktive und passive Adaptation genannt worden ist.

Auch die Erscheinungen der „verzögerten Stäbchen-Adaptation" nach übermäßiger Helladaptation sind durch die Vorstellung, daß die Sinneszelle an der Adaptation aktiv mitwirkt, am besten erklärt. Die Zelle strebt einen Zustand mittlerer Erregbarkeit, nämlich der Grauweißerregung, an, von dem aus bei übermäßigem Ansteigen des z (Reduktion) die Weißerregung oder bei Ansteigen von p (Oxydation) die Schwarzerregung erfolgen kann. Die eingetretene Weißerregung verlangt aber dann unmittelbar die aktive Kompensation durch Erhöhung der Oxydationsvorgänge in der Zelle, was vice versa für die Schwarzerregung gelten muß. Wie anders sollte es möglich sein, daß bei jedem Adaptationszustand doch immer genug Sehstoff da ist, um bei lokaler Strahlungszunahme Weißerregung erfolgen zu lassen? Die passive Adaptation als selbständige Reduktion des Sehstoffes ist ein lokaler Vorgang, wir haben das bei den Readaptationsversuchen erkannt, die aktive Adaptation als Ausdruck der Zelltätigkeit bleibt, wie wir gleich sehen werden, nicht auf die Einzelzelle beschränkt, sondern teilt sich der Nachbarschaft mit. Der dazu nötige Consensus mag durch die Querverbindungen in den plexiformen Netzhautschichten aufrecht erhalten werden.

4. Der physiologische Kontrast.
(Simultankontrast.)

Wir verfolgen den Kühlschen Grundversuch (s. S. 7) weiter. Es wird ein kreisförmiger Bezirk der Adaptationsfläche (5^0 mal 5^0) zusätzlich mit $5 . 10^{-7}$ sb bestrahlt, während die Grundfläche 10^{-5} sb besitzt. Wir nehmen an, daß die Unterschiedsschwelle 5 % betrage, der Kreis somit gerade ein wenig weißer erscheine als der Grund. Was geschieht dabei photochemisch? Während für die übrige Netzhaut nach wie vor das Produkt i . p gilt (t lassen wir beiseite), ist im Bereiche des Kreises 1,05 i . p anzusetzen. Die Vermehrung der Reduktion um 5 % bringt im Kreise das Äquilibrium aus dem Gleichgewicht im Sinne des Anwachsens von z und damit Weißerregung. In dem kleinen Bezirke stärker bestrahlter Sinneszellen wird aber die Oxydation genau so zunehmen müssen, wie wir das bei der Strahlungszunahme im ganzen Felde gesehen haben. Die aktive Adaptation im Sinne zunehmender Oxydation tritt in dem Kreise ein und dämpft die Weißerregung in ihm. Die Zunahme der Oxydation kann sich aber wohl nicht auf diesen Bezirk beschränken, sie greift auf die Nachbarschaft über und bewirkt hier notgedrungen Schwarzerregung. Denn hier war ja das Äquilibrium bisher aufrecht geblieben und wird erst mit Zunahme der Oxydation im entgegengesetzten Sinne gestört wie der stärker bestrahlte Kreis. Inzwischen ist die Adaptation aber in dem Kreise weitergegangen, so daß hier ein neues Äquilibrium zwischen Reduktion und Oxydation zustande kommt. Dieses würde Grauweißerregung bedeuten, wenn damit nicht in der weniger bestrahlten Nachbarschaft eben nicht Äquilibrium, sondern ein Überwiegen der Oxydation entstanden wäre. Das hat ein Überwiegen von p zur Folge, dem die Adaptation in entgegengesetzter Richtung, nämlich mit Sinken der Oxydation, begegnet. Im Kreise, welcher das Sinken der Oxydation mitmacht, wird die Reduktion neuerlich übermäßig, es tritt neuerlich Weißerregung in ihm ein.

Wir sind damit auf einen Wettstreit zwischen der Neigung zur aktiven Helladaptation in dem stärker belichteten Kreise und der Neigung zur aktiven Dunkeladaptation in der Nachbarschaft gestoßen. Er kann nichts anderes als die Grundlage der wechselseitigen Beeinflussung nach Hering, also des Simultankontrastes sein. Der Simultankontrast bedeutet nach unserem Schema, daß die überschwellige Belichtung eines kleinen Netzhautbezirkes, in unserem Falle des Kreises, die Tendenz zur Helladaptation auslöst und daß diese Helladaptation sich der Nachbarschaft mitteilt. Für die schwächer belichtete Netzhautpartie muß, bei hier unveränderter Belichtung!, das schwarz werden, was bisher grauweiß war. Die Helladaptation in einem belichteten Bezirk löst in der Nachbarschaft notgedrungen Schwarzerregung, also Kontrastempfindung, aus (s. die Versuche von Hess und Pretori).

5. Die Reizschwelle.

Bleiben wir noch bei unserem Grundversuch und erinnern uns, daß die um 5 % stärkere Belichtung des Kreises, also die Erhöhung des Produktes von i.p auf 1,05 i.p den Simultankontrast auslöste. Löschen wir Beleuchtung I, dann muß im gesamten Netzhautbereiche Schwarzerregung infolge übermäßiger Oxydation eintreten. Im Kreise ist jedoch die Leuchtdichte $5 \cdot 10^{-7}$ sb übriggeblieben und diese genügt, um das p (Oxydation!) hier nicht so rasch wie in der Nachbarschaft anwachsen zu lassen. Sofort setzt übrigens die Adaptation im aktiven und im passiven Sinne ein. Sie bedeutet mit dem enormen Oxydationsüberschuß nicht nur weitere Schwarzerregung in dem unbelichteten Bezirke, sondern mit dem übermäßigen Herbeischaffen von p im Kreise einen Zuwachs an subjektiver Helligkeit, trotz der geringen und unveränderten Leuchtdichte von $5 \cdot 10^{-7}$ sb.

In unseren photochemischen Symbolen ausgedrückt, hätte sich der Prozeß folgendermaßen abgespielt: Im Bildbereich 1,05 i.p, in der Nachbarschaft i.p. Sobald Beleuchtung I wegfällt, ist im Bildbereich 0,05 i.p und in der Nachbarschaft $0 \cdot p = 0$; hier wirkt ja keine Strahlung mehr. Mit der übermäßig einsetzenden Oxydation wächst das Produkt 0,05 i.p an, weil p sehr bald ein Vielfaches des Bisherigen erreicht und der Wert von i.p bald wieder gewonnen ist. p müßte auf den zwanzigfachen Wert ansteigen, um dieselbe Helligkeit des Kreises zu vermitteln, wie sie vorher die ganze Fläche besessen hatte.

Der Satz, daß die Kontrastschwelle in irgendeinem mittleren Adaptationsbereiche immer gleich sei der absoluten Reizschwelle in dem gleichen Bereich, bedeutet also, daß die Differenz in den Abbau- und Aufbauvorgängen zwischen einem belichteten und einem weniger oder gar nicht belichteten Netzhautbereich ein Mindestmaß erreichen muß, ganz gleich, ob sich die Netzhaut gerade im Äquilibrium eines Adaptationszustandes (a) oder in stürmischer Adaptation (b) befindet. Fall a ist bei Prüfung der Kontrastschwelle gegeben (Adaptation auf die Leuchtdichte von 10^{-5} sb = Äquilibrium zwischen Reduktion und Oxydation), Fall b bei Prüfung der absoluten Schwelle im Augenblick der Verdunklung, wobei sofort und stürmisch die Adaptation im Sinne von Oxydation einsetzt.

Im übrigen, stürmisch ist die Oxydation schon vor Ausschalten des Lichtes, nur ist das auslösende Moment, nämlich die ebenso stürmische Reduktion, nun weggefallen. Die übermäßige Oxydation als Schwarzerregung legt sich gleich einem Schleier über die ganze Netzhaut, aber sie ist doch nicht so stark, daß die noch weitergehende, freilich verminderte Reduktion in dem schwach bestrahlten Bezirke nicht ein überschwelliges Weiß-Erregungsmoment darstellte.

Führen wir das Schema schließlich für den Zustand der vollen Dunkeladaptation aus, dann findet sich hier ein Minimum von Reduktion und Oxydation, nämlich das Äquilibrium im Eigengrau der Netzhaut. Die gerade überschwellige Leuchtdichte in einem

Netzhautbereiche bringt wieder eine Störung des Äquilibriums hervor, was infolge von Reduktion und damit Wachsen von z nur im Sinne von Weißerregung wirken kann. Die in dem Bereiche einsetzende aktive Helladaptation aber führt auch in der Nachbarschaft Oxydation und damit Schwarzerregung herbei, obwohl wir im volladaptierten und noch gar nicht belichteten Bereiche doch eine 100 %ige Konzentration von P annehmen müssen.

6. Die Lokaladaptation.

So sehr sich nun das Bild von Reduktion und Oxydation, die in der Sinneszelle ein Äquilibrium zwischen zerstörtem und intaktem Sehstoff schaffen, aufdrängt, ja, so sehr die Kontinuität der Lichtempfindung im unveränderten Adaptationszustand zu unserem Bilde sogar zwingt und uns mit einer sinnfälligen Erklärung des Kontrastphänomens beschenkt, so werden wir daran doch irre, wenn wir den Grundversuch der Lokaladaptation betrachten. Bei längerer Fixation der N. W. G.-Tafel nimmt deren Helligkeit bis zum Unsichtbarwerden ab. Dasselbe gilt für den Landoltschen Ring (s. S. 24). Das genaue Gegenteil, was wir eben bei dem Kühlschen Versuche zu sehen vermeint hatten, tritt auf. Dort bei Löschen des Lichtes ein zunehmendes Hellerwerden der noch schwach bestrahlten Kreisscheibe, unter Entwicklung einer Art Wettstreit zwischen den benachbarten Netzhautfeldern zustandekommend, denn sie streben verschiedenen Adaptationszuständen zu und verstärken damit den physikalischen Kontrast in physiologischem Sinne, hier das Einebnen einer Helligkeitsdifferenz in ein konturloses Grau. Und beides sollte durch Adaptation geschehen?

Wir werden uns noch einmal erinnern müssen, daß Hering die Kontrastfunktion Wechselwirkung genannt hat. Die Tendenz zur aktiven Adaptation, die wir in das einzelne Sinneselement gelegt haben und die in ihm durch Belichtung ausgelöst wird, teilt sich der Nachbarschaft mit. Nicht in ihm allein zieht die mit Belichtung einsetzende Reduktion die Oxydation nach sich, sondern auch in der Nachbarschaft. Weiter erinnern wir uns daran, daß mit Abnahme der Beleuchtung die Kontrastschwelle zunimmt, die Differenz der Beleuchtungsstärken also zunehmen muß, wenn das Ansteigen von i.p in dem einen Netzhautbezirke noch Wechselwirkung in dem anderen in Gang bringen soll. Je geringer die Lichtstärken werden, um so höher ist der Sehstoffspiegel geworden und um so träger wird die aktive Adaptation. Deshalb muß der prozentuelle Zuwachs von i gegenüber der Nachbarschaft auch um so größer werden, wenn das eine Sinneselement in eine andere Stimmung gebracht werden soll als das andere. Schließlich erinnern wir uns, daß das Phänomen der Lokaladaptation erst im dunkeladaptierten Auge deutlich bemerkbar wird und hier mit abnehmender Umfeldleuchtdichte weiter zunimmt. Dazu haben die Versuche über Readaptation gezeigt, daß der Vorgang der passiven Sehpurpurbleichung ein rein lokaler Vorgang ist.

Betrachten wir nun noch einmal den Grundversuch der Lokaladaptation. Im Augenblicke des Belichtungsbeginnes sind dieselben Erscheinungen an der N. W. G.-Tafel gegeben, wie sie der Kühl-sche Versuch zeigt und wie sie durch unser Reduktions-Oxydationsschema erklärt sind. Erst bei längerer Betrachtung nehmen sie an Eindringlichkeit ab, der Kontrast verschwindet. Es wirkt also der Tendenz zur Wechselwirkung im Sinne der aktiven Adaptation eine andere Tendenz entgegen; und warum sollte diese nicht die passive Adaptation, also die Ausbleichung des Sehpurpurs sein? Im Grunde ist der Versuch, nämlich die längere Fixation der matt leuchtenden Tafel nur eine Übertragung des Blendungsversuches oder der Zwischenbelichtung auf den Bereich minimaler Leuchtdichten. Die aktive Adaptation, gehemmt durch die Schwarzerregung der gesamten unbelichteten Netzhaut, kann den Bleichungsvorgang in der belichteten Netzhaut bremsen, aber nicht ganz aufhalten. Dazu kommt, daß in dem Bereiche schwächerer Lichtstärken eine hohe Kontrastschwelle vorliegt, d. h. die aktive Adaptation ohnehin träge ist. Die Lokaladaptation tritt offenbar um so leichter ein, je mehr wir uns der Kontrastschwelle nähern. Ist diese durch den geringen Leuchtdichtenunterschied zwischen In- und Umfeld oder durch die minimale Umfeldleuchtdichte erreicht, dann fällt die aktive Adaptation weg; es muß zum Sehstoffzerfall kommen (s. den Befund von S. 24). Lokaladaptation ist sozusagen nicht kompensierter Sehstoffzerfall.

7. Die physiologische Irradiation.

Diese steht, ähnlich der Lokaladaptation, der Anerkennung unseres Bildes vom Äquilibrium scheinbar ebenfalls entgegen. Ist es auf den ersten Blick doch unerfindlich, wie die stärkere und übermäßige Belichtung eines Netzhautabschnittes das Übergreifen des Reizes auf die Nachbarschaft bewirken soll, also das genaue Gegenteil von all dem, was eben überlegt worden ist. Deshalb leugnet v. Tschermak die Möglichkeit einer physiologischen Irradiation. Wir wollen sehen, wohin wir mit der Anwendung unseres Schemas auch auf die Irradiation kommen.

Eingangs wurde erwähnt, daß sich die Irradiation bei der Bestimmung des physiologischen Punktes nach Aubert von einem Leuchtdichtenunterschied über 1 : 50 an bemerkbar macht (s. Tab. 2). Dieses Zahlenverhältnis stimmt in der Größenordnung auffallend überein mit der für Tageslichtbedingungen geltenden Kontrastschwelle von 1—2 %. Was bedeutet diese Übereinstimmung photochemisch?

Knüpfen wir an Kühls Grundsatz an, daß die relative und die absolute Reizschwelle in einem mittleren Adaptationsbereiche zahlenmäßig gleich sind. Wie wir meinten, bedeutet das, daß die Differenz im Wirkungsquantum zweier Netzhautbezirke, nämlich i . p in dem einen und (1 + x) . i . p in dem anderen — wobei x die Kontrastschwelle sei — genüge, um in dem betreffenden Adaptationsbereiche die Wechselwirkung auszulösen; und zwar von ihm ausgehend bis herab zu jener Leuchtdichte, welche x . i beträgt. Lassen wir nämlich die Leuchtdichte I (10^{-5} sb) nicht wie im Grundversuch plötzlich verschwinden, also Null werden, sondern senken wir sie laufend von 10^{-5} sb abwärts, während II ($5 . 10^{-7}$ sb) konstant bliebe, dann würde der physikalische Kontrast mit Verkleinerung von I immer weiter zunehmen. Er betrüge für I = $8 . 10^{-6}$ sb 6,35 %, für I = $5 . 10^{-6}$ sb 10 %, für I = 10^{-6} sb 50 % usw.; II muß nur unverändert auf $5 . 10^{-7}$ sb bleiben. Setzen wir überdies ein Ausbleiben der passiven Adaptation voraus, weil wir von der Originalleuchtdichte I = 10^{-5} sb immer plötzlich auf die einzelnen Stufen heruntergehen, um dazwischen immer wieder zu ihr zurückzukehren, so würde jedesmal der Kreis, der ja seine Leuchtdichte laufend mitändert, aber prozentuell gegenüber der Nachbarschaft stärker zu strahlen beginnt, zunehmend heller werden müssen. Diesen Vorgang, nämlich die stufenweise Senkung von I, unter steter Rückkehr zur Adaptation 10^{-5} sb nach Prüfung der einzelnen Stufen, können wir nun fortsetzen, bis wir die Stufen von I auf 10^{-7} sb, ja sogar auf Null vermindert haben. Nur die Lichtstärke II muß konstant auf $5 . 10^{-7}$ sb bleiben. Ja, die Lichtstärke I muß nicht einmal auf Null sinken, sie mag schließlich nur 10^{-7} sb, $5 . 10^{-8}$ sb, 10^{-8} sb usw. betragen. Da die absolute Reizschwelle für die Adaptation 10^{-5} sb bei $5 . 10^{-7}$ sb liegt, sind die Leuchtdichten von I (von $4 . 10^{-7}$ sb) an unterschwellig geworden und müssen gegenüber dem matten Hellgrau des Kreises ($5 . 10^{-7}$ sb) die Empfindung Schwarz bewirken.

Der Kühlsche Versuch bedeutet somit, daß bei einem mittleren Adaptationszustand (in unserem Falle 10^{-5} sb) das Auge für alle Leuchtdichtenunterschiede bis hinunter auf $5 . 10^{-7}$ sb, also auf 5 % der Adaptationsleuchtdichte empfindlich ist; und zwar ohne Adaptation! Das heißt photochemisch, daß die Differenz im Reduktions-Oxydationsprozeß ein Mindestmaß, in unserem Falle 5 % (Kontrastschwelle) haben muß, um die Wechselwirkung auszulösen, gleich, ob der Prozeß irgendwo Äquilibrium (Reduktionsquantum = Oxydationsquantum) beinhaltet oder nicht.

Ist dabei wirklich keine Adaptation im Spiele? Im passiven Sinne nicht, denn dazu ist bei regelmäßiger Rückkehr zur Adaptationsleuchtdichte 10^{-5} sb keine Gelegenheit. Im aktiven Sinne findet aber Adaptation statt. Denn der physikalische Kontrast nimmt während des Versuches laufend zu und muß die Tendenz zur gegensinnigen Adaptation der benachbarten Felder steigern. Der Kühlsche Versuch bedeutet daher weiter, daß die aktive Adaptation der Sinneszellen, ohne Hilfe der passiven Adaptation, soweit gehen kann, daß alle Leuchtdichtenunterschiede, von der Adaptationsleuchtdichte herab bis auf 5 % ihres Wertes, in ihrem gegenseitigen Verhältnis wahrgenommen werden können.

Was geht nun bei der Steigerung der Adaptationsleuchtdichte nach oben vor sich? Fragen wir dabei nicht nach der Verkleinerung der Kontrastschwelle, die nach oben successive erfolgt, sondern nehmen wir die Kontrastschwelle als konstant an, dann würde die Verstärkung von I (z. B. von 10^{-5} sb auf $5 \cdot 10^{-5}$ sb) eine Verringerung des Leuchtdichtenunterschiedes bewirken, der bei unveränderter Zusatzbeleuchtung des Kreises ($II = 5 \cdot 10^{-7}$sb) von 5 % auf 1 % gesunken wäre; der Kreis müßte somit unsichtbar werden. Wir müssen II im gleichen Prozentsatz mit I wachsen lassen, wenn das Kontrastminimum und damit die Minimaldifferenz im Sehstoffumsatz aufrecht bleiben soll.

Nun wollen wir die Leuchtdichte des Grundes, nämlich $I = 10^{-5}$ sb unverändert lassen und die des Kreises vermehren. Diese steige durch Verstärkung von II zunächst auf $2 \cdot 10^{-5}$ sb an, also von 5 % auf 100 % an ($I = 10^{-5}$ sb, $II = 10^{-5}$ sb, $I + II = 2 \cdot 10^{-5}$ sb). Nach dem bisherigen müßte wieder die aktive Adaptation in dem Kreise einsetzen, im Interesse an der Kontinuität der Grauerregung. In dem stärker belichteten Kreise wäre die Oxydation gezwungen, mit der Zunahme der Reduktion Schritt zu halten und würde, da die Oxydation auf die Nachbarschaft übergreift, eine Verstärkung des physiologischen Kontrastes bewirken. Das tritt tatsächlich ein. Mit Anwachsen der Reduktionsprozesse im Kreise und der Zunahme seiner subjektiven Helligkeit hält die Kontrastfunktion Schritt. Der Kreis wird weißer und die Nachbarschaft schwärzer. In der Nachbarschaft (10^{-5} sb) tritt, obwohl ihre Leuchtdichte unverändert blieb, ja gerade deshalb die Tendenz auf, den alten Adaptationszustand festzuhalten, was mit Einspielen dieser Wechselwirkung den physiologischen Kontrast nur erhöhen muß. Dieser ganze Prozeß der Kontrastzunahme unter zunehmender Leuchtdichte im Kreise kann nun, wie uns das Irradiationsverhältnis lehrt, fortgesetzt werden bis zum Leuchtdichtenunterschied 1 : 50, also bis der Kreis die Leuchtdichte $5 \cdot 10^{-4}$ erreicht hat. Nimmt seine Leuchtdichte noch weiter gegenüber der des Grundes zu, dann tritt Irradiation ein. Was aber ist dabei geschehen? Wir haben den Adaptationszustand in seiner Gesamtheit gehoben. Hatten wir früher die Leuchtdichten 10^{-5} sb und $5 \cdot 10^{-7}$ sb, innerhalb welcher Leuchtdichtenunterschiede durch aktive Adaptation bewältigt werden können (Kontrastschwelle 5 %), so haben wir jetzt im gehobenen Adaptationszustand von $5 \cdot 10^{-4}$ sb und 10^{-5} sb (Kontrastschwelle 2 %) wieder die Grenzen erreicht, innerhalb welcher die aktive Adaptation tätig ist. Überschreiten wir sie, d. h., machen wir den Kreis noch heller — also z. B. statt $5 \cdot 10^{-4}$ sb $7{,}5 \cdot 10^{-4}$ sb — oder die Nachbarschaft noch dunkler — also z. B. statt 10^{-5} sb $8 \cdot 10^{-6}$ sb — dann tritt Irradiation ein.

Irradiation ist also nichts anderes als ein Übermächtigwerden der passiven Adaptation, der die aktive nicht mehr begegnen kann. Die Differenz in dem Reduktions-Oxydationsgefälle der beiden Netzhautpartien ist dermaßen groß geworden, daß in dem stärker belichteten Bezirk Sehstoffbleichung einsetzt.

Betrachten wir das Problem von einer anderen Seite: Bekanntlich wirkt der Irradiation der physiologische Kontrast entgegen. Bei der Bestimmung des physiologischen Punktes nach Aubert macht sich die Irradiation bemerkbar, wenn die Leuchtdichtendifferenz zwischen In- und Umfeld den Wert 1 : 50 übersteigt; bis dahin wird sie durch den physiologischen Kontrast kompensiert. Was bedeutet das? Ein Lichtpunkt wirft sein Bild auf die Netzhaut. Hier entsteht zwar ein Zerstreuungskreis, doch wird er als Punkt empfunden, so lange, bis der Lichtpunkt mehr als fünfzigmal so lichtstark geworden ist wie seine Umgebung. Im Zerstreuungskreise haben wir eine Abstufung der Leuchtdichten vom Kerne nach dem Halo hin, die wir wertmäßig nicht kennen. Man kann sie vielleicht aus den optischen Konstanten des Auges und deren Fehlern berechnen (s. auch Tonner). Jedenfalls erhält der Halo weniger Licht als der Kern, und zwar um so viel weniger, daß eine Wechselwirkung zwischen Kern und Halo entstehen kann; wieder durch aktive Adaptation der benachbarten Sinneszellen. Wir haben oben gesehen, daß diese Wechselwirkung beginnt mit einer Minimaldifferenz von 2 % (Kontrastschwelle) und daß sie gesteigert wird bis zum Leuchtdichtenverhältnis 1 : 50, dann tritt passive Adaptation, nämlich Bleichung im stärker bestrahlten Netzhautabschnitt, ein. In unserem speziellen Falle widersteht der Halo durch aktive Adaptation gegenüber dem Kerne solange, bis hier passive Adaptation eintritt, d. h. die Leuchtdichte im Kerne über fünfzigmal so groß wird als in der unbelichteten Netzhaut. Offenbar genügt bis dahin eine auch nur um 2 % schwächere Leuchtdichte im Halo, um den Kern noch immer als Punkt von der Nachbarschaft abzugrenzen. Hat ja nicht nur die engere Nachbarschaft, sondern vielleicht sogar die ganze unbelichtete Netzhaut an der Wechselwirkung teilgenommen und das Wechselspiel zwischen Kern und Halo unterstützt.

Im Halo hat, wie in dem Kern die aktive Adaptation, d. h. Steigerung der Oxydation stattfinden müssen, sonst wäre auch hier längst Weißerregung eingetreten. Es hat nur die um etwas stärkere Reduktion im Kerne gegenüber dem Halo genügt, um im Kerne Weißerregung und im Halo Schwarzerregung wirken zu lassen. Im Augenblicke aber, wo im Kerne passive Adaptation, nämlich Bleichung einsetzt, wird der Halo mitgerissen. Das absolute Leuchtdichtenverhältnis zwischen Kern und Halo ist zwar unverändert geblieben, aber der Adaptationszustand der gesamten Netzhaut ist ja nach oben überschritten und damit dasselbe eingetreten, was wir bei dem Kühlschen Versuche (S. 149) gesehen haben. Der Halo, in dem zwar ein um mindestens 2 % schwächerer Reduktionsprozeß abläuft als im Kern, kann diesem doch nicht mehr durch Oxydation entgegenwirken, es tritt auch in ihm passive Adaptation und Weißerregung ein. Diese aber läßt nun ihrerseits gegenüber der weiter unbelichteten Nachbarschaft Kontrast entstehen. Die kontrastive Wechselwirkung zwischen Kern und Halo geht auf Halo und Nachbarschaft über, wenn die Leuchtdichtendifferenz so groß geworden ist, daß sie den Bereich der aktiven Adaptation überschreitet. In diesem Sinne wäre dann auch von physiologischer Irradiation zu sprechen, die mit der physikalischen freilich Hand in Hand geht.

Daß allein die so empfindliche Kontrastschwelle von 2 % die punktförmige Wahrnehmung von Zerstreuungskreisen garantieren kann, deuten neuerdings die Studien von Rößler an. Seine Bilder vom Zerstreuungskreis zeigen, daß die Unterscheidung von Zentrum und Halo nur eine grob schematische ist und daß das Zentrum dem Halo an Leuchtdichte nur wenig überlegen sein dürfte.

8. Zur Duplizität des Lichtsinnes.

Es mag geradezu tollkühn erscheinen, die Diskussion solch entscheidender Fragen ohne Zugrundelegung weiterer eigener Experimente und feststehender Messungen zu veröffentlichen. Man möge dies nachsehen, weil es mir gegenwärtig nicht möglich ist, derartige Experimente anzustellen, und aller Wahrscheinlichkeit nach auch nicht mehr sein wird. Die skizzierten Bilder sind jedoch außer durch die Versuche von Aubert, Blanchard und Kühl durch die Beobachtungen von Hess und Pretori gegeben. Ja, Herings einzigartige Darstellung hat das eben Angeführte zum wesentlichen Inhalt. Obwohl diese Autoren alle in dem eben skizzierten Sinne sprechen, seien doch die wichtigsten Einwände angeführt, welche dieser Art Lösung des Problems der Helligkeitskonstanz, des Kontrastes und der Irradiation gemacht werden könnten.

Wer den Betrachtungen bis hieher gefolgt ist, muß zugeben, daß die einzige hypothetische Annahme das laufende Entgegenwirken der Sinneszelle gegen den übermäßigen Sehstoffzerfall betrifft. Diese aktive Adaptation der Sinneszelle erfolgt im Interesse der Kontinuität der Lichtempfindung bei mittlerer Adaptationsleuchtdichte. Alles andere, gerade auch der mögliche Photochemismus von Kontrast und Irradiation, ist nur die logische Folge dieser einen Annahme. Man kann dieser Ableitung vielleicht nur vorwerfen, daß sie von der Differenzierung der Sinneszellen in Zapfen und Stäbchen und von deren Beschränkung auf das Tages- und das Dämmerungssehen absieht. Wir mußten auch davon absehen, daß es nicht nur den Sehpurpur, sondern nach v. Studnitz mindestens noch drei weitere Sehstoffe gibt. Wir mußten davon absehen, daß unser Gedankenexperiment einen Leuchtdichtenbereich überspannt, der nach der Duplizitätstheorie dem Tages- und dem Dämmerungsapparat angehört. Auch ist es bedenklich, die Irradationsschwelle von 1 : 50 auf die geringen Leuchtdichten von 10^{-5} sb und ihre Nachbarn 10^{-4} sb und gar

10^{-7} sb einfach zu übertragen. Dies alles nun auch mit gemessenen Werten unter einen Hut zu bringen, wird Sache des Experimentes sein, wobei sich m. E. allerdings nur die Zahlen und weniger ihre Bedeutung ändern können. Natürlich gilt unsere Hypothese von der aktiven Adaptation der Sinneszelle nicht nur für die purpurhaltigen Stäbchen, sondern ebensogut für die Zapfen und deren Sehstoffe.

9. Der Adaptationsbereich.

Es muß also einen Bereich geben, in welchem die Leuchtdichtenunterschiede allein durch die aktive Adaptation bewältigt werden. Er ist nach oben durch die Irradiation (1 : 50) und nach unten durch die absolute Reizschwelle begrenzt, deren Abstand von der Adaptationsleuchtdichte mit deren Absinken ebenfalls abnimmt (s. die Werte von Weber S. 14). In einem Bereich von drei bis vier Dezimalen der Leuchtdichtenskala gibt es jeweils eine mittlere Helligkeit, ein mittleres Grau, von dem aus jede höhere Leuchtdichte weißer und jede niedrigere schwärzer erscheint. Der Adaptationsbereich wäre demnach durch jene Fläche im Sehraume bestimmt, welche in ihm dominiert und unsere Aufmerksamkeit fesselt. Man denke an das Lesen eines Buches, an die Tätigkeit des Steuermannes, jedes Handwerkers usw.

Die passive Adaptation, welche, wie wir sahen, nur von Belichtung und Verdunkelung in Bewegung gehalten wird und ein lokaler Vorgang ist, steht mit der aktiven Adaptation in Wettstreit, welche als Abwehrvorgang der Zellengemeinschaft die passive kompensieren soll. Es bleibt hier zu beantworten, ob dieser Kompensationsvorgang nun wirklich immer die ganze Netzhaut betreffen muß. Dagegen spricht, daß der Simultankontrast mit Entfernung von der Grenze der verschieden hellen Flächen abnimmt (s. Abb. 1). Das wäre allein Ausdruck des eben skizzierten Wettstreites, vielleicht auch dadurch bedingt, daß der nervöse Konnexus eben nicht die ganze Netzhaut umgreifen kann. Daß in der Netzhaut an verschiedenen Stellen auch verschiedene Adaptationszustände, das hieße dann auch, zwei verschiedene Adaptationsbereiche herrschen können, ist unzweifelhaft. Ich erinnere nur an die Unterlegenheit der unteren Netzhauthälfte im Dämmerungssehen nach Hilbert, die mit größter Wahrscheinlichkeit darauf zurückgeht, daß sie im Verlaufe jedes einzelnen Tages mehr Licht erhält als die obere. Die größere Deutlichkeit und Buntheit des Bildes, wenn wir mit dem Kopfe zwischen den Beinen, also mit der unteren Netzhauthälfte die Landschaft betrachten, beruht allein darauf. Die untere Netzhauthälfte ist durch den dauernden Empfang des grauen Himmelslichtes helladaptiert und neutral gestimmt.

Sind nun die Grenzen des jeweiligen Adaptationsbereiches mit drei bis vier Dezimalen innerhalb der Leuchtdichtenskala festgelegt, dann können wir die gesamte für den Menschen in Betracht kommende Skala durchmessen. Sie reicht von etwa 1 sb bis hinab nach 10^{-10} sb. Der unterste Bereich würde dem reinen Dämmerungssehen entsprechen (10^{-10} sb bis 10^{-7} sb), der nächste gehörte dem Zwielicht an (10^{-7} sb bis 10^{-4} sb), der nächste dem vollen Tageslicht (10^{-4} sb bis 10^{-1} sb), während der höchste schon in den Bereich unerträglicher Blendung im Lichte spiegelnder Schnee- und Meeresflächen (10^{-1} sb bis 10^{+2} sb) fallen würde. Das sollen natürlich nicht fixe Stufen sein, die durch Adaptation sprunghaft erreicht würden, sie scheinen nur alle vier besondere Charakteristica zu bieten. Selbstverständlich kann die Adaptation jede beliebige Mittellage zwischen ihnen einnehmen.

Haben wir den Bereich aktiver Adaptation eben mit drei bis vier Dezimalen für möglich gehalten, so heißt das durchaus nicht, daß die extremen Empfindungen Schwarz und Weiß erst durch die den Bereich begrenzenden Leuchtdichten, also die absolute Schwelle und Irradiationsschwelle repräsentiert würden. So hat Hering nachgewiesen, daß das Schwarz der Buchstaben eines Buches sich zum Weiß des Umfeldes wie 1 : 15 verhält. Die Irradiation tritt erst bei dem Verhältnis 1 : 50 auf. Hering hat mit der Grauleiter (Abb. 1) und dem Samtschlot auch gezeigt, daß es neben einer Fläche, die wir schwarz nennen, immer eine noch schwärzere gibt. Das alles soll heißen, daß der Simultankontrast schon bei relativ geringen Leuchtdichtenunterschieden die polaren Empfindungen Schwarz und Weiß vermittelt, daß aber der Bereich aktiver Adaptation die Steigerung dieser Extreme ohne weiteres zuläßt.

Dies führt zu der Tatsache, daß im gewöhnlichen Leben die Irradiation nur in Extremen merklich wird, etwa bei Betrachtung einer sehr hellen Flamme, bei der Betrachtung eines Bergprofiles vor der untergehenden Sonne usw. In der freien Landschaft, selbst im Sonnenlicht reicht die aktive Adaptation auf die mittlere Leuchtdichte aus, um alle Kontraste wirklichkeitsgetreu wahrzunehmen. Nicht einmal am Horizont bemerken wir immer Irradiation. Blicken wir jedoch in ein offenes Haustor, so sieht es auf den ersten Blick schwarz aus. Erst nach längerer Betrachtung zeichnen sich in ihm Umrisse ab. Es war eine besondere Adaptation auf die dunklere Fläche nötig, wahrscheinlich, weil sie die eben noch herrschende absolute Schwelle unterschritten hatte. Blicken wir dann zum Himmel auf, dann sind wir sofort ein wenig geblendet. Er überschreitet den Adaptationsbereich nach oben.

Bei der Darstellung des Irradiationsproblems mag man sich gefragt haben, was denn geschieht, wenn ein Irradiation spendendes Objekt länger betrachtet wird, und wie die Adaptation damit fertig wird. Irradiation kommt, wie gesagt, im normal-physiologischen Sehen selten vor; zumindesten nicht bei Tage oder im beleuchteten Innenraum. Sie tritt aber sehr deutlich in Erscheinung im Freien bei Nacht, wenn wir die Straßenlaternen betrachten, noch viel stärker beim Blick auf den Sternhimmel. Die Irradiation bewirkt das Funkeln der Sterne und das eigentümliche Punktwandern. Wir wenden den Blick von dem flimmernden Bilde ab, wir schließen die Augen oder blicken von einem Stern zum andern; alles fast unwillkürliche Maßnahmen, die wir eingangs die auxiliaren Einwirkungen auf die Adaptation genannt haben. Wie wir nun sehen, sind sie erst nötig, wenn die aktive Adaptation nicht mehr ausreicht. Das tut sie jedoch unter den meisten normal-physiologischen Bedingungen.

Die große auxiliare Bedeutung des Lidschlages, vor allem des Lidschlusses für die Adaptation hat neuerdings Kyrieleis sogar experimentell dargetan. Der Lidschluß kommt dem Vorsetzen eines Rotglases gleich und fördert wie dieses die Dunkeladaptation. Vielleicht begreifen wir auch erst nach unseren gründlichen Überlegungen, welchen Dienst uns dunkle Schutzgläser leisten (s. Schober [3]).

10. Die Adaptationszeit.

Wir haben gesehen, daß die Adaptation mit genügend langsamer Veränderung der Lichtstärke Schritt halten kann. Das Äquilibrium wird aufrecht erhalten, weil die minimale Zunahme der Reduktion in der Zeiteinheit durch eine analoge Zunahme der Oxydation kompensiert wird. In dem Augenblicke, da die Lichtstärke rasch geändert wird, tritt eine Störung des Äquilibriums ein, die bei übermäßiger Reduktion Weiß- und bei übermäßiger Oxydation Schwarz-Erregung bedeutet. Demgemäß ist die passive Adaptation im Sinne des Sehstoffzerfalles mit Strahlungsbeginn und Sistieren des Zerfalles mit Beendigung der Strahlung ein rascher, jedenfalls sofort einsetzender Vorgang. Die aktive Adaptation hinkt diesem gleichsam nach. Dadurch entsteht ja erst Weiß- und Schwarz-Erregung, wie wir annehmen.

Welche Zeit zur Wiederherstellung des Äquilibriums erfordert wird, sagen uns die Ergebnisse der Adaptationsstudien (s. Abb. 16, 17, 27, 31, Tab. 8 bis 12). Die Zeit beträgt z. B. von 10^{-2} sb bis zu voller Dunkelheit ca. 40 Minuten, ja, findet in diesem Falle überhaupt kein Ende. In umgekehrter Richtung ist eine nicht sehr viel kürzere Zeit zu vermuten, obwohl bei Eintritt in helle Umgebung genug Sehstoff vorhanden ist, um die Funktion zu erlauben. Wir sind nur geblendet, die neue Adaptationsfläche erscheint uns übermäßig hell, da sie nicht durch aktive Adaptation kompensiert ist. Ist in diesem Falle sozusagen zuviel Sehstoff da, dessen übermäßiger Zerfall uns stört, so überwiegt bei plötzlicher Verdunklung die Oxydation dermaßen, daß die mit wachsendem Sehstoffgehalt vielleicht schon beginnende Reduktion in ihr sozusagen untergeht. Auch hier muß eben erst Äquilibrium erzielt werden, bis die Differenz im Reduktions-Oxydationsgefälle zweier Felder (verschiedene Belichtung) auch eine verschiedene Erregung bewirken kann. Diese Differenz wird erst mit Zunahme der Adaptationszeit überschwellig, also wenn eine bestimmte Sehstoffkonzentration erreicht ist. Das wird bei der Frage Bedeutung erhalten, wieso ein höherer Sehstoffgehalt der Netzhaut eine Beschleunigung der Adaptationszeit bewirken kann.

11. Die Sehschärfen-Leuchtdichtenbeziehung.

Wir übergehen hier, daß die Zapfen als Einzelelemente fungieren, während die Stäbchen in Empfindungskreisen vereinigt sind. Warum nimmt aber die Sehschärfe auch im reinen Stäbchenbereich mit Sinken der Umfeldleuchtdichte ab? Warum nehmen die Empfindungskreise trotz der Adaptation, also trotz genügender Sehstoffmenge und trotz des Äquilibriums ihres Umsatzes zu?

Der Unterschied, den wir im Chemismus der Adaptation auf die Leuchtdichte 10^{-6} sb (Sehschärfe ca. 3') und 10^{-7} sb (Sehschärfe ca. 10') zu sehen vermeinten, besteht in dem Umfange des Reduktions- und Oxydationsprozesses. Nun ist unser Äquilibrium einer Waage zu vergleichen, auf deren beiden Waagschalen bei 10^{-6} sb mehr Gewichte liegen als bei 10^{-7} sb. Der Waagebalken ist aber nicht nur Symbol für den Prozeß in einer einzigen Sinneszelle, sondern für den ganzen Bereich. Wird ein Feld in diesem Bereiche stärker oder weniger bestrahlt, dann kommt der Waagebalken in Bewegung. In dem einen Felde steigt die Reduktion an und löst damit hier und in der Nachbarschaft eine Zunahme der Oxydation aus. Die Kontrastschwelle gibt uns jeweils an, um wieviel Prozent die Reduktion in dem einen Felde wachsen muß, damit das Äquilibrium in Bewegung kommt. Offenbar wird das Minimum an relativem Zuwachs mit abnehmender Beleuchtung größer, wie uns das Verhalten der Kontrastschwelle lehrt. Es ist aber auch die Sehschärfe an dieses Minimum gebunden, weil ja der Ortsinn nur bei differenter Erregung der Sinneszellen funktioniert. Erinnern wir uns an die Sätze von P i p e r und R i c c o. Sie besagen, daß die subjektive Helligkeit zweier Felder von der Strahlungsdichte und von ihrer Größe abhängt und daß ein Strahlungsminimum erst bei Reizung einer genügenden Zahl von Elementen überschwellig wird. Das bedeutet photochemisch, daß ein Minimum von Reduktion nur dann Weiß-Erregung inauguriert, wenn es in mehr als einem, also in einer genügenden Anzahl von Sinneselementen stattfindet. Erst wenn der nun minimale Umfang von Reduktion sich auf viele Sinneselemente ausdehnt, wird die Gegenwirkung, nämlich die Oxydation in der Nachbarschaft ausgelöst; erst dann beginnt das Wechselspiel des Kontrastes. Nicht also, weil die Bündelung der Nervenfasern die Summe von unterschwelligen Erregungen zu einer überschwelligen Erregung zusammenfaßte, sondern weil ein Minimalquantum an Reduktion in der Netzhaut nötig ist, wenn die Oxydation und damit der Kontrast in Gang kommen soll, bestehen die Regeln nach Piper und Ricco. Ob in einem Element das Minimum von i.p durch ein genügend großes i erreicht wird oder ob mit Verkleinerung von i, aber Ausdehnung des Prozesses auf viele Elemente und damit durch ein genügend großes p, ist für die Entwicklung des Kontrastes gleich. Das haben wir eben für den Bereich der absoluten Reizschwelle abgeleitet, es muß für die relative Reizschwelle und somit für die Sehschärfe bei allen denkbaren Leuchtdichtenunterschieden ebenso gelten. Mit Ansteigen der Kontrastschwelle ist es nötig, den Leuchtdichtenunterschied zwischen In- und Umfeld zu steigern, wenn bei Beleuchtungsabnahme ein Sehprobenzeichen noch sichtbar bleiben soll. Die zusätzliche Reduktion in dem einen Felde muß groß werden, damit der Chemismus des Kontrastes zwischen ihm und der Nachbarschaft einsetzen kann. Die Ausbreitung des Prozesses auf große Flächen aber (Piper und Ricco), somit auch die Vergrößerung des Sehprobenzeichens, setzt das Minimum des Reduktionsprozesses in der Einzelzelle (Schwelle) herab.

Man könnte denken, daß die Empfindungskreise, wie sie sich mit zunehmender Dämmerung bilden und immer größer werden, anatomisch schon vorbereitet seien oder wenigstens im Laufe des Lebens zu fixen Einheiten verschmelzen. Das ist nicht der Fall. Der Ausdruck Empfindungskreis ist sogar irreführend. Kühl (3), Siedentopf (1) und andere haben gezeigt, daß zwei Flächen der gleiche Helligkeitswert zukommt, wenn sie den gleichen Flächeninhalt, auch bei weitgehender Inkongruenz, besitzen. Kühl prüfte z. B. die Sichtbarkeit lichtloser (schwarzer) Flächen mit abnehmender Umfeldleuchtdichte und konnte diese Flächen zu schmalen Rechtecken auseinanderziehen, ohne daß die Schwelle erhöht worden wäre. Freilich läßt sich das nur bis zu einem gewissen Grade steigern. Es weist aber neuerlich darauf hin, daß nicht die genügende Bündelung der Nervenfasern, sondern ein Minimum an Umsatz — unter Umständen auf ein sehr großes Gebiet verteilt — nötig ist, um eine charakteristische Helligkeitsempfindung zu inaugurieren. Es zeigt weiter, daß sich der „Empfindungkreis“ in jedem Falle neu bildet und nicht etwa einer schon vorgebildeten Bündelung von Sinneszellen oder gar Nervenendigungen entspricht. Damit erkennen wir jedoch die Folgerichtigkeit der Sehschärfen-Leuchtdichtenbeziehung, gerade auch für verschiedene physikalische Kontraste. Immer verlaufen die Kurven parallel (s. Abb. 18 und Tab. 15), sie liegen nur in einem um so höheren Leuchtdichtenbereiche, je geringer der physikalische Kontrast wird, und damit die Differenz im Reduktions-Oxydationsgefälle zwischen Infeld und Umfeld.

Kehren wir zu unserem Bilde von der Waage zurück, dann finden wir bei der mechanischen Waage, wenn sie eine gute ist, daß, ganz gleich, ob in den Waagschalen 50 g oder 10 000 g beiderseits liegen, der einseitige Zuwachs um z. B. 10 g die gleiche Wirkung, nämlich Sinken der einen Waagschale, zur Folge hat, während unser photochemisches Äquilibrium mit abnehmender Lichtstärke, also in Dunkeladaptation, unempfindlicher wird. Der einseitige Beleuchtungsüberschuß in einem Bezirke muß prozentuell zunehmen, wenn noch Kontrast entstehen soll. Der Sehstoffspiegel ist eben in voller Dunkeladaptation so hoch und die Reduktion als Folge minimaler Belichtung so gering, daß die Zelle darauf noch nicht oder nur sehr träge mit Oxydation, d. i. mit aktiver Adaptation antwortet; das aber ist physiologischer Kontrast.

12. Zur Wirkung der Sehstoffvermehrung in der Sinneszelle.

v. Studnitz (3, 4) hat es sehr wahrscheinlich gemacht, daß nach genügender Zufuhr der Sehstoffgehalt der Sinneszelle selbst ansteigen kann. Dies ist auch die naheliegendste Erklärung für die Wirkung, die wir mit Vitamin A und Helenien erzielen, nämlich die Beschleunigung der Adaptation und die Erhöhung der Sehschärfe bei herabgesetzter Beleuchtung.

Was bedeutet der höhere Sehstoffgehalt der Zelle für die photochemischen Vorgänge? Wir haben diese Vorgänge als Hin und Wider von Reduktion und Oxydation gedeutet, das fein oszillierend vor sich gehen mag. Adaptation auf eine unveränderliche homogene Leuchtfläche bedeutet dabei das Halten eines Gleichgewichtes, wie es uns ein Waagebalken veranschaulicht. Die Waagschalen sind mit Zunahme der Belichtung stärker belastet und das bedeutet Zunahme der Helligkeitsempfindung, wobei wir immer sehr langsame Belichtungsänderungen vorausgesetzt haben. Die Last auf den Waagschalen ist durch das Produkt i . p gegeben, wobei bisher immer nur i veränderlich war. P als Gesamtmenge unzersetzten Sehstoffes, wie wir ihn bei voller Dunkeladaptation auffinden würden, haben wir bisher als unveränderlich angenommen. Die Last auf der Waagschale konnte daher auch nur durch Steigerung von i erhöht werden. Dieselbe Lasterhöhung muß nun eintreten, wenn wir in dem Produkte i . p nicht i, sondern p vergrößern. Und das ist der Fall. Die subjektive Helligkeit der Adaptationsfläche nimmt bei Sehstoffvermehrung tatsächlich zu; wenn sie bei schwacher Beleuchtung auch kaum merklich wird. Die anderen Wirkungen der Sehstoffvermehrung sind leichter erkennbar.

a) Die Beschleunigung der Adaptation. Wie ist diese möglich? Sollte mit Vermehrung des Sehstoffes nicht eher eine Verlangsamung der Regeneration verknüpft sein, da nun die Sinneszelle und das Pigmentepithel — ja alle Faktoren der Regeneration —

mehr Arbeit zu leisten haben, die raschere Oxydation, ja, auch gleichzeitig eine Steigerung der Sauerstoffzufuhr voraussetzen würde?

Sehen wir von der aktiven Adaptation ab und betrachten Bleichung und Regeneration in einem Gefäß. Bei konstanter Lichteinwirkung wird in der Zeiteinheit laufend Sehstoff bis zur völligen Umwandlung zerfallen. Enthält die Lösung in voller Dunkelheit z. B. 20 % Sehstoff, so mag sie nach zehn Minuten 5 % und nach 30 Minuten 0 % enthalten. Enthielt sie ursprünglich aber 40 %, dann enthält sie nach zehn Minuten noch 10 %, wenn auch nach 30 Minuten der Wert 0 % erreicht ist.

Da wir es mit einem allein durch Lichtentzug umkehrbaren Prozeß zu tun haben, muß sich beim Aufbau dasselbe vollziehen. Voraussetzung ist nur, daß die beim Aufbau nötigen Stoffe, vor allem das Oxygen, ebenso reichlich vorhanden sind, wie wir das von der Strahlung annehmen dürfen.

Eine Beschleunigung der Sehstoffregeneration an sich ist also nicht anzunehmen, es wird nur bei einer höheren Gesamtmenge der prozentuale Zuwachs an Sehstoff in der Zeiteinheit größer sein; darauf aber kommt es schließlich an. Wenn wir den Kühlschen Versuch bei sehstoffreicher Netzhaut des Prüflings ausführen, dann wird sich bei langsamer und damit vorwiegend aktiver Adaptation nichts ändern, es wird nur, wie erwähnt, die subjektive Helligkeit der einzelnen Leuchtdichten höher sein, was wir mangels an Vergleichsflächen aber kaum beurteilen können. Löschen wir jedoch plötzlich Beleuchtung I (10^{-5} sb), führen also nahezu Finsternis herbei, dann wird wieder durch stürmische Oxydation eine Vermehrung von p eintreten. Nun ist aber mehr oxydierbare Substanz vorhanden als bisher, der Prozent-Gehalt der Zelle an p wird somit auch rascher als bisher zunehmen. Damit muß auch jene Minimaldifferenz im Prozent-Gehalt zwischen Kreisbild und Nachbarschaft früher erreicht sein und wachsen, das aber gibt die Grundlage für den Kontrast ab. Die Vermehrung des Sehstoffes zieht die Beschleunigung des Adaptationsvorganges nach sich, weil die Erregung der Nervenendigung an ein Umsatzminimum geknüpft ist. Dieses Minimum als Erregungsschwelle ist mit Vermehrung des umsetzbaren Stoffes früher erreicht.

b) Die Steigerung von Kontrastempfindlichkeit und Sehschärfe. Daß die Anreicherung mit Sehstoff den Kontrast erhöht, dadurch also die Kontrastschwelle sinken muß, ergibt sich schon aus dem vorigen Absatz. Die Kontrastschwelle entscheidet aber die Sehschärfe.

Wir haben oben gesehen, daß bei Unterschwelligwerden von i eine Erregung doch möglich ist, wenn wir das belichtete Feld vergrößern. Dies wird nun nicht mehr nötig, wenn wir mit fallendem i das p wachsen lassen. Sind die Sinneszellen reicher an p geworden, dann braucht das Feld bei Abnahme von i nur mehr im geringeren Maße zu wachsen, weil nun das reichlichere p für das

Minimum an Umsatz i . p sorgt. Was früher die Vergrößerung der Empfindungskreise besorgte, besorgt nun die höhere Sehstoffkonzentration. Sinkt zwar die Leuchtdichte, steigt aber die Sehstoffkonzentration, so kann die Sehschärfe gleichbleiben, braucht jedenfalls nicht so weit abzusinken.

Warum ist schließlich die Sehstoffanreicherung für den Zustand der vollen Dunkeladaptation, also nach der 40. Minute Dunkelaufenthalt, weniger wirksam wie für den Bereich mittlerer Leuchtdichten? Nun, da haben wir ja gesehen, wie das Äquilibrium als Symbol des Eigengraus einem fast völligen Einschlummern des Reduktions-Oxydationsprozesses gleichkommt. Eine Vermehrung an Sehstoff kann bei fehlender Strahlung, also wenn $i = 0$ geworden ist, nichts ändern. Die minimale Erhöhung des i auf die Schwelle und von da weiter auf das doppelte und fünffache der absoluten Reizschwelle läßt das Produkt i . p zwar gewiß rascher anwachsen. Es beginnt aber doch bei 0 und folgt einer geometrischen Progression. Es beginnt also minimal und wächst erst mit höheren Leuchtdichten.

Da, wo die Adaptations- und die Sehschärfen-Leuchtdichten-Kurve ihre stärkste Krümmung und damit ihre rascheste Veränderung zeigen, wirkt auch die Anreicherung mit Sehstoff am stärksten. Bezeichnenderweise sind gerade im Bereiche dieser stärksten Krümmung die individuellen Unterschiede, auch ganz ohne Carotin-Medikation, am größten. Offenbar hängen diese Unterschiede mit einem differenten Sehstoffgehalt der einzelnen Individuen zusammen.

Es ist somit nicht so unberechtigt, bei geringen Adaptationsstörungen von Vitamin-A-Mangel zu sprechen. Nur ist dieser Mangel als individuell in dem Sinne aufzufassen, daß bei gleichem Vitamin-A-Gehalt der Nahrung einer Population einige Individuen nicht genug Sehstoff aufbauen können oder nicht so viel wie die anderen. Das haben schließlich schon alle Versuche mit übermäßiger Vitamin A- oder Helenienzufuhr gezeigt; hatten sie doch bei den einzelnen Individuen einen differenten Effekt.

v. Studnitz meint, daß die Vitamin-A-Fütterung eine andere Wirkung habe wie die mit Helenien. Letzteres wirke stärker auf den Bereich mittlerer Leuchtdichten, das Vitamin A stärker auf den Bereich voller Dunkeladaptation. Ich möchte das mit Rücksicht auf die eklatante Wirkung des Heleniens auf die Nyktometerkurve nicht ganz bestreiten. Die Ergebnisse scheinen mir aber noch nicht als hinreichend. Die Messung der absoluten Reizschwelle in voller Dunkeladaptation ist, wenigstens mit dem von mir gebrauchten E. H. A., nicht präzise genug gewesen. Ich glaube, daß die Unterschiede zwischen den einzelnen Medikamenten bei meinen Versuchen vorgetäuscht sind.

13. Die Schwarz-Weißsubstanzen des Tages- und des Dämmerungssehens.

Die hier vorgebrachten Gedanken zum Photochemismus der Sinneszelle hat im Grunde schon Hering ausgesprochen, an die neuerdings auch Kühl angeknüpft hat. Kühls (2) Studien, in Fortführung der Experimente von Blanchard und deren mathematische Diskussion sind nur schwer verständlich und dem ärztlichen Publikum nicht so bekannt geworden, wie sie es verdienen. Läßt seine Theorie des Lichtsinnes eine Schwarz-Weiß-Substanz im Sinne Herings fordern, so gilt das für unsere Überlegungen erst recht. Daß der Sehpurpur als Schwarz-Weiß-Substanz des Dämmerungsapparates nicht auch die Schwarz-Weiß-Substanz für tageswertige Lichter sein kann, nimmt heute wohl jedermann an. Auch dürften alle Autoren darin übereinstimmen, daß es im Dämmerungsabschnitt der Leuchtdichtenskala, also von etwa 10^{-6} sb abwärts kein so reines Weiß wie am hellen Tage gibt, ja, daß auch das tiefste Schwarz nur neben grellem Weiß, also wieder nur bei Tagesbeleuchtung möglich ist. Auf diese Tatsache weist auch Kühl besonders hin.

Nun hat v. Studnitz das Lutein als Sehstoff sowohl der Zapfen wie der Stäbchen nachgewiesen. Es liegt daher nahe, das Lutein als Schwarz-Weiß-Sehstoff des Tagesapparates anzusehen. Freilich würde damit die Zahl der buntempfindlichen Sehstoffe des Tagesapparates auf zwei reduziert werden, da v. Studnitz bisher nur drei Zapfensehstoffe gefunden hat. Im Sinne Herings kämen wir jedoch auch mit diesen aus.

Es ist schon angedeutet worden, daß unsere Überlegungen zum Photochemismus der Adaptation, der Irradiation und des Kontrastes auch für das farbige Sehen gelten können. Die farbige Verstimmung nach längerem Betrachten einer z. B. roten Fläche, unter Abnahme des Sättigungsgrades und Zunahme der Empfindlichkeit für die Gegenfarbe ist nichts anderes als die übermäßige Beanspruchung des Sehstoffes und Störung des Äquilibriums, welche Störung, im Gegensatze zum Schwarz-Weiß-Sehen hier rascher eintritt. Kühl (2) hat in Vervollständigung einer Beobachtung von Schrödinger und anderer Vorgänger neuerdings gezeigt, wie Sättigung und Verhüllung (Grautönung) einer Farbe, also z. B. eines monochromatischen Orange, von der Leuchtdichte der neutralgrauen Nachbarschaft abhängen. Leuchtdichtenzunahme, also Weißerwerden des Umfeldes, bedeutet zunehmende Verhüllung, also Braunwerden des Orange. Das heißt mit anderen Worten, daß die zunehmende Reduktion der Schwarz-Weiß-Substanz die Oxydation derselben Substanz in der Nachbarschaft, also im Bereiche des Orange erregen muß. Diese Oxydation legt sich als Schwarz-Erregung über das Orange und tönt es schwärzlich. Das Orange wird verhüllt.

Trendelenburg hat, wohl nicht mit Unrecht, gemeint, daß mit der Ablehnung der Duplizitätstheorie im anatomischen Sinne alle Grenzen zu schwanken beginnen. Das Gesetz von der spezifischen Energie nach Joh. Müller, daß nämlich die einzelne Nervenfaser nur eine einzige Erregungsqualität, wenn auch in verschiedenen Stärken, leiten kann, fordert die örtliche Trennung der einzelnen Farbqualitäten in gesonderte Elemente. So meinte Trendelenburg, daß die Stäbchen, wenn sie schon anatomisch bei manchen Tiergattungen nicht oder nur schwer von den Zapfen unterschieden werden könnten, wenigstens durch ihren Sehpurpurgehalt kenntlich sein müßten. Ebenso verlangt die Zuweisung der Farbenqualitäten an die Zapfensehstoffe, daß es gesonderte Zapfen als Träger der verschiedenen Stoffe gebe. Diese letztere Annahme aber fordert weiter eine differente Sehschärfe für monochromatische und gemischte Lichter. Das Problem geht schon auf Brücke zurück. Neuerdings hat sich Tonner (1—5) darum bemüht und tatsächlich eine Differenz in diesem Sinne gefunden. Dennoch erscheint mir die Frage noch nicht endgültig entschieden.

Sicher gilt die Annahme Trendelenburgs, daß nämlich die Sehstoffe auf gesonderte Sinneszellen verteilt sein müssen, für den Sehpurpur. Daß dieser ganz überwiegend in den Stäbchen und fast nicht in den Zapfen vorkommt, beweist schon das Dämmerungskotom. Wenn neuerdings Wald (3) auch in den Zapfen Spuren von Sehpurpur nachgewiesen hat, so kann es sich nur um eine graduelle Einschränkung der Tatsache handeln, daß die eigentlichen Sehpurpurträger die Stäbchen sind. Im Gegensatz dazu müssen wir das Lutein, als Träger der Schwarz-Weiß-Substanz des Tagesapparates, den Zapfen und den Stäbchen zusprechen. Dies geht schon aus den mikroskopischen Studien von v. Studnitz hervor und ist nach unseren Anreicherungsversuchen um so wahrscheinlicher. Da beide Stoffe unbunte Empfindungen vermitteln, wären auch die Grenzen des Gesetzes von Joh. Müller eingehalten. Wenn somit die Stäbchen Träger zweier Sehstoffe sind, könnte man den Zapfen eine ähnliche Fähigkeit zubilligen. Sie enthielten neben der Schwarz-Weiß-Substanz noch je eine Buntsubstanz. Das aber wäre wieder schwer mit dem Gesetze von der spezifischen Sinnesenergie vereinbar. Die oben erwähnte Grauverhüllung der Farben kann besser durch das Ineinander-Verwobensein von Bunt- und von Unbuntzapfen erklärt werden.

14. Die Erregungsschwelle der Nervenendigungen.

Unsere Betrachtungen haben sich bisher auf die Vorgänge in der Sinneszelle beschränkt. Die Änderung im Chemismus des Sehstoffes durch Lichteinwirkung und dessen Wiederherstellung durch aktive und passive Adaptation war das einzige Thema. Zerfall und

Aufbau der Sehstoffe sollten der adäquate Reiz für die Nervenendigung und ein gewisses Minimum an chemischer Umsetzung sollte die Erregungsschwelle sein. Daß diese Erregungsschwelle minimal ist, geht schon daraus hervor, daß es ein Eigengrau gibt. Wir deuteten es als subjektives Äquivalent des nutritiven Chemismus in der Sinneszelle, übergingen aber, daß die Opticusfaser auch inadäquate Reize zu leiten vermag. Ich erinnere an die Photopsien bei entzündlichen Vorgängen in der Netzhaut, bei Traumen der Netzhaut oder im Opticus, ja, schließlich im ganzen Bereiche des Sehvorgangs, der sich ja über die ganze Sehbahn, über die Zentren des Zwischenhirnes und alle primären und terminalen Rindenfelder erstreckt; soweit sie optische Eindrücke betreffen. Das Eigengrau stellt somit den Zustand oder die Stimmung auch der präterminalen und terminalen Felder der Hirnrinde dar. Über den Chemismus dieser wissen wir wenig.

Damit ist das Problem der binokularen Reizsummation noch einmal berührt. Ein monokularer Reiz kann, selbst unterschwellig, durch binokulare Darbietung überschwellig werden. Das heißt auch, daß eine monokular überschwellig bestrahlte Fläche bei binokularer Beobachtung heller werden muß. Das Rindenfeld im Bereich der Fissura calcarina reagiert demnach wie die Netzhaut selbst, wobei es gleich ist, ob das Rindenfeld von einem Netzhautfeld das Reizquantum 2 oder von zwei Netzhautfeldern das Reizquantum 1 erhält; freilich gilt das nur in tiefster Dämmerung bei echter binokularer Reizverdopplung. Offenbar leiten die Nervenfasern im letzteren Falle Reizquanten, die monokular unterschwellig sind. Erinnern wir uns an die Gesetze von Piper und Ricco, dann bedeutet „Reizschwelle" für eine Sinneszelle oder für einen Empfindungskreis bestimmter Größe noch lange nicht, daß dies auch die Erregungsschwelle der Nervenendigung sei. Die Nervenfaser kann noch viel schwächere Reize aufnehmen und leiten. Ihre Erregungsschwelle wäre ungefähr durch die Grenze des Piperschen Gesetzes gegeben.

Nehmen wir mit Graham und Löhle an, daß die Vergrößerung eines Feldes über 7° Durchmesser hinaus keine Helligkeitszunahme — selbstverständlich bei unveränderter Leuchtdichte — nach sich zieht, so bedeutet das, daß mit der Bestimmung der absoluten Reizschwelle in voller Dunkeladaptation für ein Feld von über 7° auch das Erregungsminimum für die einzelne Nervenfaser erreicht ist. Wir könnten nämlich ein Feld von 6° bei unterschwelliger Leuchtdichte noch über die Schwelle heben, wenn wir es auf 7° vergrößern, nicht mehr aber ein Feld von 7° bei Vergrößerung auf 8°. Während wir also bei Verkleinerung des Feldes und damit Heraufsetzung der Leuchtdichte das Erregungsquantum für die einzelne Nervenfaser erhöhen, können wir mit Vergrößerung des Feldes über 7° die Leuchtdichte des Prüffeldes nicht mehr weiter herabsetzen, weil wir sonst die Erregungsschwelle der Nervenfaser unterschreiten. Aber das gilt nur für ein Auge, denn bei binokularer Betrachtung würde das Feld ja noch überschwellig werden.

Die Erregungsschwelle der einzelnen Nervenfaser ergibt sich demnach durch Bestimmung der binokularen Reizschwelle für ein

Feld von über 7° Durchmesser — das ist ja unsere Methode mit dem E. H. A. — und Division des entsprechenden Reizquantums i.p durch die Zahl der auf das Netzhautfeld kommenden Nervenfasern. Weil die Erregungsschwelle so niedrig ist, kann die Nervenfaser auch ohne weiteres Reize leiten, die für Felder, kleiner als 7°, unterschwellig sind. Wir sahen oben, daß ein Minimum an photochemischem Umsatz in der Netzhaut erfolgen muß, um in der Hirnrinde registriert, also wahrgenommen zu werden, wobei es gleichgültig war, ob dieses Quantum ein einziges Sinneselement betrifft oder ob es sich auf viele verteilt; wieder im Bereiche des Piper-Riccoschen Gesetzes. Ähnliches muß auch für die Hirnrinde selbst gelten. Wir können freilich noch nicht sagen, ob es sich dabei um einen auch nur ähnlichen Chemismus handelt, welcher der Empfindung das materielle Substrat gibt.

Neuerdings hat Beitel hiezu interessante Beiträge geliefert. Er fand, daß die lokale Summation, also die scheinbare Helligkeitszunahme, durch Hinzufügen einer zweiten Fläche zu einer schon vorhandenen (im Sinne Pipers) bei einem Abstand der Reizflächen von über 150' (2,5°) aufhöre. In solchen Abständen dürfte also die nervöse Kommunikation zwischen den Netzhautfeldern, vielmehr wahrscheinlich noch zwischen den Hirnrindenfeldern, aufhören. Nach Fujita ist die binokulare Summation immer geringer als die Summation im Sinne des Piperschen Gesetzes. Das reiht sich aber gut in die allmähliche Steigerung des binokularen Effektes mit zunehmender Dunkeladaptation ein. In den Fragenkomplex spielt auch das Phänomen des binokularen Wettstreites hinein, welcher offenbar auch die Zapfen vorwiegend betrifft und die Stäbchen weniger tangiert (s. auch Lohmann [2], Shaad).

Hier möge schließlich die Frage Beantwortung finden, wie groß denn die geringste Energiemenge ist, welche die optischen Nervenfasern noch erregt. Nach älteren Studien von v. Kries hat neuerdings Hecht berechnet, daß die minimale Energie, welche ein Stäbchen zu reizen vermag, den absolut niedrigsten Wert erreichen kann. Es sind ca. fünf Plancksche Quanten. Abgesehen davon, daß damit die enorme Empfindlichkeit des voll dunkel adaptierten Auges illustriert ist, erscheint mir die Feststellung auch nähere Andeutungen über den quantitativ-chemischen Prozeß im Stäbchen zu machen. Die Empfindung „Licht" kann schon das Äquivalent einer minimalen Ionenverschiebung im Sehstoffmolekül sein. Von hier fortlaufend müßte das Einwirken von größeren Energiemengen diese Ionenverschiebung im Sehstoffmolekül bis zum vollständigen Zerfall, also vom Sehpurpur bis zum Sehweiß, treiben.

15. A. Kühls Theorie des Lichtsinnes.

Aus der umfassenden Theorie Kühls möge schließlich hervorgehoben sein, daß dem Auge in jedem Adaptationszustand ein Arbeitsbereich zukommt, welcher sich von der absoluten Reizschwelle bis zur Blendung erstreckt (s. Abb. 42). Ich habe diesen Arbeitsbereich oben zwischen der absoluten Reizschwelle und der

Irradiationsschwelle begrenzt. Dementsprechend umfaßt der Bereich nach Kühl bis zu sieben Dezimalen der Leuchtdichtenskala, während der meine höchstens vier umfaßt. Das sind schließlich Fragen der Übereinkunft. Jedenfalls würde es sich lohnen, die Kühlschen Parameter durch Messung der Irradiationsschwellen auszugestalten.

Freilich umgreifen die Überlegungen Kühls wie die meinen den Tages- und den Dämmerungsapparat, obwohl wir den beiden

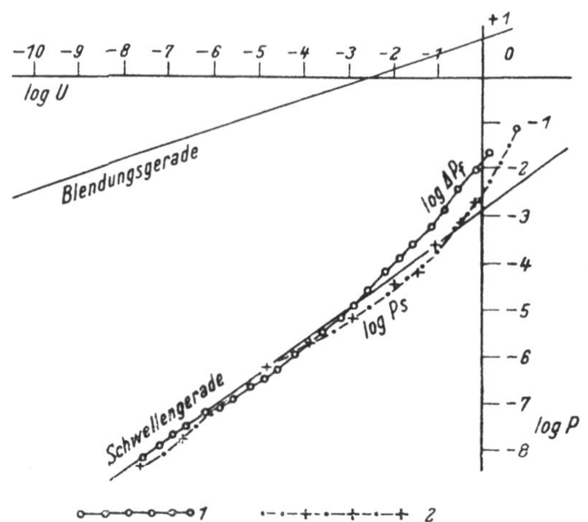

Abb. 42. Die Blendungsgerade aus Abb. 11 und die Schwellengerade.
1. Logarithmen der Unterschiedschwelle log △ Pf;
2. Logarithmen der Schwelle (absolut.) log Ps.
Die Schwellengerade, die sich der Schwellenkurve log Ps bis nahe an die Vertikale genähert anschließt, erlaubt zu jeder Umfeldbeleuchtung (log U) abzulesen, welche Leuchtdichte einer 5^0-Scheibe bei plötzlichem Verlöschen des Umfeldes gerade eben noch sichtbar ist. Beispiel: Zu log U —2,4 (U 0,004 sb) gehört in diesem Sinne log P —4,63 (P 0,000023 sb). (Bild und Text nach A. Kühl.)

zwei verschiedene Schwarz-Weiß-Sehstoffe zuschreiben. An welcher Stelle der Leuchtdichtenskala die beiden Stoffe einander ablösen und ob ihre Wirkungsbereiche vielleicht ineinandergreifen, soll dahingestellt bleiben. Der Kohlrauschsche Knick und die Abhängigkeit seiner Lage, je nach der Voradaptation, gibt uns einen Fingerzeig. Er würde die Ablösung des Schwarz-Weiß-Sehstoffes des Tagesapparates (Lutein in Zapfen und Stäbchen) durch den Schwarz-Weiß-Sehstoff des Dämmerungsapparates (Sehpurpur fast ausschließlich in den Stäbchen) bedeuten. Kühl hat die Duplizität des Lichtsinnes übergangen. In seinen Diagrammen, die das lineare Fortschreiten der Helligkeit mit zunehmender Leuchtdichte darstellen, findet sich zwar die Andeutung eines Knickes, nur hat ihn Kühl in der Diskussion vernachlässigt (s. Abb. 42). Es ist m. W. auch noch nicht untersucht worden, ob beim Fortschreiten der Adaptation aus tiefer Dämmerung zur vollen Lichtstärke des Tages auch ein Knick in Erscheinung tritt.

16. Das Sehen eine aktive Tätigkeit der Sinneszelle.

Seitdem die Gestaltspsychologie v. Weizseckers die alte Lehre Wundts überwunden hat, betrachten wir die Wahrnehmung nicht mehr als Erleiden von Engrammen, sondern als aktive Auseinandersetzung des klar bewußten oder eines wenigstens dämmernden Ich mit seiner Umwelt. In einer tieferen Stufe des Wahrnehmungsvorganges, nämlich schon in seinem Beginn in der Netzhaut, müssen wir ebenfalls von einem Erarbeiten und nicht von einem Erleiden des Lichtes sprechen. Gegen das Gefälle des Sehstoffzerfalles durch fortlaufende Bestrahlung produziert die Sinneszelle laufend neuen Sehstoff und baut den zerfallenen neu auf.

Wir begreifen nun auch, daß das Sehen eine Anstrengung bedeutet und warum die Anstrengung um so größer ist, je mehr sie sich dem Schwellenbereich nähert. Überall ist im Schwellenbereich die Kontrastempfindlichkeit besonders beansprucht und diese ist am feinsten bei voller Adaptation auf eine bestimmte Leuchtdichte (Umfeld) entwickelt. Das Auge muß also fortwährend und aktiv adaptieren, und zwar um so sorgfältiger, je höhere Anforderungen an die Kontrastempfindlichkeit gestellt werden. Es ist dann gleich, ob die aktive Adaptation bei feiner Schrift und guter Beleuchtung durch kurze Zeit oder bei grober Schrift und guter Beleuchtung durch lange Zeit beansprucht wird. Selbst ob die sorgfältige Adaptation durch Astigmatismus erforderlich wird oder bei optimaler Refraktion durch schlechte Beleuchtung, ist gleich. In allen Fällen tritt immer dasselbe ein, nämlich eine Steigerung der Durchblutung in dem betroffenen Aderhautgebiet, dann aber in dem gesamten ziliaren System. Diese übersteigerte Durchblutung kann zum Tränen, Brennen, Conjunctivitis, ja Blepharitis führen. Wir nennen die Erscheinung Astenopie. Daraus ergibt sich weiter, daß jedes Arbeiten im Bereiche der Schwelle, als besondere Inanspruchnahme der aktiven Adaptation, sehr wohl jenen Mechanismus in Gang bringen kann, den Lindner für die Ursache der Myopie hält. Wie sehr die aktive Tätigkeit der Netzhaut hier entscheidet, illustriert am besten die Tatsache, daß bei Schielenden so gut wie immer das fixierende Auge, wenn überhaupt, myop wird und viel seltener das amblyope Schielauge.

17. Schlußbetrachtungen.

Wir haben die aktive Adaptation der Sinneszelle als Oxydation aufgefaßt, die der Reduktion durch die Strahlung entgegenwirke. Reduktion und Oxydation der Sehstoffe und das Äquilibrium zwischen den beiden entgegengesetzten Prozessen sind jedoch nur ein Bild von den vermutlichen Vorgängen in der Netzhaut. Was wäre naheliegender, als daß die Strahlung einen Verbrennungsvorgang in der Sinneszelle bewirke, der unter Lichterscheinung und Lichterregung in der Nervenfaser abläuft. Bei der näheren Betrachtung des photochemischen Vorganges wird jedenfalls das kontinuierliche Fortschreiten der Empfindung von der minimalen Weißerregung aus der Dunkeladaptation heraus bis zur Blendung besonders zu beachten sein. Wie uns die Adaptation lehrt, ist diese Weißerregung ebenso kontinuierlich wie umkehrbar. Freilich ist diese Kontinuität nur unser subjektiver Eindruck. Das Licht erscheint uns als Kontinuum und ist doch gequantelte Welle. Der Photochemismus kann daher durchaus ein rhythmischer oder oszillierender Vorgang sein. Dennoch muß der von einem Strahlungsminimum ausgehende Prozeß mit einer Veränderung beginnen, die zwar selbst noch nicht Zerfall ist, aber gleichsinnig mit der Strahlungszunahme zum Zerfalle wird. Ob das Bild, wie wir es beim Studium der Empfindungen gewinnen, durch das laufende Abspalten und wieder Angliedern von Sauerstoffatomen an das Sehstoffmolekül überhaupt repräsentiert werden kann, bleibt dahingestellt. Im Zeichen der Elektronenchemie sind vielleicht noch einfachere und weniger eingreifende Umsetzungen denkbar.

Meine Darstellung, die vorwiegend auf eigenen empfindungsphysiologischen Studien und deren Ergänzung aus dem Schrifttum sowie auf der Beeinflußbarkeit des Lichtsinnes durch gesteigerte Zufuhr von Bausteinen der Zapfensehstoffe und des Sehpurpurs basiert, ist gewiß nicht die einzig mögliche. Im Vordergrund des physiologischen Studiums stehen heute objektive Untersuchungen, nämlich chemische und elektrophysiologische. Diese beiden sind nach dem Ausspruche Granits heute noch nicht so weit, um sie mit den hier skizzierten subjektiven Tatsachen in jeder Hinsicht zu konfrontieren. Dennoch kann mich das Studium solcher objektiver Ergebnisse in meiner Auffassung nur bestärken. Aus den Untersuchungen, die von G. E. Müller und Piper begonnen, von Kohlrausch fortgesetzt und schließlich von Adrian und Matthews, Bouman, Granit (1, 2, 3) und Hartline vervollkommnet worden sind, kann man heute entnehmen, daß der Aktionsstrom schon in der Sinneszelle entsteht und daß der Netzhautstrom eine jeweils andere Verlaufsform hat, je nachdem er bei Hell- oder bei Dunkeladaptation, je nachdem er von den Zapfen oder von den Stäbchen abgeleitet wird. Zudem scheint die Nervenfaser selbst viel mehr Einzelreize in der Sekunde leiten zu können als vom Sinnesepithel ausgehen. Während die Flimmerfrequenz wie die Frequenz der Potentialschwankungen im Sinnesepithel etwa 20 bis 50 pro Sekunde beträgt (s. z. B. Granit), steigt die von den Nerven geleitete Maximalfrequenz bis auf 120 pro Sekunde an (Bouman). Dies gilt als Hinweis darauf, daß die Verschmelzung rhythmischer Reize nicht erst im Sehnerven, sondern schon in der Sinneszelle erfolgt; ja, wir dürfen die Frequenz dieses Rhythmus mit größter Wahrscheinlichkeit mit der Regeneration des Sehstoffes in Zusammenhang bringen. Bei Dauerreizung wird der Sehstoff in der Sekunde 20- bis 50mal, in Stäbchen und Zapfen (Dämmerungs- und Tagessehstoffe) mit verschiedener Geschwindigkeit regeneriert (s. u. a. die Arbeiten von Granit und Fröhlich). Sehr wichtig dürfte auch die Feststellung Adrians sein, daß mit erhöhter Lichterregung weniger die Amplitude als die Frequenz der elektromagnetischen Erscheinungen zunimmt. Granit schließt aus eigenen Versuchen, daß die Strahlung keinen vollständigen Zerfall des Sehpurpurs im Stäbchen bewirke. Auch bei stärkerer Strahlung werde nur das Stäbchenaußenglied tangiert, wobei die zunehmende Strahlung die Regeneration nur in rascherer Frequenz veranlasse. Man beachte in diesem Zusammenhang die sehr anschauliche Darstellung Bethes und die Gedanken von Bartley.

Aus der so reichen Literatur, die ja außerhalb unseres eigentlichen Studienbereiches liegt, seien nur diese wenigen Momente herausgegriffen, weil sie das Kernstück für die oben skizzierten Vorstellungen abgeben. Heute, nachdem man die von Young und Helmholtz und die in ganz anderem Sinne von Hering supponierten Komponenten oder Substanzen der Licht- und der Farbenempfindung geradezu greifbar vor sich hat, stehen die beiden wichtigsten Theorien neuerdings einander ausschließend gegenüber. Es sei auf die zusammenfassenden Darstellungen von Trendelenburg und von v. Tschermak aus jüngster Zeit hingewiesen. Letzten Endes geht es auch heute noch um die Frage, ob man aus drei oder nur aus vier monochromatischen Lichtern alle bunten und unbunten Farbentöne mischen könne, und ob die Schwarz- und die Weiß-Empfindung, wenn sie auch durch Mischlicht inauguriert werden, nicht ebenso ursprüngliche und positive Empfindungen sind wie die vier Urfarben von Rot bis Blau. v. Kries, v. Tschermak und neuerdings v. Studnitz (1) haben versucht, den Widersprüchen durch Kombination der beiden Theorien zu begegnen. v. Studnitz vor allem, weil er nur drei Sehstoffe in den Zapfen gefunden hat, deren Absorptionsmaxima sogar mit den drei Komponenten von v. Helmholtz übereinzustimmen scheinen.

Angesichts der oft unüberbrückbar scheinenden Gegensätze, in die einzugreifen mir nicht zusteht, sei nur eine Frage aufgeworfen: daß Schwarz eine positive, den anderen ebenbürtige Empfindung sei, wird heute allgemein anerkannt. Ebenso wird anerkannt, daß das Schwarz als Kontrastphänomen auf dieselbe Weise inauguriert wird wie die bunten Kontraste. Da es einen binokularen Kontrast, freilich viel schwächer als den monokularen gibt (s. z. B. Blachowsky), kann die Fähigkeit der Hirnrinde zur Kontrastbildung keinesfalls geleugnet werden. Ist es aber deshalb schon möglich oder gar notwendig, jede Kontrasterregung, somit auch die monokulare, in die Hirnrinde zu verlegen? Ist es wirklich und zwingend nötig, die bunten Töne durch Erregung der Sinneszelle selbst entstehen zu lassen, die Töne der Schwarz-Weiß-Reihe aber erst durch bestimmte Umschaltungen und Reaktionen in höher gelegenen Neuronen? Die Ergebnisse der Physiologie des Lichtsinnes wie die modernen elektrophysiologischen Studien drängen zu dem Schlusse, daß der Kontrast überall entstehen kann, wo Querverbindungen zwischen den Neuronen eine Wechselbeziehung im Sinne von Förderung oder Hemmung erlauben. Das wäre allein in der Netzhaut in den beiden plexiformen Schichten möglich, die Sehbahn aufwärts vielleicht im Corpus geniculatum laterale und sicher im primären Sehzentrum des Cuneus. Es gibt monokularen und binokularen, also retinalen und kortikalen Kontrast. Im übrigen wurde schon eingangs erwähnt, daß der Kontrast sein Analogon in allen Sinnesgebieten findet.

Die Fragen spitzen sich schließlich auf die Kardinalfrage zu: Ist die Refraktärzeit, wie sie uns durch die Flimmerfrequenz dargestellt wird und die offenbar der Regeneration des Sehstoffes dient, eine Zeit, in der die Nervenendigung unerregt bleibt oder wird die Nervenendigung während dieser Zeit in einem der positiven Phase entgegengesetzten Sinne erregt? Im ersten Falle gälte, für die Sinneszelle, die Helmholtzsche, im anderen die Heringsche Auffassung. Alles, was uns die Physiologie der Schwarz- und Weiß-Empfindung lehrt, kann nur im Sinne der zweiten Auffassung sprechen. Es zeigt sich vor allem, daß die Konstanz der subjektiven Helligkeit zwar eine Umstimmung der Sinneszelle erfordert, welche aber schon von ihr selbst, allein durch ihre Tendenz zur Erhaltung des Sehstoffes ausgehen kann.

Wenn unsere Vorstellungen von den chemischen und elektrischen Abläufen während der Lichterregung heute allmählich eine anschauliche Gestaltung erhalten können, so muß man in der Deutung von Einzelheiten doch noch sehr vorsichtig sein. Vielleicht kann man als endgültig nicht viel mehr aussprechen, als dies Abderhalden in der jüngsten Auflage seiner Lehrbücher getan hat. Stärker noch als die chemischen Vorgänge während der Muskelkontraktion drängt sich bei der Betrachtung des Photochemismus der Vergleich mit der Bindung und Lösung des Sauerstoffes an das Hämoglobin während der Atmung auf. Auch da handelt es sich um eine nach dem Massenwirkungsgesetz jederzeit umkehrbare, ihr Gleichgewicht jederzeit ändernde Verbindung, deren Wesen sich von den Veränderungen in der Sinneszelle vielleicht nur durch die verschiedene Frequenz unterscheidet, in der sie sich vollzieht. Allerdings nimmt Abderhalden auch das jeweils wechselnde Verhältnis zwischen dem freien und dem gebundenen Sauerstoff im Blute als ein dauernd oszillierendes an.

Sehr überzeugend wirkt auch Abderhaldens Vergleich der Sehstoffe mit einem Puffersystem, welches durch Zerfall und Aufbau die optischen Endorgane des Nervensystems einerseits erregt, anderseits vor übermäßigen Einwirkungen schützt.

In unserer Betrachtung sind wir mehrfach auf die Vertretbarkeit der Intensität durch die Zeit der Strahlungseinwirkung gestoßen, die als Bunsen-Roscoesches Gesetz im Sinne der Formel $i . t = c$ in der Energielehre immer wiederkehrt. Das Gesetz wird in der optischen Physiologie von Kunita bei Studien über die Sehpurpurbleichung gefunden, beim Studium der Readaptation von Elsberg, Haig und Hecht, bei Reizschwellenstudien von Wald und Graham, schließlich bei Talbots, Gildemeisters und Kecks Studien über die Summation unterschwelliger Reize. Dies alles weist uns darauf hin, daß der Lichterregung ein recht einfacher Mechanismus zugrunde liegen dürfte. Fügen wir zu den schon anerkannten Vorstellungen nur die eine hinzu, daß nicht nur der Zerfall von Sehstoff, sondern auch dessen Wiederaufbau eine Erregung der Nervenendigung bewirke, nur im gegenteiligen, also polaren Sinne, dann verstehen wir nahezu alle Erscheinungen, die uns die Physiologie des Lichtsinnes lehrt.

IX. Die Bedeutung der modernen Lichtsinnforschung für die augenärztliche Praxis.

Als die ersten Ophthalmologen im deutschen Bereiche sind Comberg und Nowak klinisch an die Frage der Sehschärfe im Dunkeln herangegangen. Nicht mehr das Studium der Netzhautfunktion trieb sie zu ihren Untersuchungen an, sondern die Frage, was kann der Mensch und was können einzelne Individuen in der Dämmerung sehen. Die in dieser Studie angeführten Zahlen und Kurven, den Physikern zum Teile lange bekannt, geben darauf weitgehend Antwort. Freilich hat sich herausgestellt, daß der Lichtsinn eine im Grunde einfache Funktion ist, die, wie Kühl gezeigt hat, durch einige wenige Daten definiert werden kann. Die Methodik, mit welcher wir diese Daten finden, ist nur kompliziert durch

1. die Adaptation, das heißt die Veränderlichkeit des Lichtsinnes,
2. die Änderung der Lichtsinnverteilung im Wechsel vom Tage zur Dämmerung, welche ein Skotom in der zapfenführenden Fovea zentralis entstehen läßt,
3. die Änderung der Refraktion in der Dämmerung,
4. die Übungsfähigkeit des Sehens in der Dämmerung.

Diese vier Punkte sind, soweit aus den Publikationen geurteilt werden darf, bisher zu wenig berücksichtigt worden, ja, waren

z. T. noch nicht bekannt und haben zu Irrtümern Anlaß gegeben. Die Vorstellung, die absolute Reizschwelle und ihr kurvenmäßiges Absinken im Verlaufe der Dunkeladaptation charakterisiere die Sehleistung im Dunkeln weniger gut als die Prüfung der Sehschärfe bei herabgesetzter Beleuchtung, ist also ein Irrtum. Die Annahme war nur berechtigt, solange man sich über die Begriffe Sehschärfe und Reizschwelle nicht einig war und solange man die Refraktionsänderung in der Dämmerung nicht kannte. Der Physiker K ü h l urteilte schon 1933 und 1936, daß der Lichtsinn eines Menschen durch die „Schwellengerade" und die „Blendungsgerade" definiert sei, ja, daß es genüge, nur zwei Punkte dieser Geraden zu bestimmen, um ihre Neigung und damit die Tendenz der Sehschärfenzunahme mit zunehmender Beleuchtung zu finden. Er übersah nur die individuelle Variation dieser Tendenz und niemand kannte ihre Ursachen. Heute dürfen wir die Ursachen in der Refraktionsänderung bei dämmerwertiger Beleuchtung und im Sehstoffgehalt der Netzhaut suchen, die beide individuell variieren.

1. Die wichtigsten Fakten als Richtschnur zur Prüfung des Lichtsinnes.

Wir wollen nun an Hand der oben aufgestellten vier Punkte prüfen, inwieweit die bisherigen Methoden zur Bestimmung des Dämmerungssehens ausreichen. Dabei werden zunächst allgemeine Grundsätze aufzustellen sein, die bei jeder Prüfung eingehalten werden müssen.

1. Die photometrische Normierung der Geräte.

2. Die strenge Schematisierung der Voradaptation vor dem Prüfungsbeginn. Dies muß grundsätzlich mit einer 40 Minuten langen Dunkeladaptation eingeleitet werden und von einer zehn Minuten langen Helladaptation gefolgt sein. Die Leuchtdichte der Helladaptationsfläche ist zu normieren, zumindesten unter photometrischer Kontrolle zu halten.

3. Es muß zwischen Zapfen- und Stäbchenadaptation unterschieden werden. Erst die Prüfung beider gibt volle Auskunft über den Lichtsinn.

4. Die Lichtsinnverteilung in der Netzhaut verlangt eine genaue Regelung der Fixation, am besten mit dunkelrotem Fixierlicht in gemessenem Abstand von der Prüffläche.

5. Die Prüfung der Refraktion unter Tageslichtbedingungen, wenn möglich skiaskopisch, und die Refraktions-Prüfung mit Dämmerungssehproben ist unerläßlich. Dabei sind möglichst kleine Prüfzeichen zu verwenden, etwa 10' bei ungefähr 10^{-7} sb und 20' bei etwa 10^{-8} sb Umfeldbeleuchtung. Es genügt die Prüfung bei einem einzigen normierten physikalischen Kontrast zwischen Infeld und Umfeld.

6. Die Übungsfähigkeit verlangt die mindestens viermalige Anstellung desselben Prüfungsganges, wobei die erste der vier Prüfungen als Vorversuch aus der Festlegung der individuellen Mittelwerte ausscheidet.

7. Da vorläufig keine genormten und absolut vergleichbaren Geräte existieren, muß der Untersucher für sein eigenes Gerät Normwerte bestimmen. Dies geschieht am besten durch Festlegung der mittleren Streuung, wie dies H e i n s i u s für die Adaptationskurven vorgeschlagen hat. Man mittelt die Kurven oder andere Prüfungsergebnisse der ersten hundert Personen und bestimmt deren mittlere Abweichung. Das Normalband kann dann laufend korrigiert werden, wenn man über ein größeres Beobachtungsmaterial verfügt.

Es bleibe dem Urteil des Lesers überlassen, inwieweit die in der Augenheilkunde angewandten Methoden den eben aufgestellten Forderungen gerecht werden. Eine eingehende Kritik dürfte nicht nötig sein. Grob beurteilt, läßt das E. H. A. die Möglichkeit zur Refraktionsbestimmung vermissen, ebenso eine genügend exakte Bestimmung der Zapfenadaptation. Das N. W. G. bestimmt zwei zu nahe voneinander und zu tief liegende Punkte der Sehschärfen-Leuchtdichtenkurve. Dadurch können wir weder die Refraktion genau bestimmen noch die Sehschärfenleuchtdichtenbeziehung fixieren, noch den Adaptationsverlauf beurteilen. Allen diesen Forderungen wird das Nyktoskop viel besser gerecht; hier bleibt nur der Adaptationsverlauf unberücksichtigt. Das Nyktometer schaltet eine sehr störende Fehlerquelle, nämlich die Akkomodation in den Untersuchungsgang ein und verfolgt die Adaptation nicht genügend weit bis in den Stäbchenbereich hinein.

Wir sehen also, daß eine neue Methode zur Lichtsinnprüfung unerläßlich ist. Sie dürfte mit dem Prüfungsgang entworfen sein, wie ich ihn zur Kontrolle der Helenienwirkung angewandt habe (s. S. 128 ff.). Wir bestimmten dabei die Dunkeladaptation, die Readaptation, die Zapfen- und Stäbchensehschärfe in der Dämmerung und die Refraktion. Nicht fehlerhaft, aber mangelhaft ist vorläufig noch die photometrische Normierung bei dieser Methodik. Doch wird diese bei klinischen Untersuchungen nie die Genauigkeit haben können, wie sie die Physiker liefern. Freilich hat der Prüfungsgang vier Stationen und erfordert lange Zeit; man vergesse nur nicht, daß auch die bisher übliche Methode der Adaptationsbestimmung 40 Minuten in Anspruch nimmt; von den 50 Minuten Voradaptation ganz abgesehen. Fast in derselben Zeit kann man ein vollständiges Bild vom Lichtsinn einer Person gewinnen. Es wird das weitere Bestreben sein, die Methode in ein einziges Gerät zusammenzufassen, sobald die technischen Voraussetzungen gegeben sind.

Die genaue Bestimmung der Leistung im Dämmerungssehen hat im Kriege eine hervorragende Bedeutung gehabt; nicht nur für die Auswahl bestimmter Kampftruppen, sondern ebenso für den zivilen Luftschutz, von dem viele Menschen als angeblich nachtblind fernzubleiben suchten. In Friedenszeiten ist dieselbe gründliche Prüfung bei Personen unerläßlich, auf welchen im Verkehr eine besondere Verantwortung ruht; also bei Luftpiloten, Seeleuten, Eisenbahnern, Kraftwagenlenkern. Die gerichtliche Gutachtertätigkeit kann dieser Prüfung nicht entbehren.

So mancher augenärztlicher Gutachter wird nun enttäuscht sein über die Vielgestalt der in dieser Schrift angeschnittenen Probleme, welche doch sein wichtiges Anliegen nicht befriedigen, nämlich die Frage: Wie ist die gute oder mangelhafte Dämmerungssehleistung bei einem Menschen aufzufinden und zu beurteilen? Da ein umfassendes Gerät zur Prüfung aller Funktionen, wenigstens zum Zeitpunkte meiner Studien, nicht existierte, war ich immer auf Improvisationen angewiesen. Es muß daher leider auch weiterhin der Erfindungsgabe des einzelnen überlassen bleiben, wie er das auf Seite 128 angedeutete Schema zur Methode ausbauen will. Jeder Augenarzt jedoch, welcher Autofahrer, Eisenbahner, Seeleute usw. auf ihre Eignung zum nächtlichen Verkehr beurteilt, müßte zumindest die Refraktion in der Dämmerung, also etwa bei 10^{-7} sb Umfeldleuchtdichte, und die Adaptationskurve bestimmen. Bei der Beurteilung dieser ist es jedoch irrig, wenn man nur ihren Endwert für entscheidend hält. Ganz im Gegenteil; die Individuen unterscheiden sich im Beginne der Dunkeladaptation, also in den ersten zehn Minuten, beträchtlich mehr, auch macht sich gerade hier der Mangel an Vitamin A bemerkbar. Gerade die rasche Anpassung an die Dunkelheit ist für das Sehen bei Nacht entscheidend, zumal dem Endwert der Dunkeladaptation Leuchtdichten entsprechen, welche bestenfalls in den Nächten des Novembers oder Dezembers vorkommen.

Was die ziffernmäßige Bewertung der Prüflinge anlangt, so scheint mir der Vorschlag von Auerswald, Bornschein und Zwieauer der vorläufig beste zu sein. Allerdings dürfte nicht die binomiale Verteilung der Endwerte der Dunkeladaptation als Grundlage der Beurteilung dienen, sondern die von drei Punkten der Adaptationskurve, wie z. B. die der 3., der 7. und der 15. Minute. Nicht ein Normalband als Bild der Streuung der arithmetischen Werte, wie Heinsius und ich es noch verwendet haben, wäre Grundlage der Bewertung, sondern ein Bandkörper. Er wäre einem Gebirge zu vergleichen, das vom Anfangs- bis zum Endpunkt der Adaptation zieht und dessen Schnitte lauter Binomialkurven wären. Die Kuppe des Gebirges würde die Werte bei der Adaptationsprüfung darstellen, ihre Höhe und Breite die Häufigkeit der einzelnen Leistungsgrade. Die von Auerswald vorgeschlagenen Bewertungsziffern wären für die genannten drei Punkte leicht zu bestimmen.

2. Die Lichtsinnprüfung als Test der Leberfunktion.

Der enge Zusammenhang zwischen dem Vitamin-A-Haushalt und der Sehstoffbildung hat schon früh auch in der inneren Medizin die genaue Beobachtung des Lichtsinnes veranlaßt (s. S. 113, 119 ff.). Nach jahrelangem Studium dieser Frage will mir scheinen, daß der Internist im allgemeinen doch nicht die speziellen Erfahrungen und Kenntnisse besitzt, um so subtile Urteile mit voller Verantwortung fällen zu können. Man war, glaube ich, manchmal sehr rasch mit dem Urteil Adaptationsstörung — Vitamin-A-Mangel fertig. Die speziellen Kenntnisse zu fundieren war gerade Aufgabe der Darstellung. Sie hat sich bemüht, eine Brücke zu bauen, die einer engeren Zusammenarbeit zwischen Medizin und Augenheilkunde nur förderlich sein kann.

Literaturverzeichnis.

Abderhalden, E.: (1) Lehrbuch der physiologischen Chemie, Berlin-Wien 1944.

— (2) Lehrbuch der Physiologie, Berlin-Wien 1943.

Adrian, E. D.: Die Untersuchung der Sinnesorgane mit elektrophysiologischen Methoden. Erg. Physiol. 26, 501 (1928).

Adrian, E. D. and R. Matthews: The action of light in the Eye.

— (1) The discharge of impulses in the optic nerve and its relation to the electric changes in the retina. J. Physiol. **63**, 378 (1927).

— (2) The process involved in retinal excitation. J. Physiol. **64**, 279 (1927).

— (3) The action of retinal neurons. J. Physiol. **65**, 273 (1928).

Äffner, W. und H. H. Podesta: Der Einfluß der Prüffeldgröße auf die Schwellenwahrnehmung des Auges. (1) Die Unterschieds- und Verhältnisschwelle bei verschiedenen Prüffeldgrößen und Helligkeit. Pflügers Arch. **243**, 666 (1940).

— (2) Gleichung, Norm und Bewertung der Dunkeladaptation. Pflügers Arch. **245**, 121 (1941).

Atzler, S.: Der Einfluß von konzentriertem Vitamin A auf die Dunkelanpassungsfähigkeit. Diss. Königsberg 1939.

Aubert, H.: Physiologie der Netzhaut. Breslau 1865.

Auerswald, Bornschein und Zwieauer: Die physiologische Variationsbreite als statistische Bewertungsgrundlage der Dunkeladaptation. Erscheint demnächst.

Bartley, S. H.: Some factors in brightness discrimination. Psychol. Rev. **46**, 337 (1939).

Beitel, R. J.: Spatial summation of sublimial stimuli in the retina of the human eye. J. gen. Physiol. **10**, 311 (1934).

Bethe, A.: Wie kann man sich die Transformierung eines kontinuierlichen Lichtreizes in eine Reihe rhythmischer Aktionsströme vorstellen? Pflügers Arch. **244**, 583 (1941).

Bietti, G.: (1) Le vitamine in ottalmologia. Bologna 1940.

— (2) Recerche sul meccanismo d'azione die sostanze simpaticotrope sul senso luminoso. Bol. ocul. **17**, 279 (1938).

Best, F.: (1) Die Dunkeladaptation der Netzhaut. v. Graefes Arch. **76**, 146 (1910).

— (2) Über Nachtblindheit. v. Graefes Arch. **97**, 168 (1918).

Beuningen, E. van: (1) Über die Wiederanpassung an die Dunkelheit nach Helladaptation bei Gesunden und Hemeralopen. Diss. Berlin 1940.

— (2) Lichtsinn und Sehschärfe eines Normalsichtigen, eines Kurzsichtigen und eines Nachtblinden bei herabgesetzter Beleuchtung. v. Graefes Arch. **147**, 164 (1944).

Birch-Hirschfeld: (1) Über Nachtblindheit im Kriege. v. Graefes Arch. **92**, 273 (1918).

— (2) Z. Augenhk. **38**, 57 (1917).

— (3) Das 5-Punkt-Adaptometer und seine Anwendung. Z. ophthalm. Opt. **5**, 41 (1917).

Birnbacher, Th.: Die epidemische Mangelhemeralopie. Z. Augenhk. Suppl. 1927.

Blachowsky: Studien über den Binnenkontrast. Z. Sinnesphysiol. 47, 291 (1913).

Blanchard: J. phys. Rev. 11 (2) 8 (1918). Siehe auch Müller-Poulliet's Lehrbuch der Physik 11. Abt. 2 (II) 1145 (1929).

Bloom und Garten: Vergleichende Untersuchungen der Sehschärfe des hell- und des dunkeladaptierten Auges. Pflügers Arch. 72, 372 (1898).

Boll, F.: Zur Anatomie und Physiologie der Retina. Pflügers Arch. 1877, 1.

Brandis, S. A.: (1) Changes in the light sensitivity of the human eye caused by mental labour. Dtsch. Zbl. Ophthalm. 44, 658 (1941).

— (2) Contribution to the analysis of the changes of the sensitivity of the human eye to light, with reference to various types of work performed by the subjekt. Dtsch. Zbl. Ophthalm. 45, 682 (1940).

Bouman, H. D.: Experiments on the electric excitabiltity of the eye. Arch. néerld. Physiol. 20, 430 (1935).

Brändstedt: Untersuchungen über Minimum perceptibile und Distinktionsvermögen des Auges, besonders hinsichtlich ihres Verhaltens bei Myopie Acta ophthalm. scand. Suppl. 1935, 5.

Braun, R.: Die Nyktometeruntersuchung als Ergänzung und Ersatz der Adaptationsprüfung. v. Graefes Arch. 144, 41 (1941).

Bronstein, A. I.: Über Sensibilisierungserscheinungen bei Bestimmung der Endschwelle von Sinnesorganen. Dtsch. Zbl. Ophthalm. 44, 285 (1940).

Brückner A. und Franceschetti: Die Myopie im Kindesalter. Arch. Augenhk. 105, 1 (1931).

Bunge, E.: Verlauf der Dunkeladaptation bei Sauerstoffmangel. Arch. Augenhk. 110, 189 (1937).

Clemans, P. C. und Mitarb.: Courbe d'adaptation chez l'homme normal et aneurinurie. Acta biol. Belge 1, 398 (1941).

Colombi, C. und F. Schupfer: Elektrogrammatische Registrierung des Dunkelnystagmus. (Erscheinungsort unbekannt.)

Comberg, W.: (1) Lichtsinn. Kurz. Hdb. d. Ophthalm. II, 172 (1932).

— (2) Ein neues Verfahren zur Untersuchung der Dämmerungssofortleistung und der Blendungsempfindlichkeit. Vers. d. Dtsch. ophthalm. G. Heidelberg 1938, 11.

— (3) Das Sehen bei herabgesetzter Beleuchtung. Vers. d. Dtsch. ophthalm. G. Dresden 1940, 6.

Crozier, W. J. und E. Wolf: Theory and measurement of visual mechanisms. (1) 4. Critical intensities for visual flicker, monocular and binocular. J. gen. Physiol. 24, 505 (1941).

— (2) 5. Flash duration and critical intensity for responses to flicker. J. gen. Physiol. 24, 635 (1941).

— (3) 6. Wave length and flash duration in flicker. J. gen. Physiol. 25, 89 (1941).

Dann, W. J. and M. E. Yarbrough: Dark adaptatometer readings of subjects on a diet deficient in vitamin A. Acta ophthalm. scand. 25, 833 (1941).

Depene, R.: Experimentelle Untersuchungen über den Einfluß seitlicher Blendung auf die zentrale Sehschärfe. Klin. Mbl. Augenhk. 38, 289 (1900).

Derman, H.: Die Wirkung von starkem Licht und von Vitamin A auf die Regeneration des Sehpurpurs. Arch. internat. Pharmacodynamie 68, 230 (1942).

Dienesco, S. und Mitarb.: Der Einfluß der physischen Belastung auf die Dunkeladaptation des Auges. Dtsch. Zbl. Ophthalm. 31, 352 (1934).

Dieter, W.: (1) Allgemeine Störungen der Adaptation des Sehorgans. Bethe-Bergmanns Hdb. d. Physiol. XII (2) 1895 (1931).

— (2) Die angeborene, familiäre, erbliche idiopathische Hemeralopie. Pflügers Arch. **196**, 113 (1922) und Pflügers Arch. **222**, 381 (1929).

Dittler, R.: (1) Der Sehpurpur. Kurz. Hdb. d. Ophthalm. II, 93 (1932).

— (2) Die chemischen Vorgänge in der Netzhaut. Kurz. Hdb. d. Ophthalm. II, 212 (1932).

Drigalsky, W. v.: (1) Experimenteller Vitamin-A-Mangel beim Menschen. Z. Vitaminforsch. **9**, 325 (1939).

— (2) Über den Vitamin-A-Bedarf des Menschen.
I. Der gesunde Erwachsene,
II. Schwangere, Stillende, Kranke. Klin. Wschr. **18**, 1269 und 1318 (1939).

Ebbeke, U.: (1) Über positive und negative Nachbilder, ihre gegenseitige Beziehung und den Einfluß der Adaptation. Pflügers Arch. **221**, 160 (1928).

— (2) Rezeptorenapparat und entoptische Erscheinungen. Bethe-Bergmanns Hdb. d. Physiol. XII (1) 233 (1929).

Eckel, K.: (1) Der Verlauf der Sofort- und der Endadaptation bei bewährten Nachtsehern. — Erscheint demnächst in Pflügers Arch.

— (2) Vergleichende Untersuchungen über Adaptation und praktisches Nachtsehen. — Erscheint demnächst in Pflügers Arch.

— (3) Die individuelle Streuung der Sehschärfe bei Nyktometerprüfungen und die Beeinflussung der Sehschärfe durch Stromstärkeänderungen bei der Lesetafelbeleuchtung. — Erscheint demnächst in Pflügers Arch.

— (4) Über den Adaptationsvorgang unter Sauerstoffatmung. — Erscheint demnächst in Pflügers Arch.

— (5) Über Beeinflussungen des Adaptationsverlaufes durch verschieden lange Überbelichtung. — Erscheint demnächst in Pflügers Arch.

Edmund, C. und Sv. Clemessen: On the defficiency of A-vitamin and visual adaptation. Dtsch. Zbl. Ophthalm. **40**, 210 (1938).

Ekke: Über die Abhängigkeit der Fernrohrleistung von der Austrittspupille. Erscheinungsort unbekannt.

Elsberg, Ch. A. and H. Spotnitz: A theory of retinal-cerebral function with formulas for threshold vision and ligth and dark adaptation at the fovea. Amer. J. Physiol. **121**, 454 (1938).

Engelking, E. und H. Hartung: Ein neues Adaptometer für den klinischen Gebrauch. Klin. Mbl. Augenhk. **89**, 763 (1932).

Erggelet, H.: Die Refraktion und die Akkomodation mit ihren Störungen. Kurz. Hdb. d. Ophthalm. II, 460 (1932).

Ferry, C. E. and G. Rand: Intensity of ligth in relation to the nearpoint and the apparent range of accomodation. Amer. J. Ophthalm. **18**, 307 (1935).

Fischer, F. P. und J. Jongbloed: Untersuchungen über die Dunkeladaptation bei herabgesetztem Sauerstoffdruck der Atemluft. Arch. Augenhk. **109**, 452 (1936).

Fleisch, A. und J. Posternak: Helv. Phys. et Pharm. Acta **1**, 421 (1943).

Frieser: Über ein einfaches Gerät zur Photometrie des Nachthimmels. Erscheinungsort unbekannt.

Fröhlich, F. W.: (1) Zur Analyse des Licht- und Farbenkontrastes. Z. Sinnesphysiol. **52**, 89 (1921).

— (2) Über den Einfluß der Dunkeladaptation auf den Verlauf der periodischen Nachbilder. Ebenda **53**, 79 (1922).

— (3) Über die Abhängigkeit der periodischen Nachbilder von der Dauer der Belichtung. Ebenda **53**, 109 (1922).

— (4) Über die Messung der Empfindungszeit. Ebenda **54**, 58 (1923).

Fujita, T.: Über die binokulare und monokulare Reizsummation. Dtsch. Zbl. Ophthalm. 44, 389 (1940).

Galeazzi, C.: Contributo clinico, statistico allo studio dell' astigmatismo semplice. Boll. Ocul. 13, 1232 (1934).

Goldmann, H.: Grundlagen exakter Perimetrie. Ophthalmologica 109, 57 (1945).

Goll, H.: Über Vitamin-A-Mangel beim Kinde. Münchn. med. Wschr. 1212 (1941) und 397 (1942).

Graham, J. und Mitarb.: (1) Area and intensity-time relation in the peri-feral retina. Amer. J. Physiol. 113, 299 (1935).

— (2) The relation of size of stimulus and intensity in the human eye. I. Intensity thresholds of white light. II. Intensity thresholds for red and violet light. J. exper. Psychol. 24, 555 und 574 (1939).

Graf: Über Dispositionsschwankungen und Schwankungen in der Dämmerungssehleistung. — Erscheint demnächst.

Granit, R.: (1) Two types of retinae and their electrical responses to intermittent stimuli in light and dark adaptation. I. Physiol. 85, 421 (1935).

— (2) Die Elektrophysiologie der Netzhaut und des Sehnerven. Acta ophthalm. scand. 14. Suppl. VIII 1936.

— (3) Processes of adaptation in the vertebrate retina in the light of recent photochemical and electrophysiological research. Docum. ophthalm. I, 7, (1938).

Granit, R. und Mitarb.: (1) On the mode of action of visual purple on the rod cell. J. Physiol. 94, 430 (1938).

— (2) The relation between concentration of visual purple and retinal sensitivity to light during dark adaptation. J. Physiol. 96, 31 (1939).

Guillery, H.: (1) Über die Empfindungskreise der Netzhaut. Pflügers Arch. 68, 120 (1897).

— (2) Sehschärfe. Bethe-Bergmanns Hdb. d. Physiol. XII (2) 745 (1931).

Guist, G.: Zur Hebung der Sehfunktion geschädigter Netzhäute. Klin. Mbl. Augenhk. 103, 77 (1939).

Haig, Ch.: The course of rod dark adaptation as influenced by the intensity and duration of preadaptation to light. J. gen. Physiol. 24, 735 (1941).

Harms, H. und Mitarb.: Ergebnisse pupillometrischer Untersuchungen bei Gesunden und Kranken. 53. Tag. d. D. G. f. Ophthalm., S. 63.

Hartinger, H.: (1) Pupillenweiten. Z. ophthalm. Opt. 25, 1 (1937).

— (2) Über die Änderung des Sehvermögens durch farbige Schutzgläser. Klin. Mbl. Augenhk. 105, 337 (1940).

Hartinger, H. und Schubert: (3) Verordnung von schwachen Konkavgläsern bei Normalsichtigen als Sehhilfe im Dunkeln. Klin. Mbl. Augenhk. 109, 705 (1943).

Hartline, H. K.: The response of single optic nerve fibers of the vertebrate eye to differences in wave length in relation to colour blindness. Amer. J. Physiol. 121, 400 (1938).

Hartline, H. K. and C. Graham: The spectral sensitivity of single visual sense cell. Amer. J. Physiol. 109, 49 (1934).

Hecht, S.: (1) Sensory adaptation and stationary state. J. gen. Physiol. 5. 555 (1923).

— (2) The visual discriminitation of intensity and the Weber-Fechner-law. J. gen. Physiol. 7, 235 (1924).

— (3) Visual acuity and illumination. Arch. Ophthalm. 57, 564 (1928).

— (4) Anomalies in the absorption spectrum of visual purple. Dtsch. Zbl. Ophthalm. 31, 666 (1934).

— (5) A theory of visual intensity discrimination. J. gen. Physiol. 18, 767 (1935).

Hecht, S. und Mitarb.: (6) The dark adaptation of retinal fields of different size and location. J. gen. Physiol. **19**, 321 (1935).

Hecht, S.: (7) Rods, cones, and the chemical basis of vision. Physiol. Rev. **17**, 239 (1937).

Hecht, S. und Mitarb.: (8) The influence of light adaptation on subsequent dark adaptation of the eye. J. gen. Physiol. **20**, 831 (1937).

Hecht, S.: (9) Rod-cone dark adaptation and vitamin A. Science (N. Y.) **II**. 219 (1938).

— (10) The visibility of single lines at various illuminations and the retinal basis of visual resolution. J. gen. Physiol. **22**, 593 (1939).

— (11) Energy at the threshold of vision. Science (N. Y.) I, 585 (1941).

Heimann: Über die Wirkung des Melanophorenhormons auf die Sehschärfe. Forsch. b. d. Dtsch. Luftw. 22 — 23/44.

Heinsius, E.: (1) Die verschiedenen Arten der Nachtblindheit und ihre praktische Bedeutung im Kriege. Dtsch. Mil.arzt 5, 449 (1940).

— (2) Zur Frage der sogenannten Kriegshemeralopie. Med. Welt 341 (1941).

— (3) Untersuchung der Dämmerungssehleistung. Klin. Mbl. Augenhk. **106**, 443 (1941).

— (4) Zur Prüfung der Dämmerungssehschärfe. Dtsch. Mil.arzt 451 (1943).

Heinsius, E. mit F. A. Hamburger: Über die Vergleichbarkeit von Prüfungsergebnissen der Dunkeladaptation und des Dämmerungssehens. Klin. Mbl. Augenhk. **109**, 204 (1943).

Helmholtz, K. v.: Hdb. d. physiol. Optik mit den Bem. von v. Kries, 3. Aufl., Bd. 2 und 3.

Henschen: Über einen Fall von A-Hypervitaminose. Schweiz. med. Wschr. I, 331 (1941).

Hering, E.: (1) Sammelband d. wissensch. Arb.

— (2) Grundzüge der Lehre vom Lichtsinn. Hdb. d. Augenhk. Graefe-Saemisch II, 5b, 52, Berlin 1920.

Hess, C. v.: Pupille. Bethe-Bergmanns Hdb. d. Physiol. XII (1) 176 (1929).

Hess, C. v. und Pretory: Messende Untersuchungen über die Gesetzmäßigkeit des simultanen Helligkeitskontrastes. v. Graefes Arch. **40**, 1 (1894).

Hilbert, R.: Fschr. Med. 24, 796 (1884).

Hirasawa: Über den Einfluß der Beleuchtungsstärke auf die Sehschärfe in der Nähe und den Nahepunkt sowie das Gebiet des deutlichsten Sehens. Acta Soc. ophthalm. jap. **41**, 848 (1937).

Hofmann, F. B.: Der optische Raumsinn. Hdb. Graefe-Saemisch. 2. Aufl., III, 41 (1925).

Holler, G. und Mitarb.: Ernährungsbedingte Schilddrüsenstörungen bei Menschen. Wien. klin. Wschr. **59**, (2), 321 (1947).

Hummelsheim: Zentrale Sehschärfe und periphere Helligkeit. Vers. d. D. G. f. Ophthalm. Heidelberg 1900, 137.

Jackson, E.: Changes in astigmatism. Amer. J. Ophthalm. **16**, 967 (1933).

Jandelize et Thomas: Influence de l' intemedine et de l' adrenaline sur les courbes d' adaptation dans quelques cas de retinite pigmentaire. Bull. Soc. Ophthalm. Par. **7**, 608 (1937).

Jores, A.: Melanophorenhormon und Dunkeladaptation. Klin. Wschr. II 1075 (1940).

Jungmann, H.: Über die Wirkung des Laktoflavins und organspezifischer Lipoide auf die Dunkeladaptation. Klin. Mbl. Augenhk. **111**, 210 (1946).

Keck, W.: Über die Summation unterschwelliger Lichtreize. Z. Sinnesphysiol 67, 159 (1937).

K i k k a w a, T.: Studien über den Einfluß verschieden langer und verschieden starker Vorbelichtung auf den Verlauf der Sehschärfesteigerung bei Dunkeladaptation. Acta Soc. ophthalm. jap. **41**, 145 (1937).

K l a f t e n : Die Hemeralopie der Schwangeren. Z. Geburtsh. u. Gynäkol. **85**, 485 (1922).

K o d a m a, K.: Über die in unserer Erfahrung beobachtete Häufigkeit und Schädigung des Astigmatismus regularis. Acta Soc. ophthalm. jap. **34**, 79 (1930).

K o t u k a, H. und S. M i y a u r a : Studies on the functions of eyes of double homonymous hemianopsia with preservation of the fovea. I. Dark adaptation. (In doubt of the theories of dark adaptation.) Acta Soc. ophthalm. jap. **40**, 173 (1936).

K o h l r a u s c h, A.: (1) Die elektrischen Erscheinungen am Auge.

— (2) Tagessehen, Dämmerungssehen, Adaptation. B e t h e - B e r g m a n n s Hdb. d. Physiol. XII (2), 1393 und 1499 (1931).

K r i e s, J. v.: (1) Z. Psychol. und Physiol. d. Sinnesorg. **9**, (1896).

— (2) Über die zur Erregung des Sehorganes erforderliche Energiemenge. Z. Sinnesphysiol. **41**, 373 (1906).

— (3) Zur Theorie des Tages- und Dämmerungssehens. B e t h e - B e r g m a n n s Hdb. d. Physiol. XII (1), 679 (1929).

K l u g h a r d t und N a g e l : Messung der Dämmerungspupille mittels Ultrarot-Photographie. Z. Physik. **101**, 372 (1936).

K u n i t a, D.: Kurze Beiträge zur Sehpurpurausbleichung durch das Licht, besonders über die Beziehung zwischen der Lichtintensität und der Bleichungszeit. Acta Soc. ophthalm. jap. **36**, 106 (1932).

K ü h l, A.: (1) Sehschärfe, Beleuchtungsstärke und R i c c o scher Satz. Z. ophthalm. Opt. **14**, 129 (1927).

— (2) Entwicklung einer Theorie des Lichtsinnes. Antrittsvorl. Jena 1936, C. Zeiß-Nachr.-Sonderh.

— (3) Die Abhängigkeit der Unterschiedschwelle von der Objektgröße und Umfeldleuchtdichte. Z. Instrumentenkunde **60**, 293 (1940).

— (4) Zur Erklärung der Änderung der Sehschärfe mit der Beleuchtung und des absoluten Sehschärfemaximums. Z. ophthalm. Opt. **28**, 33 (1941).

— (5) Der Adaptationszustand als Regler der Gesichtsempfindungen. Z. Instrumentenkunde **61**, 278 (1941).

— (6) Die Akkomodationsruhe und ihr Einfluß auf das Nachtsehen mit und ohne Fernrohr. Erscheinungsort unbekannt.

K ü h n e : Chemische Vorgänge in der Netzhaut. H e r m a n n s Hdb. d. Physiol. III, 1. Teil, 235 (1879).

K y r i e l e i s, W.: (1) Ein Verfahren zur fortlaufenden Aufzeichnung der Dunkelanpassung. 51. Tag. d. Dtsch. Ophthalm. G. 1936.

— (2) Untersuchungen über den Ablauf der Dunkelanpassung mit einem neuen Verfahren automatischer Schwellenwertaufzeichnung. v. G r a e f e s Arch. **138**, 564 (1938).

— (3) Über Blendung und Blendschutz im Dunkeln. Luftf.med. **2**, 333 (1938).

— (4) Läßt sich das Vorliegen einer Nachtblindheit im Zweifelsfalle mit Sicherheit beweisen? Klin. Mbl. Augenhk. **104**, 663 (19??).

— (5) Zur Frage der künstlichen Verbesserung der Dunkeladaptation. Erscheinungsort unbekannt (1944).

— (6) Über die Wirkung des Lidschlusses auf die Adaptation. Erscheinungsort unbekannt.

L a u b e r, H.: (1) Ein Lichtpunktwerfer für Perimetrie und Campimetrie. Z Augenhk. **81**, 239 (1933).

— (2) Das Gesichtsfeld. Wien: 1944.

L e h m a n n, G. und H. F. M i c h a e l i s : Über den ergotropen Reflex. Arb.physiol. **12**, 440 (1943).

L e h m a n n, G. und G r a f : Untersuchungen über die Wirkung der Hyperventilation und der Sauerstoffatmung auf Arbeitsleistungen im Zustande der Dunkeladaptation. Erscheint demnächst.

L e g r a n d, Y.: Zur Frage der Nachtmyopie. C. v. Acad. Sci. Paris 200 (1935) und 214 (1942).

L e w i s, J. M. und Ch. H a i g : Vitamin-A-requirements in infancy determined by dark adaptation. J. Pediatr. **15**, 812 (1939).

L i n d b e r g, J. G.: Über direkten und inversen Astigmatismus in der Privatpraxis. Acta ophthalm. scand. **11**, 264 (1933).

L i n d n e r, K.: (1) Zur Skiaskopie des Astigmatismus. 41. Vers. d. Deutsch. Ges. f. Ophthalm. Heidelberg, 1918.

— (2) Die Bestimmung des Astigmatismus mit Zylindergläsern. Berlin, 1927.

— (3) Neue Gedanken zur Entstehung der Kurzsichtigkeit. Klin. Mbl. Augenhk. **103**, 581 (1939).

— (4) Zur Geschichte der Kurzsichtigkeit von K e p p l e r bis A r l t. Klin. Mbl. Augenhk. **107**, 320 (1941).

— (5) Die Unhaltbarkeit der S t e i g e r schen Myopielehre v. G r a e f e s Arch. **143**, 521 (1941).

— (6) Über den Einfluß von Umwelt und Vererbung auf die Entstehung der Schulmyopie. v. G r a e f e s Arch. **146**, 336 (1943).

L o e v e n s t e i n - B r i l l, E.: Versuche über die Wirkung des Strychnins auf die Dunkeladaptation. v. G r a e f e s Arch. **101**, 67 (1920).

L o d a t o, G.: Pupilloscopia e adattometria. Arch. Ottalm. **41**, 306 (1934).

L o h m a n n, W.: (1) Über Helladaptation. Z. Sinnesphysiol. **41**, 290 (1907).

— (2) Kritische Studien zur Lehre von der Adaptation. Arch. Augenhk. **83**, 275 (1928).

L ö h l e, F.: (1) Über die Abhängigkeit des Reizschwellenwertes vom Sehwinkel. Z. Physik. **54**, 137 (1929).

— (2) Über die spektrale Zusammensetzung des Nachthimmellichts. Z. angew. Meteorol. **58**, 202 (1941).

L u c k i e s h, M. und Mitarb.: A correlation between pupillary area and retinal sensibility. Amer. J. Ophthalm. **17**, 598 (1933).

M a r x und W. T r e n d e l e n b u r g : Über die Genauigkeit der Einstellung des Auges beim Fixieren. Z. Sinnesphysiol. **45**, 87 (1911) und **47**, 79 (1913).

M a t t h e y, G.: Eine Standardkurve der Dunkeladaptation für klinische Untersuchungen. v. G r a e f e s Arch. **129**, 275 (1933).

M c F a r l a n d und Mitarb.: Alterations in dark adaptation under reduced oxygen tensions. Amer. J. Physiol. **127**, 37 (1939).

M e t z g e r : Lokale Störungen der Adaptation des Sehorgans. B e t h e - B e r g m a n n s Hdb. d. Physiol. XII (2), 1600 (1931).

M o n j e, E.: Untersuchungen über die Wirkung des Helenien auf die Dunkeladaptation. Erscheinungsort unbekannt (1945).

M o s c y, M. und Mitarb.: Die Refraktion von 10 000 Schülern. Klin. Mbl. Augenhk. **93**, 400 (1934).

M ü l l e r, H K.: (1) Zur Darstellung des Dunkeladaptationsverlaufes in Kurvenform für klinische Untersuchungen. v. G r a e f e s Arch. **125**, 614 (1930).

— (2) Über den Einfluß verschieden langer Vorbelichtung auf die Dunkeladaptation und auf die Fehlergröße der Schwellenreizbestimmung während der Dunkelanpassung. v. G r a e f e s Arch. **125**, 624 (1930).

M ü l l e r, H. K. und Mitarb.: Die Standardisierung der Dunkeladaptationsprüfung. Klin. Mbl. Augenhk. **104**, 649 (1940).

Mulzer, J.: Über die Wirkung der Sauerstoffatmung auf das Dämmerungssehen. Nicht publiziert (1944).

Münster, Cl.: Untersuchungen über binokulare Reizsummation. Z. Instrumentenkunde **62**, 55 (1942).

Münster, Cl. und Mitarb.: Über eine neue Methode zur Registrierung von Augenbewegungen. Z. ophthalm. Opt. **31**, 129 (1943.)

Nagel, W. A.: (1) Methoden zur Erforschung des Licht- und Farbensinnes. Tigerstedts Hdb. d. physiol. Arb.Methoden III, 1 (1914).

— (2) Zwei Apparate für die augenärztliche Funktionsprüfung. Z. Augenhk. **17**, 201 (1907).

Nowak, E.: Neue Wege und Ziele in der Untersuchung des Sehens bei Nacht. v. Graefes Arch. **145**, 46 (1943).

Ohm, J.: Adaptationsprüfung mittels des optokinetischen Nystagmus bei Augenzittern der Bergleute. v. Graefes Arch. **145**, 32 (1943).

Otero und Duran: Untersuchungen über die Akkomodationsruhe und Myopie bei herabgesetzter Beleuchtung. Ann. Fis. y Quim., Madrid XXXVII und XXXVIII, 459 (1941).

Palacios, I.: Zur Frage der Myopie bei herabgesetzter Beleuchtung. Investig. y progresso, Madrid, XIV, 257 (1943).

Patek, A. and Ch. Haig: The occurrence of abnormal dark adaptation and its relation to vitamin-A-metabolism in patients with cirrhosis of the liver. J. clin. investig. **43**, 609 (1939).

Pies und Wendt: Die Dunkeladaptation bei gesunden, richtig ernährten Menschen. Klin. Wschr. I, 419 (1939).

Pillat, A.: (1) Sehnervenschaden durch Vitamin-A-Mangel. Klin. Mbl. **103**, 97 (1939).

— (2) Gibt es eine Kriegshemeralopie? Münchn. med. Wschr. 1 (1940).

— (3) Kurze Kriegsaugenheilkunde. Wien, 1941.

Piper, H.: (1) Über Dunkeladaptation. Z. Sinnesphysiol. **31**, 161 (1903).

— (2) Über die Abhängigkeit des Reizwertes leuchtender Objekte von ihrer Flächen- bzw. Winkelgröße. Ebenda **32**, 98 (1904).

— (3) Untersuchungen über das elektromotorische Verhalten der Netzhaut bei Warmblütern. Arch. Physiol. Suppl. Bd. 1905, 133.

— (4) Zur messenden Untersuchung und zur Theorie der Dunkeladaptation. Klin. Mbl. Augenhk. **45**, 357 (1907).

Reeb, O.: Hdb. d. Lichttechnik, 1. Teil, 1938.

Ricco: Über die Abhängigkeit der subjektiven Helligkeit von der Flächengröße des Prüffeldes. Ann. Ottalm. 6. fasc. **3**, 373 (1877).

Rieken, H.: (1) Objektive Adaptometrie. Klin. Mbl. Augenhk. **107**, 1 (1941).

— (2) Ein Verfahren zur objektiven Prüfung des Dämmerungssehens. v. Graefes Arch. **145**, 1 (1943).

Rissel, E.: Über Vitamin-A-Bildung bei Leberkrankheiten. Wien. klin. Wschr. (1939), 9: 214.

Roeloffs, C. O. und B. de Haan: Über den Einfluß von Beleuchtung und Kontrast auf die Sehschärfe. v. Graefes Arch. **107**, 151 (1922).

Rößler, F.: (1) Die Akkomodationsbereitschaft bei Asthenopie. v. Graefes Arch. **143**, 337 (1941).

— (2) Beitr. z. Ber. d. Wien. Ophthalm. G. 1942 bis 1945.

— (3) Das Auge als Subjekt. Wien, 1947.

Roncchi: Zur Frage der Nachtkurzsichtigkeit. Zit. n. Schober und Kühl.

Sakselo, N.: Untersuchungen über den A-Vitamin- und Karotingehalt des Serums sowie über die Beziehung seines A-Vitamingehaltes zur Adaptation bei Gesunden und Kranken. Dtsch. Zbl. Ophthalm. 47, 398 (1942).

Schmidt, I.: Zur Frage der künstlichen Beeinflussung der Dunkeladaptation mit Vitamin A. Klin. Wschr. 1947.

Schober, H.: (1) Neuere Untersuchungen über Sehschärfe. Auflösungsvermögen der optischen Instrumente und besonders des menschlichen Auges. Z. techn. Physik **19**, 343 (1938).

— (2) Über Sehschärfe. Das Licht **12**, 169 (1942).

Schober, H. und E. Monje: (1) Untersuchungen zur Frage der Nachtkurzsichtigkeit. Erscheinungsort unbekannt.

— (2) Untersuchungen über Sehschärfe und Tiefensehschärfe im grellen Sonnenlicht. Erscheinungsort unbekannt (1944 und 1945).

Schroeder, H.: Die zahlenmäßige Beziehung zwischen den physikalischen und physiologischen Helligkeitseinheiten und der Pupillenweite bei verschiedener Helligkeit. Z. Sinnesphysiol. **67**, 195 (1926).

Schumacher, C.: Über das Verhalten der monokularen und binokularen Reizschwelle während der Dunkeladaptation des Tages- und des Dämmerungsapparates. Acta ophthalm. scand. **15**, 5 (1937).

Schupfer, F.: (1) Recerche sul comportamento des senso luminoso de Basedowiano, specialmente in rapporto alla carotinemia e vitaminemia. Bull. Ocul. XVII, 390 (1939).

— (2) Ein neues Interferometer zur Untersuchung des Auflösungsvermögens der Netzhaut. Dtsch. Zbl. Ophthalm. **45**, 103 (1940).

— (3) Prima recerche sul potere risolutivo della retina. Verh. 15. Congr. internat. Ophthalm. Cairo 4, comm. libr. 123 (1938).

Shaad, D. J.: Binocular brightness summation in dark adaptation. Arch. Ophthalm. **12**, 705 (1934).

Siedentopf, H.: (1) Über Sichtbarkeitsgrenzen (Sehschärfe und Kontrast). Forsch. u. Fschr. **17**, 153 (1941).

— (2) S. auch Z. Instrumentenkunde **61**, 372 (1941).

Siedentopf, H. und Holl: Der Helligkeitsabfall und die Farbänderung in der Dämmerung bis zur Sonnenhöhe minus 18°. Erscheinungsort unbekannt (1943).

Siegert, P.: Der Ablauf der Dunkeladaptation unter natürlichen Lebensbedingungen bei Gesunden und Hemeralopen. v. Graefes Arch. **146**, 579 (1944).

Schairer, E. und K. Patzelt: Lumineszenzmikroskopische Untersuchungen über den Verlauf der Dunkeladaptation am Auge der vitamin-A-frei ernährten weißen Ratte. v. Graefes Arch. **144**, 416 (1942).

Silber, D. A.: Wirkung starker Helligkeiten auf die Wiederherstellung der Sichtbarkeit:

1. Rolle der Gewöhnung und der Belichtungszeit. Dtsch. Zbl. Ophthalm. **41**, 607 (1938).
2. Rolle des gereizten Netzhautortes und der Helligkeit des Adaptationsfeldes. Dtsch. Zbl. Ophthalm. **43**, 467 (1939).

Stiles, W. S. and B. H. Crawford: (1) The luminous efficiency of rays entering the eye pupil at different points. Proc. roy. Soc. Lond., B. **112**, 428 (1933).

— (2) The liminal brightness increment for white light for different conditions of the foveal and parafoveal retina. Proc. roy. Soc. Lond., B. **116**, 55 (1934).

Stiles, W. S.: The luminous efficiency of monochromatic rays entering the eye pupil at different points and a new colour effect. Proc. roy. Soc. Lond., B. **123**, 90 (1937).

Stiles, W. S. and Crawford: (3) The effect of a glaring light source on extrafoveal vision. Proc. roy. Soc. Lond., B. **122**, 255 (1937).

Studnitz, G. v.: (1) Die Physiologie des Sehens. Leipzig, 1940.

— (2) Die Ölkugeln der Zapfen und des Pigmentepithels und die Regeneration von Zapfensubstanz und Sehpurpur. Pflügers Arch. 243, 181 (1940).

— (3) Zapfensubstanz und Sehpurpur. Die Naturwissenschaften 29, 65 (1941).

— (4) Zur Physiologie des Farbensehens. Die Naturwissenschaften 59, 377 (1941).

— (5) Über die Hebung der menschlichen Dunkeladaptation durch Vitamine. Klin. Mbl. Augenhk. 111, 154 (1946).

Studnitz, G. v. und H. K. Loevenich: (6) Über die Beeinflussung der menschlichen Dunkeladaptation durch Karotinoide. Klin. Mbl. Augenhk. 111, 193 (1946).

Studnitz, G. v.: (7) Zur medikamentösen Beeinflussung des Farbensinnes. Die Naturwissenschaften 1947.

Tassman, J. S.: Frequency of various kinds of refractive errors. Amer. J. Ophthalm. 15, 1044 (1932).

Tansley, K.: Factors affecting the development and regeneration of visual purple in the mammalian retina. Proc. roy. Soc. Lond., B. 114, 79 (1933).

Tonner, Fr.: Analyse des Auflösungsvermögens des Sehapparates. Pflügers Arch. 247, 145 ff. (1943).

Trendelenburg, W.: Lehrbuch der Physiologie des Gesichtsinnes. Berlin 1943.

Tschermak-Seysenegg, A. v.: (1) Physiologische und pathologische Anpassung des Auges. Leipzig, 1900.

— (2) Licht- und Farbensinn. Bethe-Bergmanns Hdb. d. Physiol. XII (1), 295 und 550 (1929).

— (3) Der exakte Subjektivismus in der neueren Sinnesphysiologie. Berlin 1921, 2. Aufl. Wien 1932.

— (4) Einführung in die physiologische Optik. 1. Aufl. Wien 1942, 2. Aufl. Berlin-Wien 1947.

Tschermak-Seysenegg, A. v. mit E. Heinsius: Über Leuchtfarbentafeln zur Prüfung und Übung des Dämmerungssehens. Erscheint in den Klin. Mbl. Augenhk.

Vasileff, I.: Brechungsfehler des Auges bei normaler Sehschärfe. Dtsch. Zbl. Ophthalm. 48, 614 (1943).

Wagman, I. H. und Mitarb.: Effect of vitamin A deficiency upon rate of pupil dilatation during dark adaptation. Proc. Soc. exper. Biol. a. Med. 38, 613 (1938).

Wald, G.: (1) Carotinoids and the vitamin A cycle in vision. Nature 134, 64 (1934).

— (2) Bleaching of visual purple in solution. Nature 139, 507 (1937).

— (3) Area and visual threshold. J. gen. Physiol. 21, 269 (1938).

Wald, G. and Clark: Visual adaptation and chemistry of the rods. J. gen. Physiol. 21, 93 (1937).

Wessely: Über Störungen der Adaptation. Z. Augenhk. 35, 344 (1917).

Williams, A. C.: Perception of sublimial visual stimuli. J. Psychol. 6, 187 (1938).

Winsor, C. R. and A. B. Clark: Dark adaptation after varying degrees of light adaptation. Science, USA. 22, 400 (1936).

Zaffke, K. H.: Normalkurven der Dunkeladaptation in absoluten Schwellenreizwerten am Birch-Hirschfeld-Lichtsinnprüfer. v. Graefes Arch. 140, 61 (1939).

Zewi, M.: Das Laktoflavin (Vitamin B2) der Netzhaut bei verschiedenen Adaptationszuständen. Dtsch. Zbl. Ophthalm. 40, 655 (1938).

Zirlin, B. und Mitarb.: Einfluß der Anoxämie auf die Adaptation zum Dunkeln bei herabgesetztem barometrischem Druck. Dtsch. Zbl. Ophthalm. 31, 506 (1934).

Namenverzeichnis.

Einführung in die physiologische Optik. Von Professor Doktor **A. v. Tschermak-Seysenegg**, Regensburg, früher Prag. Zweite, neubearbeitete und vermehrte Auflage. Mit 111 Abbildungen im Text. VI, 213 Seiten. 1947. S 45.—, sfr. 22.—, $ 5.10

Aus Besprechungen:

... Tschermaks Buch, in meisterlichem Stil geschrieben, dürfte jedem, der sich mit der Ophthalmologie als Wissenschaft beschäftigen will, ein unentbehrlicher Führer und Berater sein. Weit davon entfernt, einfach angewandte Physik zu vermitteln, wird an Hand der Darstellung der Dioptrik, Photik, Chromatik und Kinematik auf die für jeden Arzt und Biologen bedeutsame Reaktion der lebenden Substanz hingewiesen und gezeigt, wie ein „exakter Subjektivismus wertvolle Erkenntnisse nutzbarer Wahrheit" zu geben vermag.

Schweizerische Medizinische Wochenschrift, Nr. 22/1948.

.... On certain aspects of the physiology of the eye v. Tschermak may be ranked as the greatest living authority, in particular on such abstruse problems as torsion and the perspective distortion of an after-image following movements of the eye, and perhaps more so on space perception; it is therefore of value to have within the span of two hundred odd pages, a concise summary of present-day knowledge of these aspects of physiological optics.

Ophthalmalogic Literature, London, 1948.

Das Gesichtsfeld. Untersuchungsgrundlagen, Physiologie u. Pathologie. Von Professor Dr. **H. Lauber**, Krakau. Mit 258 größtenteils farbigen Abbildungen im Text. IX, 483 Seiten. 1944. S 120.—, sfr. 105.—, $ 24.—

Augenärztliche Eingriffe. Eine kurzgefaßte Operationslehre. Von Prof. Dr. **J. Meller**, Wien, und Prof. Dr. **J. Böck**, Graz. Sechste, neubearbeitete Auflage. Erscheint Ende 1949.

Lehrbuch der Stimm- und Sprachheilkunde. Von Dozent Dr. **R. Luchsinger**, Zürich, und Doz. Dr. **G. E. Arnold**, Wien. Mit 16 Tabellen und 163 Textabbildungen (226 Einzelbildern). X, 430 Seiten. 1949.
S 144.—, sfr. 62.40, $ 14.40
Geb. S 150.—, sfr. 65.—, $ 15.—

Die Permeabilitätspathologie als die Lehre vom Krankheitsbeginn. Von Prof. Dr. **H. Eppinger**, Wien. Mit 145 großenteils mehrfarbigen Textabbildungen. VI, 755 Seiten. 1949. S 285.—, sfr. 123.—, $ 28.50
Geb. S 294.—, sfr. 127.—, $ 29.40

Methoden der pathologischen Histologie. Von Professor Dr. **F. Roulet**, Basel. Mit 20 Textabbildungen. XI, 567 Seiten. 1948.
S 144.—, sfr. 63.—, $ 14.70
Geb. S 150.—, sfr. 66.—, $ 15.40

Wiener Klinische Wochenschrift. Neue Folge. Organ der Gesellschaft der Ärzte in Wien. Herausgegeben von den Mitgliedern der medizinischen Fakultäten in Wien, Graz und Innsbruck. Schriftleiter: Professor Dr. **L. Arzt**, Wien, und Prof. Dr. **R. Uebelhör**, Wien. *Jährlich erscheinen 52 Hefte.* (1949: 61. Jahrgang.) Vierteljährlich S 36.—, sfr. 16.—, $ 4.—

Erste österreichische Ärztetagung Salzburg. 4. — 6. September 1947. Tagungsbericht. Herausgegeben von Prof. Dr. **L. Arzt**, Wien. Mit 10 Textabbildungen. VI, 291 Seiten. 1948. S 28.—, sfr. 14.—, $ 3.20

. . . Der Tagungsbericht bringt den ungemein fesselnden Vortrag des wohl bedeutendsten österreichischen Physiologen A. Durig: Vom Chaos zum Menschen, dessen Lektüre allein die bescheidene Ausgabe für dieses Buch (sfr. 14.—) reichlich lohnt. Dieser in freier Rede gehaltene Vortrag verrät ein erstaunlich vielseitiges und tiefgründiges Wissen auch über die Physik, Astronomie, Kosmogonie, Paläontologie, Kulturgeschichte, Philosophie, Chemie usw., so daß sich in der Synthese ein großartiges Bild der Biologie der Seele und der von ihr ausstrahlenden Kräfte gestaltet. — Prof. H. Chiari bespricht vom Standpunkt des Pathologen eine Reihe von jetzt häufiger bevorstehenden tödlichen Erkrankungen. — Prof. H. Finsterer schildert den heutigen Stand der Bauchchirurgie, die er wohl wie kaum einer meistert, und die Möglichkeiten, ihre Resultate weiter zu verbessern. — F. Ritschl bringt einen geradezu erschütternden Bericht über die Weltkriegsauswirkungen auf die österreichische Volksgesundheit. — Als hervorragende Schweizer Gäste referierten Prof. A. Brunner über Lungentuberkulose und Prof. E. Glanzmann über Gegenwartsaufgaben des Kinderarztes. — Professor K. Fehlinger sprach über hormonale Regulationen, Prof. A. Hittmair über Blutkrankheiten, Prof. W. Holzer über Physiotherapie, Prof. L. Arzt über Syphilis als Kriegserbe, Doz. A. Lorenz über Nachkriegsorthopädie und Doz. K. Kundratitz über seine Eindrücke beim letzten internationalen Pädiaterkongreß in New York. **Ars Medici**, Nr. 2, 1949.

Zweite österreichische Ärztetagung Salzburg. 6.—8. September 1948. Tagungsbericht. Herausgegeben von Prof. Dr. **L. Arzt**, Wien. Mit etwa 20 Abbildungen. Etwa 410 Seiten. Erscheint im Juni 1949.

Inhalt: Holzer, F. J. Neue Erkenntnisse auf dem Gebiete der Blutgruppenforschung. — Schürch, O. Die Blutkonservierung und ihre praktische Bedeutung. — Arzt, L. Die Bluttransfusionssyphilis. — Domanig, E. Die Bluttransfusion in der operativen Chirurgie. — Hittmair, A. Die Bluttransfusion in der inneren Medizin. — Fuchsig, P. Zur Praxis der Blutkonservierung. — Konschegg, Th. Die pathologische Anatomie des Hochdruckes. — Brücke, F. Die Pathophysiologie des Hochdruckes. — Frey, W. Klinik und interne Therapie des Hochdruckes. — Fontaine, R. Die chirurgische Behandlung des Hochdruckes. — Tschabitscher, H. und J. Waldschütz. Fremdbluteinverleibung bei neurologischen Erkrankungen. — Vorderwinkler, K. Zur Frage der Hochdruckgenese. — Schnetz, H. Pankreasfunktionsstörungen bei endokrinen Erkrankungen. — Schmid, J. Untersuchungen zur Ulcustherapie. — Heyrowsky, K. Die Wirkungen des oestrogenen Implantates bei hypohormonalen Störungen. — Richter, K. Gynäkologische Anwendungsgebiete wässriger Kristallhormonsuspensionen. — Demel, R. Penicillinbehandlung der lokalen akuten Eiterungsprozesse. — Rauhs, R. Herznaht. — Brücke, H. Über die peristaltische Wirkung tierischer Galle. — Berghoff, E. Zur Geschichte der Entwicklung der Bluttransfusion. — Dussik, K. Th. Zum heutigen Stand der medizinischen Ultraschallforschung. — Pokorny, F. Zur Differentialdiagnose und Therapie funktioneller kardiovaskulärer Erkrankungen. — Kunz, H. Zur Indikationsstellung chirurgischer Eingriffe bei der Lungentuberkulose. — Salzer, G. Radikaloperation bei chronischen Lungenabszessen. — Schöler, G. Die Herniation des Nucleus pulposus und ihre Differentialdiagnose. — Eberle, J. Der Blutzuckerspiegel in der Diagnose und Prognose der Commotio cerebri. — Rissel, E. Zum Hepatitisproblem. — Wittmoser, R. Ein abgeänderter Schenkelhalsnagel. — Rotter, H. Planvolle Vorbeugung gegen venerische Erkrankungen. — Bruckschwaiger, O. Neues zur operativen Behandlung der Pankreasabszesse. — Matzke, W. Die Fieberbehandlung des Ulcus cruris. — Haus, O. Erfahrungen mit der Serumbehandlung subakuter und chronischer Kokkenerkrankungen. — Uhlirz, R. Die Atom- und Molekularphysik der lebenden Zellen im gesunden und kranken Körper. — Pakesch, E. Die psychischen Veränderungen nach präfrontaler Leukotomie.

Diagnostik durch Sehen und Tasten. Eine Semiotik der Inspektion und Palpation. Von Dr. **H. Kahler**, Wien. Mit 18 Abbildungen. IX, 253 Seiten. 1949. S 27.—, sfr. 11.70, $ 2.70

Die Chirurgie des praktischen Arztes. Indikation und Technik der kleinen chirurgischen Eingriffe. Von Priv.-Doz. Dr. **A. M. Fehr**, Winterthur. Mit 71 Abbildungen (99 Einzelbildern). VII, 169 Seiten. 1948. S 24.—, sfr. 12.—, $ 2.80